山林果园散养土鸡新技术

魏刚才　刘俊伟　主编

化学工业出版社

·北京·

本书共分七章，讲述了山林果园散养土鸡概述，土鸡的品种选择技术，土鸡的营养与饲料配制技术，土鸡场地选择和鸡舍设计技术，土鸡育雏期的饲养管理技术，土鸡散养期的饲养管理技术和土鸡的疾病控制技术。本书紧扣生产实际，注重系统性、科学性、实用性和先进性，内容新颖系统，重点突出，通俗易懂，不仅适宜于土鸡场饲养管理人员和广大土鸡养殖户阅读，也可作为大专院校和农村函授及培训班的辅助教材和参考书。

图书在版编目（CIP）数据

山林果园散养土鸡新技术/魏刚才，刘俊伟主编.
北京：化学工业出版社，2011.7（2023.3重印）
ISBN 978-7-122-11257-6

Ⅰ．山…　Ⅱ．①魏…②刘…　Ⅲ．鸡-饲养管理
Ⅳ．S831.4

中国版本图书馆 CIP 数据核字（2011）第 085949 号

责任编辑：邵桂林　　　　　　　　文字编辑：李　瑾
责任校对：宋　夏　　　　　　　　装帧设计：关　飞

出版发行：化学工业出版社（北京市东城区青年湖南街 13 号　邮政编码 100011）
印　　装：大厂聚鑫印刷有限责任公司
850mm×1168mm　1/32　印张 9¾　字数 271 千字
2023 年 3 月北京第 1 版第 22 次印刷

购书咨询：010-64518888　　　　售后服务：010-64518899
网　　址：http://www.cip.com.cn
凡购买本书，如有缺损质量问题，本社销售中心负责调换。

定　　价：30.00 元　　　　　　　　　版权所有　违者必究

本书编写人员

主　　编　魏刚才　　刘俊伟
副 主 编　苗志国　　安志兴　　李继锋　　武新国
编写人员　（按姓氏笔画排序）
　　　　　刘俊伟（河南科技学院）
　　　　　安志兴（河南科技学院）
　　　　　杨丽芬（河南科技学院）
　　　　　李月涛（河南科技学院）
　　　　　李国旺（河南科技学院）
　　　　　李继锋（封丘县畜牧局）
　　　　　武新国（卫辉市动物疫病预防控制中心）
　　　　　苗志国（河南科技学院）
　　　　　范国英（河南科技学院）
　　　　　谢红兵（河南科技学院）
　　　　　魏刚才（河南科技学院）

前　言

　　随着经济发展和人民生活水平的不断提高，人们消费观念发生极大变化，开始崇尚自然、追求健康和注重安全。目前，规模化、工厂化舍内养鸡把鸡局限在很小的范围内，不能自由的活动和觅食，饲养环境差，导致产品质量差，如口味不佳、蛋黄颜色浅、蛋白稀薄、胆固醇含量高、肉质差、药物含量超标以及污染严重等，影响到产品的消费和销售。山林果园放养土鸡是从农业的可持续发展出发，依据生态学和生态经济学原理，结合草山草坡、林地、果园、农田等可放牧地的特点，充分利用土地、空间和自然饲料资源，将传统的养殖方式与现代科学技术有机地结合，来生产优质的鸡蛋和鸡肉，满足市场需要，提高生产者综合效益。我国有着大量的山地、林地、果园、牧场以及农田，可以放养大量的土鸡（我国培育出许多优良的土鸡品种，具有风味好、适应能力强的特点）。充分利用丰富的自然饲料资源和广阔的放养场地，不仅可以减少精饲料消耗，而且有利于鸡群的健康，减少药物使用，生产出优质的肉蛋产品。

　　我国的土鸡养殖虽然具有悠久的历史，但山林果园规模化放养土鸡起步较晚，生产中存在很多技术问题和管理问题，导致鸡群死亡淘汰率高，生产性能低，产品质量没保证，饲养效益不显著等，影响到山林果园放养土鸡的稳定发展。为此，组织了长期从事养鸡教学、科研和生产的有关专家编写了本书。

　　本书内容包括七章，分别是山林果园散养土鸡概述，土鸡的品种选择技术，土鸡的营养与饲料配制技术，土鸡的场地选择和鸡舍设计技术，土鸡育雏期的饲养管理技术，土鸡散养期的饲养管理技术和土鸡的疾病控制技术。本书紧扣生产实际，注重系统性、科学性、实用性和先进性，内容新颖系统，重点突出，通俗易懂，不仅适宜于土鸡场饲养管理人员和广大土鸡养殖户阅读，也可以作为大专院校和农村函授及培训班的辅助教材和参考书。

由于编者水平有限，书中疏漏之处在所难免，敬请广大读者批评指正。

编著者

2011 年 5 月于河南科技学院

目录

第一章

概　述

　　土鸡又称草鸡、笨鸡，是我国劳动人民在长期的生产实践中培育出的优质的地方鸡种。土鸡品种繁多，血缘混杂，饲养于广大农村，多是散养，以树叶、野嫩草、小昆虫、杂秕粮、石子等为食。由于品种间相互杂交，因而鸡的羽毛色泽有"黑、红、黄、白、麻"等，脚的皮肤也有黄色、黑色、灰白色等。虽然生产性能与现代杂交鸡品种不能媲美，但具有耐粗食、易饲养、肉质好（骨细肉厚、皮薄、肉质嫩滑、味香浓郁、营养全面）、鸡蛋味道鲜美等特点，可以生产出符合现代人要求的质优、绿色、安全的食品，深受消费者喜爱。

　　山林果园散养土鸡就是将传统养鸡方法和现代科学技术相结合，根据不同地区的特点，利用荒山、林地、草场、果园、农田等地的天然饲料资源（昆虫等动物性饲料和嫩草、草籽、树叶等植物性饲料）放养土鸡，并给以适当的补充饲养，实现放养与舍饲相结合。即让鸡以自由采食野生的饲料（如昆虫、嫩草、腐殖质等）为主，人工科学补料为辅，严格限制化学药品和饲料添加剂的使用，禁用任何激素和抗生素；通过良好的饲养环境、科学饲养管理和卫生保健措施等，实现标准化生产，使肉、蛋产品达到无公害食品乃至绿色食品、有机食品的标准；同时，通过放养鸡控制植物虫害和草害，减少或杜绝农药的使用，利用鸡粪提高土壤肥力，实现经济效益、生态效益、社会效益的高度统一。放养土鸡可以充分利用自然资源，降低饲养成本，减少投资，生产绿色产品，获得较好的饲养效益。因此，近年来，土鸡放养出现强劲的势头，在许多地区大量饲养。

第二节　土鸡的外貌特征和生活习性

一、外貌特征

土鸡品种繁多，血缘混杂，不同地区、不同的消费者对土鸡的外貌特征和屠体体表要求存在很大的差异。但土鸡的外貌特征应该符合如下标准。

（一）基本要求

土鸡一般体型较小，适合家庭消费。外观清秀，胸肌丰满，腿肌发达，胫短细或适中，头小，颈长短适中，羽毛美观。母鸡翘尾，公鸡尾呈镰刀状。

（二）羽毛特征

土鸡羽毛要求丰满，紧贴身躯。土鸡羽色斑纹多样，不同品种差异明显，有白色、红色、黄色、黑色、芦花羽、浅花羽、青色羽、栗羽、麻羽、灰羽、草黄色、金色、咖啡色等。公鸡颈羽、鞍羽、尾羽发达，有金属光泽。土鸡的羽色是其天然标志，生产中要根据消费者的不同需求来选留合适的羽色和花纹。

（三）冠形

土鸡冠形多样，如桑葚冠、豆冠、玫瑰冠、杯状冠、角冠、平头和毛冠等。土鸡冠颜色要求红润（乌冠除外），冠大，肉髯发达，有的个体有胡须。

（四）喙、胫脚

喙、胫脚的颜色可以是白色、肉色、深褐色、黄色、红色、青色和黑色等，有的个体呈黄绿色和蓝色。不同的消费者对胫色要求不同，南方市场较喜欢青色胫和黄色胫。土鸡以光胫为主，但也有毛胫、毛脚。趾有双四趾的，有一侧四趾一侧五趾的，也有双五趾的。爪短直，不像笼养蛋鸡那样长。土鸡的胫部较细，与其他肉鸡有明显的不同。

（五）皮肤颜色
皮肤可以是白色、黄色、灰色和黑色等。

二、土鸡的生活习性

（一）耐寒喜暖
土鸡全身布满羽毛，形成了良好的隔热层，加之每年秋季鸡要重新换上一身完整洁净的羽毛过冬，因此土鸡具有较强的耐寒性。土鸡喜欢温暖干燥的环境，因没有汗腺，加之全身羽毛形成的有效保温层，散热主要依靠呼吸和排泄，因此土鸡不喜欢炎热潮湿的环境。当气温超过26.6℃时，随着气温的上升，呼吸频率加快，增加热量的散失；当气温超过30℃时，产蛋率下降；当气温超过36℃以上时，鸡群会出现热应激死亡。所以，夏季饲养土鸡应该注意防暑降温。山林果园放养土鸡，可以充分利用树荫、高大植物遮阳、避免阳光直射。如果是草场缺乏阴凉，应该设置凉棚，阴凉下沙浴可缓解热应激。

（二）体小灵活
土鸡体型小，体重轻，羽毛丰满，利于飞翔、攀高。土鸡反应灵敏，胆小怕惊，任何新的声响、动作、物品的突然出现和生产程序的突然变化，都会导致鸡只的惊叫、逃跑、炸群等应激反应；土鸡喜欢登高栖息，习惯上栖架休息。放牧饲养条件下，土鸡的活动范围广，采食面积大。如果高密度饲养，易发生争斗及啄肛、啄羽等恶癖而过多死亡。

（三）合群认巢
土鸡的合群性较强，喜欢成群活动采食，刚出壳几天的雏鸡就会找群，一旦离群就叫声不止。一般是以1只公鸡为首形成自然交配群。鸡生长到一定的日龄，相互之间争斗，形成一定的序位（根据个体之间争斗能力的强弱在鸡群中形成一种由强到弱排成的秩序），群体序位有利于群体的稳定。

土鸡的认巢能力都很强，能很快适应新的环境、自动回到原处栖息。放牧饲养时，早上放出之前和晚上收圈时用哨子或口哨给鸡一个信号，然后再喂料，反复进行训练，经过 1 周后，鸡群就会建立条件反射。晚上收圈时吹哨子或打口哨，鸡群就会回到舍内。

（四）低产就巢

土鸡性成熟时间较晚，受季节影响大，春天饲养的土鸡性成熟早，秋季饲养的土鸡开产晚，一般开产日龄为 150～180 日龄。自然条件下，土鸡的产蛋性能具有极强的季节性，主要是受营养、温度和光照的影响，每年春、秋季是其产蛋率较高的时期。而在光照时间缩短、气温下降、营养供应不足的冬季会停止产蛋。所以，土鸡的年产蛋量低，一般只有 100～130 枚。

土鸡都有不同程度的就巢性（抱窝性）。自然条件下土鸡通过抱窝来孵化小鸡，抱窝时母鸡会停止产蛋，也影响到产蛋量提高。人工大量饲养土鸡时应注意提供适宜的环境条件，加强对种鸡的选择，淘汰抱窝性强的母鸡，提高生产性能。

（五）杂食

土鸡的消化系统结构特殊。鸡无牙齿，采食主要靠角质化的喙啄食，嗉囊与腺胃、腺胃与肌胃交接处狭窄，易于阻塞。因此，加工饲料时，要防止枯枝、铁丝、铁钉、羽毛、毛纤维、塑料布、编织线以及不易消化的青草混入饲料，以免被鸡误食形成阻塞，进而发展为软嗉、硬嗉病。放牧饲养时，注意清理牧场异物。鸡的唾液腺及其他消化腺不发达，对食物的机械消化作用主要在肌胃内（鸡的腺胃是分泌消化腺的场所）进行。

鸡可以充分利用各种动物性、植物性、单细胞类和矿物质饲料，长期放牧饲养的土鸡能采食树叶、草子、嫩草、青菜、昆虫、蚯蚓、蝇蛆、蚂蚁、沙砾等，也可在果园、收获后的庄稼地采食落在地里的果实和撒落在地里的粮食。土鸡虽然具有一定的耐粗饲的能力，但在粗饲条件下生长较慢。

第三节　山林果园散养土鸡的发展概况

近年来，无污染、无残留、放养时间长的土鸡、土鸡蛋深受消费者的青睐，其市场前景十分广阔，而我国又有丰富的放养土鸡的自然资源和独特环境优势，极大地促进了山林果园散养土鸡的发展。规模化散养与传统的庭院散养有着本质的区别，对技术的要求也比较高，由于技术的不到位，山林果园放养土鸡的生产中也存在一些问题。

一、散养土鸡的品种资源丰富

我国是世界上养鸡最多、养鸡历史最长的国家之一。我国劳动人民在长期的生产实践中培育出许多优良的地方品种，即土鸡品种。经普查的鸡种有131个，收录到《中国家禽品种志》的鸡种有72个，经1980年以来的两次全国普查，被确定为《国家级畜禽遗传资源保护名录》的有64个，目前许多土鸡品种在生产中都有饲养，如桃源鸡、雪峰乌骨鸡、固始鸡、卢氏鸡、正阳三黄鸡、河北柴鸡等。

二、散养土鸡规模化程度不断提高

山林果园养出的土鸡营养丰富，肌肉嫩滑，肌纤维细小，肌间脂肪分布均匀，水分含量低，鸡味浓郁，风味独特，产品安全无污染，深受市场青睐，市场价格高，同时，可以利用大量的野生饲料资源，生产成本低。所以，许多养殖者充分利用我国丰富的山区草原、林地、果园等资源，进行规模化土鸡养殖，少则成百上千只，多则上万只，甚至有的地方建立了土鸡生态养殖基地，极大地促进了土鸡养殖业发展，不仅通过饲养土鸡走上致富路，而且为市场提供了大量的优质土鸡和土鸡蛋。

三、散养土鸡生产水平有待提高

我国虽然养鸡历史悠久，但山林果园规模化散养土鸡才刚刚起步，生产技术缺乏配套和推广，生产水平比较低。具体表现：一是雏鸡质量差。目前，90％的养殖场选购的土鸡雏鸡苗多是从每家每户收购的鸡蛋进行集中孵化或者到农村一些土鸡孵化厂直接购进鸡苗。这样的土鸡苗一是品种混杂，严重退化；二是对疾病的抵抗力差异大，抗体水平不一，饲养过程中容易发生疾病；三是饲养管理水平低，由于缺乏放养土鸡的知识和技术，按照传统的庭院散养方式来饲养管理，如放养季节和时间不适宜，补料、饮水不科学，日常管理不到位，兽害严重发生，没有规范的饲养管理程序等，影响到山林果园散养土鸡的效果；四是生产性能差，由于雏鸡质量差、饲养条件不善（如没有保温性能好的育雏舍和必需的育成产蛋舍，缺乏产蛋箱、饮水用具等必备设备；防寒、保温和隔离卫生条件不好等）、饲养管理水平低等，导致土鸡疾病多，成活率低，产蛋少，生长慢，生产性能不能充分发挥，养殖效益差；五是产品不规范，山林果园散养土鸡目前仍是分散经营，各自为政，缺乏统一的生产标准，生产的产品不规格，影响到产品的信誉度，也影响到产品的销售或养殖效益。

第四节　山林果园散养土鸡的优势

一、生产绿色优质禽产品，满足市场需求

随着人民生活水平的提高，消费者对农产品的质量提出了更高的要求。近年来，集约化笼养的现代高产杂交蛋鸡虽然生产性能较高，但蛋的口味欠佳、蛋白稀薄、蛋黄色浅，集约化饲养的肉鸡虽然生长速度快，但食之无味，加之饲养环境的恶化、疾病的频繁发生，使产品病菌污染严重、药物残留超标，严重危害消费者的健康，人们呼唤优质绿色的禽产品。山林果园散养的土鸡可以生产出优质的、绿色的禽产品，满足人们的要求。

（一）山林果园散养土鸡的蛋品质提高

有试验证明，放养鸡蛋壳厚度、蛋黄颜色、蛋黄系数和哈夫单位显著高于笼养鸡，含水量和胆固醇显著低于笼养鸡，磷脂质显著高于笼养鸡。

放养状态下蛋壳质量好，其原因是土鸡可以根据需要，自由地觅食矿物质饲料，受到阳光紫外线照射后产生大量的维生素D，促进了钙磷代谢和蛋壳的形成，蛋壳质量好；蛋黄颜色的原因是放养鸡可以自由接触绿地，自由采食草料及一些富含角黄素的甲壳类、

昆虫、蜘蛛等动物，同时比较低的产蛋率也为色素在蛋黄中的沉积提供了较长的时间；蛋黄系数的增加表明蛋黄的表面张力提高，是蛋黄膜坚固程度的体现，说明放养条件下鸡体的健康状况要好于笼养。

鸡蛋含水量的高低是衡量鸡蛋营养含量的重要指标之一。鸡蛋含水量越高说明它的有价值部分越低，可购买性越差。放养鸡组的蛋清含水量和蛋黄含水量均比对应的笼养鸡组低。这可能是因为笼养鸡的日饮水量高于放养鸡的缘故。放养鸡的蛋黄中胆固醇含量均显著低于对应的笼养鸡，这可能是由于放养鸡可以自由地采食绿草、甲壳类动物，从而增加了饲料中可溶性纤维、壳聚糖的含量，从而使蛋黄中胆固醇含量显著降低。

磷脂质具有降低胆固醇、软化血管、降低血压、提高记忆力的效果，因此蛋黄中磷脂质的含量是评价鸡蛋优劣的重要指标之一。试验表明，放养鸡蛋黄中磷脂质明显高于对应的笼养鸡。

（二）山林果园散养土鸡的肉品质改善

资料显示，散放饲养的土鸡肌肉中干物质含量高于舍内饲养，特别是腿肌显著高于舍内饲养。水分含量土鸡低于肉鸡（胸肉水分含量比腿肉水分含量低）。腿肉脂肪含量，土鸡低于肉鸡（胸肉脂肪含量低）。粗蛋白质含量，土鸡高于肉鸡（胸肉粗蛋白质含量比腿肉粗蛋白质含量高）。氨基酸是构成蛋白质的基本单位。现代营养学认为，肉品蛋白质的营养价值取决于组成蛋白质的氨基酸种类、含量和比例以及消化率等。放养土鸡胸肌和腿肌中氨基酸总量，显著大于舍内饲养的鸡。

有研究指出，中国地方鸡的肌肉中与风味有关的谷氨酸等鲜味氨基酸含量相对较高。同一品种以腿肌中谷氨酸含量为高。谷氨酸单钠盐以游离态存在于畜禽肌肉中，是一种重要的氨基酸及鲜味物质。它与肌苷酸以一定比例存在时，产生协同效应，使鲜度增加30～40倍，让肉变得更加美味，而且它还是肉味前体物质，含量的多寡直接影响到肉加热后产生肉味的强弱。肌苷酸的含量，相同部位肌肉中放养土鸡的含量高于笼养鸡。同时，放养鸡的肌肉纤维直径最小，肌纤维密度最大，嫩度最好。

（三）山林果园散养土鸡为绿色产品

土鸡的肉更加结实，肉质结构和营养比例更加合理，土鸡肉中含有丰富的蛋白质、微量元素和各种营养素，脂肪的含量比较低，对人体的保健具有重要的价值，是国人比较喜欢的肉类制品，属于高蛋白的肉类；土鸡蛋味道鲜美，蛋肉柔软、筋道、色泽鲜艳、有特殊香味，富含多种维生素、类胡萝卜素，蛋内脂肪不超过3%，蛋白质含量超过12%，有人体必需的蛋氨酸、赖氨酸、色氨酸、亮氨酸、异亮氨酸、缬氨酸、苏氨酸、苯丙氨酸等多种氨基酸，还含有钠、钾、钙、磷、铁、铜、锌、碘、硫等矿物质和维生素 B_1、维生素 B_2、维生素 B_6、维生素 B_{12}、叶酸、生物素、维生素 E 等，是补充矿物质和维生素的理想食品。

山林果园散养的土鸡生活在自由、自在、自然的环境中，能够享受到明媚的阳光、清新的空气，有广阔的活动场地，能够采食到大量饲草、树叶、植物种子、昆虫和土壤中的矿物质，汲取更多天然营养，所以鸡群健康、抗病力强，饲料中可以不添加任何化学药物和抗生素，鸡蛋和鸡肉品质优越，无抗生素和药物残留。蛋黄中含有更丰富的天然色素和维生素，蛋清浓稠、香味浓郁，高蛋白质、低胆固醇。

二、降低生产成本

山林果园散养土鸡，可以充分利用各种资源降低生产成本。放养鸡自由采食植物性饲料（树叶、草子、嫩草等）和动物性饲料（蝗虫、蚯蚓等），在夏、秋季节适当补料即可满足其营养需要，节省1/3的饲料，降低饲料成本。放养鸡的鸡舍建筑简易，无需笼具，投资较小，减少固定资产投入和资金占用量。

三、减少疾病发生

田园、林地、草场放养鸡，环境优越，空气新鲜，阳光充足，饲养密度小。鸡只可以自由活动，受到阳光的照射，自由采食天然饲料，机体健康，抵抗力强，疾病发生少。特别是山区的草场、草坡有大山的自然屏障作用，明显地减少了传染病的发生。

四、减少虫害

山林果园散养土鸡，大量扑食多种昆虫，配合灯光、性信息等诱虫技术，可大幅度降低虫害的发生率，减少农药的使用量，既保护农作物和果树，降低生产成本，又对环境和人类的健康十分有利。据苹果园调查显示：苹果树在春季发芽前后各喷药 1 次；开花前后各用药 1 次；以后根据情况一般每 7 天用药 1 次，直到霜降收苹果为止。据统计，苹果园用农药一般每亩为 300～600 元，而放养土鸡后的用药次数可以减少 1/3，降低费用 200～400 元。

棉花在谷雨播种至霜降收获，生长期大约 6 个月。为了预防植物病虫害，在苗期每 4～5 天喷施农药 1 次（植物病害和棉蚜等）；在开花前至结桃大约 1 个月，2～4 天喷药 1 次（盲椿象等）；结桃后一直到末伏后 20 天，为了预防棉铃虫，一般 7 天喷药 1 次。如此大的农药喷施量，每亩棉田农药开支 300 元左右，且环境污染严重。放养土鸡的棉田，喷施农药 5 次，其中防治棉蚜 2 次、盲椿象 2 次、棉铃虫 1 次，每亩棉田农药开支只需 90 元左右，节约开支约 70%。

五、综合效益提高

山林果园散养土鸡可以极大地提高综合生产效益。一是缓解林牧矛盾和农牧用地矛盾。以山场、林地、草地放养鸡替代放牧牛羊，实现鸡上山、牛羊入圈，可以实现资源的合理利用，林牧矛盾得到缓解。同时能缓解草场的放牧压力，有效地保护和科学地利用草场。同时，减少禽舍占用大量的农用耕地，缓解土地资源紧张的压力，有效地保护耕地。二是减少环境污染。农区养鸡是我国蛋鸡生产的主体，场舍密集，甚至人鸡混杂，紧靠农居修建鸡舍，设施不健全，排泄物对环境污染严重，夏秋成为蚊蝇的滋生地，影响居民身心健康，而生态放养鸡，远离居民区，饲养密度低，加之环境的自然净化，可使排泄物培植土壤，变废为宝。三是增加农民收入。由于省饲料、投资小、疾病少、生产成本低和产品售价高，山林果园散养土鸡的收益明显较高。一般放养土鸡肉用，每只比集约化饲养"快大型"肉鸡收入高 6～10 元；放养土鸡产蛋，每只比笼养蛋鸡收入高 10～20 元。

第五节　山林果园散养土鸡的投资和效益预测

[例 1]　按照年生产两批（即 4 月上旬进第一批雏鸡，5 月中旬出栏；6 月中旬进雏，7 月中旬放养，9 月底至 10 月初出栏）出栏 10000 只肉用土鸡的投资和效益分析。

一、投资估算

1. 固定资产投资

115000.00 元

包括：（1）育雏舍投资　300 平方米×200 元/平方米＝60000.00 元

（2）育肥舍投资　500 平方米×100 元/平方米＝50000.00 元

（3）设备购置费　饲喂设备、饮水设备、照明设备、采暖设备等 5000.00 元。

2. 土地租赁费

100 亩×100 元/（亩・年）＝10000 元/年

3. 饲料费用

11000 只×110 天×40 克/（只・天）×2.20 元×千克＝106480.00 元

4. 购雏费用

11000 只×0.8 元/只＝8800.00 元

5. 其他费用

15000.00 元

总投资＝115000 元＋10000 元＋106480 元＋8800 元＋5000 元＝245280.00 元。

二、效益预测

1. 总收入

出售土鸡收入　10000 只×1.3 千克/只×20 元/千克＝

260000.00 元

2. 总成本

（1）鸡舍和设备折旧费 育雏舍利用 10 年，年折旧费 6000.00 元；育肥舍利用 5 年，年折旧费 10000.00 元；设备利用年限 5 年，年折旧费 1000.00 元。合计折旧费 17000.00 元。

（2）年土地租赁费 10000 元。

（3）饲料费用 106480.00 元。

（4）人工费、电费等其他费用 15000.00 元。

3. 年收入

年收益＝总收入－总成本＝260000 元－148480.00 元＝111520.00 元

4. 资金回收年限

资金回收年限＝总投资÷年收入＝245280.00÷111520.0≈2.2

5. 投资利润率

年利润/投资总额×100％＝111520.00/245280.00×100％＝45.5％

第二章

山林果园散养土鸡的品种选择

第一节　土鸡的主要品种

　　我国幅员辽阔，地形多样，几千年来经劳动人民长期选择和培育，形成了许多各具特色的优良地方品种，即土鸡。世界上不少著名的鸡种都有我国土鸡的血统，对世界著名鸡种的育成有着很大影响。近年来，优质土鸡在我国养鸡业中所占比重越来越大，其产品也越来越受到消费者的追捧，市场销售良好。根据其经济特点，土鸡品种可分为肉用型、蛋用型和蛋肉兼用型品种。

一、肉用型品种

（一）清远麻鸡

1. 产地与分布

　　清远麻鸡原产于广东省清远县。因其羽毛背侧有细小的黑色斑点，故称为麻鸡。它以体型小、皮下和肌间脂肪发达、皮薄骨软而著名，是我国活鸡出口的小型肉用型鸡种。

2. 外貌特征

　　体型特征可概括为"一楔"、"二细"、"三麻身"。"一楔"指母鸡躯体像楔形，前躯紧凑，后躯圆大；"二细"指头细脚细；"三麻身"指母鸡背羽呈麻黄、麻棕、麻褐3种颜色。单冠直立，冠齿5～6个，冠、肉垂及耳叶鲜红。虹彩橙黄色。喙黄色。

　　出壳雏鸡背部绒羽为灰棕色，两侧各有1条约4毫米宽的白色绒羽带，直到第一次换羽后才消失。这是清远麻鸡雏鸡的独特标志。

公鸡体质结实灵活，结构匀称，头部大小和颈部长短适中，头颈、背部的羽金黄色，胸羽、腹羽、尾羽及主翼羽黑色，肩羽、蓑羽枣红色，较短而黄；母鸡头细小，喙短。颈长短适中。头部和颈前部 1/3 的羽毛呈深黄色。背部羽毛有麻黄、麻棕、麻褐 3 种颜色。主副羽翼的内侧呈黑色，外侧呈麻斑，由前至后变淡而麻点消失。胫趾短细，呈黄色。

3. 生产性能

清远麻鸡以农家饲养放牧为主。天然食饵丰富的条件下生长速度较快，120 日龄公鸡体重 1.25 千克，母鸡体重 1.00 千克。该品种屠宰率高，肥育性能良好。未经肥育的仔母鸡半净膛屠宰率平均为 85%，全净膛屠宰率平均为 75.5%；阉公鸡半净膛屠宰率为 83.7%，全净膛屠宰率为 76.7%。

成年公鸡体重 1.7～2.8 千克，母鸡体重 1.3～2.5 千克。母鸡 5～7 月龄开产，年产蛋 70～80 枚，平均蛋重 46.6 克，蛋壳浅褐色。公、母配比 1:(13～15)，种蛋受精率在 90% 以上，受精蛋孵化率 83.6%。

（二）惠阳胡须鸡

1. 产地与分布

原产于东江和西枝江中下游沿岸各县。因其颔下有张开的肉髯，状似胡须，"胡须"有乳白、淡黄、棕黄三色，也叫三黄胡须鸡、龙岗鸡、龙门鸡、惠州鸡。该鸡具有胸肌发达、早熟易肥、肉质好的特点，与清远麻鸡、杏花鸡一起被誉为广东省三大出口名鸡。

2. 外貌特征

惠阳胡须鸡属于中型肉用品种，头大颈粗，胸深背宽，背线平直，后躯圆润，体质结实，腿肌和胸肌发达，胸角一般在 60° 以上，后躯丰满，体躯呈葫芦瓜形，尤以颔下发达而张开的胡须状髯羽为其基本特征，并且在其颔下无肉垂或仅有一些痕迹。单冠直立，冠齿为 6～7 个，喙粗短而黄，虹彩橙黄色，耳叶红色。

公鸡梳羽、蓑羽和镰羽金黄色而富有光泽。背部羽毛枣红色，分为主尾羽和无主尾羽两种。主尾羽多呈黄色，有些内侧是黑色。腹部羽色稍淡；母鸡全身羽毛黄色，主翼羽和尾羽有些黑色。尾羽不发达，喙脚黄色。

3. 生产性能

惠阳胡须鸡肥育性能良好，具有脂肪沉积能力强的特点。农户散养母鸡，开产前体重可达 1.00～1.20 千克。如果在此时笼养育肥，12～15 天可增重 350～400 克，且具有皮薄骨软、脂丰肉满的特点。12 周龄公鸡平均体重为 1.14 千克，母鸡平均体重为 0.845 千克。120 日龄公鸡，半净膛屠宰率为 86.6%，全净膛屠宰率为 81.2%；150 日龄公鸡，半净膛屠宰率为 87.5%，全净膛屠宰率为 78.7%。

成年公鸡体重 2～2.5 千克，母鸡体重 1.5～2 千克。公鸡性成熟早，有的 3 周龄会啼叫。惠阳胡须母鸡 6 月龄左右开产。惠阳胡须鸡产蛋率很低，农家以稻谷为主，结合放养并自然孵化和育雏，年平均产蛋只有 45～55 枚。改善饲养管理后，平均每只母鸡年产蛋可达 108 枚，平均蛋重 45.8 克，蛋壳浅褐色。一般公、母配种比例为 1∶(10～12)，种蛋平均受精率为 88.6%，受精蛋孵化率为 84.6%。平均育雏成活率在 95% 以上。

（三）杏花鸡

1. 产地与分布

杏花鸡原产于广东省封开县一带，当地又称为"米仔鸡"。主要分布于广东省封开县内，年饲养量达 100 万只以上。怀集、德庆、郁南、新兴、肇庆、佛山、广州等地都有饲养。它具有早熟、易肥、皮下和肌肉间脂肪分布均匀、骨细皮薄、肌纤维细嫩等特点，宜做白切鸡。杏花鸡属小型肉用优良鸡种，是我国活鸡出口经济价值较高的名产鸡之一。

2. 外貌特征

杏花鸡体质结实，结构匀称，胸肌发达，被毛紧凑，前躯窄，后躯宽。该品种的典型特征是三黄（黄羽、黄胫、黄喙）、三短（颈短、胫短、体躯短）、二细（头细、颈细）。单冠，冠、耳叶及肉垂鲜红色，虹彩橙黄色。雏鸡以三黄为主，全身绒羽淡黄色。

公鸡头大，冠大直立，羽毛黄色略带金红色，主翼羽和尾羽有黑色，脚黄色。

母鸡头小，喙短而黄，体羽黄色或浅黄色，颈基部羽多有黑斑点，形似项链。主副翼羽的内侧多呈黑色，尾羽多数有几根黑羽。

3. 生产性能

较好的饲养条件下，112 日龄公鸡的体重为 1.256 千克，母鸡平均体重 1.032 千克。未开产的母鸡，一般养到 5～6 月龄，体重达 1.0～1.20 千克。半净膛屠宰率，公鸡为 79.0%，母鸡为 76.0%；全净膛屠宰率，公鸡为 74.7%，母鸡为 70.0%。因皮薄且有皮下脂肪，故细腻光滑，肌肉脂肪分布均匀，肉质特优，适宜做白条鸡。

母鸡开产日龄 150 日龄，年产蛋 70～90 枚，平均蛋重 45 克，蛋壳褐色。农家放养，公、母配比 1：15，种蛋受精率达 90% 以上；群养公、母配比 1：(13～15)，种蛋受精率为 90.8%，受精蛋孵化率为 74%。30 日龄的育雏率在 90% 左右。

（四）桃源鸡

1. 产地与分布

原产于湖南省桃源县。长沙、岳阳、郴州等地分布较为普遍。它以体型高大而出名，故又称为桃源大种鸡。

2. 外貌特征

桃源鸡体型硕大，体质结实，羽毛蓬松，体躯稍长，呈长方形。喙、胫呈青灰色，皮肤白色。雏鸡出壳后绒羽较稀，长羽迟缓。主、副翼羽一般要 3 周龄才能全部长出。同时成年羽生长速度也较慢，在育成阶段常表现为光背、裸腹、秃尾和胸部袒露。

公鸡姿态雄伟，性勇猛好斗，头颈高昂，尾羽上翘，侧视呈"U"形。头部大小适中，单冠直立，冠齿 7～8 个，耳叶、肉垂鲜红，眼大微凹陷，虹彩金黄色，颈稍长，胸廓发育良好。体羽呈金黄色或红色，主翼羽和尾羽呈黑色，梳羽金黄色或间有黑斑。尾羽长出较迟，未长齐时尾部呈半圆佛手状，长齐后尾羽上翘。镰羽发达向上张开。腿高，胫长而粗。

母鸡体稍高，性温顺，活泼好动，背较长而平直，后躯浑圆，近似方形。头部清秀，单冠直立，冠齿 7～8 个，鸡冠倒向一侧。羽色有黄色和麻色 2 个类型，黄羽型的背羽呈黄色，颈羽呈麻黄色；麻羽型的体羽呈麻色。两种类型的主翼羽和尾羽均呈黑色，腹羽呈黄色。喙、胫呈青灰色，皮肤白色。

3. 生产性能

桃源鸡生长缓慢，特别是早期生长发育迟缓。90 日龄公、母鸡平均体重分别为 1.094 千克和 0.862 千克，肉质细嫩，肉味鲜美，富含脂肪。半净膛屠宰率，公鸡为 84.9％，母鸡为 82.06％。

成年公鸡体重 2.7～3.9 千克，母鸡体重 2.5～3.3 千克。母鸡开产日龄平均为 195 天，年产蛋 100～120 枚，高产群体平均可达 158 枚。蛋壳浅褐色，平均蛋重 51 克。公、母配比 1：（10～12），种蛋受精率为 83.83％，受精蛋孵化率为 83.81％。母鸡就巢性强，放牧饲养条件下，30 日龄育雏率为 75.66％。

（五）溧阳鸡

1. 产地与分布

中心产区位于溧阳市西南部，尤其以茶亭、戴埠、社渚等地最多，属于大型肉用品种。当地也称为"三黄鸡"或"九斤黄"，肉质鲜美，是江苏省西南丘陵山区的著名鸡种。

2. 外貌特征

溧阳鸡体型较大，体躯略呈方形；羽毛、喙和脚有黄色、麻黄色和麻栗色几种，但多为黄色。雏鸡以快生羽为主，出壳毛色呈米黄色，部分有条状黑色的绒羽带。

公鸡单冠直立，冠齿 5 个。耳叶、肉垂较大，颜色鲜红。背羽为黄色或橘黄色，主翼羽有黑色和半黑半黄色之分，副翼羽为黄色和半黑，主尾羽黑色，胸羽、梳羽、蓑羽金黄色或橘黄色，有的羽毛有黑镶边。

母鸡鸡冠有单冠直立和倒冠之分；眼大；虹彩呈橘红色；全身羽毛平贴体躯，绝大多数羽毛呈草黄色，少数黄麻色。

3. 生产性能

一般放养条件下，溧阳鸡生长速度比较慢。90 日龄，半净膛屠宰率，公鸡为 82.0％，母鸡为 83.2％；全净膛屠宰率，公鸡为 71.9％，母鸡为 72.4％。成年鸡，半净膛屠宰率，公鸡为 87.5％，母鸡 85.4％；全净膛屠宰率公鸡为 79.3％；母鸡为 72.9％。

溧阳鸡成年鸡体重，公鸡为 3.3 千克，母鸡为 2.6 千克。平均开产日龄 243 天，年产蛋 145 个，平均蛋重 57.2 克，蛋壳褐色。母鸡就巢性强，公、母配种比例 1：13，种蛋受精率为 95.3%，受精蛋孵化率为 85.6%；一般 5 周龄育雏率为 96%。

（六）河田鸡

1. 产地与分布

原产于福建省西南地区，主要产区是长汀、上杭两县，以长汀的河田镇为中心，向连城、武平等县部分地区辐射。河田鸡属于优良的肉用型品种，具有肉质细嫩、肉味鲜美的特点。

2. 外貌特征

具有"三黄"特征，即黄羽、黄喙、黄脚。体型近似方形，颈粗、躯短、胸宽、背阔。河田鸡有大型与小型之分（但大型鸡较少，多数是小型鸡），两者体型外貌相同，仅有体重和体尺的区别。小型鸡羽毛生长快，性成熟比大型鸡早 1 个月左右。雏鸡的绒羽颜色深黄，喙、胫黄色，冠叶后部有分裂成叉状特征。成年鸡主要特征为冠叶后部分裂成叉状冠尾。皮肤白色或黄色。

公鸡单冠直立，冠齿约 5 个，冠叶前部为单片，后部分裂成叉状冠尾，颜色鲜红；喙基部褐色，喙尖呈浅黄色。耳叶椭圆形，红色。颜面鲜红，无明显皱纹。公鸡羽色较杂，头、颈羽棕黄色，背、胸、腹羽淡黄色，尾羽黑色。蓑羽呈鲜艳的浅黄色，镰羽不发达，主翼羽黑色，有浅黄色镶边。

母鸡冠部基本与公鸡相同，但是比较矮小。羽毛以黄色为主，颈羽的边缘呈黑色，颈部深黄色，腹部丰满。

3. 生产性能

河田鸡具有鸡体丰满、皮薄骨细、肉质细嫩、肉味鲜美的特点。150 日龄公、母鸡体重分别为 1.295 千克和 1.094 千克。河田鸡屠宰率低。据测定，120 日龄半净膛屠宰率，公鸡为 85.8%，母鸡为 87.08%；全净膛屠宰率，公鸡为 68.64%，母鸡为 70.53%。

母鸡开产日龄在 180 天左右，母鸡具有极强的就巢性，年产蛋量 100 枚，蛋重为 42.89 克，蛋壳颜色以浅褐色为主，少数灰白色。放养公、母配比 1：15，种蛋受精率为 90%；舍饲 1：10，种蛋受精率为 82%～97%，人蛋孵化率为 67.75%。

（七）霞烟鸡

1. 产地与分布

原产于广西容县石寨乡下烟，当地为土山丘陵，物产丰富，群众喜爱硕大黄鸡，霞烟鸡是该地区中较大的鸡种。原名下烟鸡，又名肥种鸡，是国内优良的地方鸡种。

2. 外貌特征

霞烟鸡体躯短宽，腹部丰满，外形呈方形。成年鸡头部较大，单冠、肉垂、耳叶均鲜红色，虹彩橘红色。喙基部深褐色，喙尖浅黄色。颈部显得粗短，羽毛略为疏松。骨骼粗。皮肤白色或黄色。雏鸡绒羽以深黄色为主，喙黄色，胫黄色或白色。

公鸡羽毛黄红色，梳羽颜色比胸背羽颜色为深，主副翼羽带黑斑或白斑，有些公鸡蓑羽和镰羽有极浅的横斑纹，尾羽不发达。性成熟的公鸡腹部皮肤多呈红色。

母鸡羽毛黄色，背平、胸宽，龙骨略短，腹部丰满。临近开产的母鸡，耻骨与龙骨末端之间能并容3指，是该品种的重要特征。

3. 生产性能

90日龄公鸡活重0.922千克，母鸡0.776千克。150日龄公、母活重分别为1.596千克、1.293千克。半净膛屠宰率，公鸡为82.4%，母鸡为87.89%；全净膛屠宰率，公鸡为69.19%，母鸡为81.16%。霞烟鸡由于肌间和皮下沉积脂肪，具有肉质好、肉味鲜的特点，特别是经过肥育后，肌脂丰满，屠体美观，肉质嫩滑，很受消费者欢迎。

母鸡的开产日龄170~180天，年产蛋量80~150枚；平均蛋重43.6克，蛋壳浅褐色。一般公、母配比为1:(8~10)，种蛋受精率为78.46%，受精蛋孵化率为80.5%。

（八）石岐杂鸡

1. 产地与分布

原产于广东省中山市三角沙栏，目前主要分布于中山市，此外，顺德、番偶也有分布。又称中山沙栏鸡或三角鸡，属中小型肉用品种。

2. 外貌特征

石岐杂鸡头部大小适中，冠型多为单冠直立，冠齿6~7个。

耳叶、肉髯鲜红，虹彩橙黄色。躯体丰满，胸肌发达。公鸡羽毛多为黄色或枣红色；主翼羽有黑色，有的以羽轴为界，外侧枣红色，内侧黑色，紧靠羽轴两边为黑色，也有全身黑色而羽尖少部分呈枣红色；尾羽多为黑色，也有无主尾羽。母鸡羽毛有黄色、麻色，尤其以麻色居多。背部羽毛有麻黄色、麻褐色、麻棕色3种；头、颈、胸和腹部羽毛，麻黄色的为黄色，麻褐色的为褐色，麻棕色的为棕色，形成黑花点披肩。皮肤有黄色、白玉色，以白玉色居多。胫部颜色有黄色和白玉色，以黄色居多。出壳雏鸡背部两侧各有1条约0.4厘米宽的背线，从肩延伸至尾部；第一次换羽后该条纹消失，出现雌雄羽毛的差别。

3. 生产性能

石岐杂鸡平均初生重为32克，70日龄体重为0.723千克，150日龄体重为1.111千克；成年公鸡为2.15千克，母鸡为1.55千克。半净膛屠宰率，成年公鸡平均为86.16%，母鸡为85.93%；全净膛屠宰率，成年公鸡平均为81.12%，母鸡为78.82%。

母鸡平均开产日龄165天，平均年产蛋80枚，平均蛋重45克，蛋壳多为褐色、浅褐色，蛋形指数为1.34。公鸡平均性成熟期105天。公、母配比1：（15～20）。平均种蛋受精率为92%，平均受精蛋孵化率为91%。母鸡有就巢性，公、母鸡利用年限1～2年。

（九）浦东鸡

1. 产地与分布

原产于上海市的黄浦江以东的广大地区，故名浦东鸡。浦东鸡是我国较大型的黄羽鸡种，肉质特别肥嫩、鲜美，香味甚浓，筵席上常做白斩鸡或整只炖煮。

2. 外貌特征

体型较大，呈三角形。公鸡羽毛有黄胸黄背、红胸红背和黑胸红背三种。母鸡全身黄色，有深浅之分，羽片端部或边缘常有黑色斑点，因而形成深麻色或浅麻色。颈羽、主翼羽及尾羽有时黑色。公鸡主翼羽和副翼羽多呈部分黑色，副翼羽金黄色或带黑色；母鸡主翼羽及副翼羽黄色，但腹翼羽杂有褐色斑点。有时主翼羽呈黑色或部分黑色。公鸡尾羽、镰羽上翘，与地面成45°角，黑色并带有黑绿色光泽；母鸡尾羽短，稍向上，主尾羽不发达。公鸡单冠直立，冠齿多为7个；母鸡冠较小，有时冠齿不清。冠、肉垂、耳叶均呈红色，肉垂薄而小。喙短而稍弯，基部粗壮、黄色，上喙端部呈褐色。虹彩黄色或金黄色。胫、趾黄色。有胫羽和趾羽。

3. 生产性能

成年公鸡体重 3.55 千克，母鸡体重 2.84 千克。年产蛋量 100～130 枚，蛋重 58 克。蛋壳褐色，壳质细致，结构良好。

（十）丝毛乌骨鸡

1. 产地与分布

丝毛乌骨鸡原产于江西省泰和县和福建省泉州市，厦门市和闽南沿海等县均有分布且饲养量较大。以其体躯披有白色的丝状羽，皮肤、肌肉及骨膜皆为黑色而得名，被国际上认为是标准品种，称为丝羽鸡。国内在不同的产区有不同的命名，如江西称泰和鸡、武山鸡，福建称白绒鸡，广东、广西称竹丝鸡等。

新中国成立后，各省市均有饲养，所以该品种目前分布已遍及全国各地。除作为肉用鸡之外，丝羽乌骨鸡由于体型外貌独特，在世界各地动物园中多用作观赏性鸡种。

2. 外貌特征

丝毛乌骨鸡被国际列为观赏用鸡，头小、颈短、脚矮，体小轻盈。其外貌与其他品种有较大区别。标准的丝毛乌骨鸡可概括为以下十大特征，又称"十全"：①桑葚冠。草莓冠类型，公鸡比母鸡略为发达。颜色在性成熟前为暗紫色，与桑葚相似；成年后颜色减退，略带红色，有荔枝冠之称。②缨头。头顶有冠羽，为一头缨状丝羽。母鸡羽冠较为发达，状如绒球，又称"凤头"。③绿耳。耳叶呈暗紫色，在性成熟前呈现明显的蓝绿色彩，在成年后此色彩逐渐消失，仍呈暗紫色。④胡须。在下颌和两颊着生有较细长的丝羽，母鸡较为发达，形如胡须；肉垂很小或仅有痕迹，颜色与鸡冠一致。⑤丝羽。除翼羽和尾羽外，全身的羽片因羽小枝没有羽钩而分裂成丝绒状。一般翼羽较短，羽片末端常有不完全的分裂。尾羽和公鸡的镰羽不发达。⑥五爪。脚有5趾，通常由第一趾向第二趾的一侧多生1趾，也有个别从第一趾再多生1趾成为6趾的，其第一趾连同多生的1趾均不着地。⑦毛脚。胫部和第四趾着生有胫羽和趾羽。⑧乌皮。全身皮肤以及眼、脸、喙、胫、趾均呈乌色，往往乌黑的部位和程度，随个体而表现出不同程度的差异。⑨乌肉。全身肌肉略带黑色，内脏膜及腹脂膜均呈乌色。⑩乌骨。骨质暗乌，骨膜深黑色。

3. 生产性能

150 日龄公、母鸡平均体重，在福建分别为 1460 克、1370 克，在江西分别为 913.8 克、851.4 克。半净膛屠宰率，公鸡为 88.35%，母鸡为 84.18%；全净膛屠宰率，公鸡为 75.86%，母鸡为 69.5%，显著高于一般肉鸡，并且肉质细嫩，肉味醇香。

福建、江西两地，丝毛乌骨鸡开产日龄分别为 205 天、170 天，年产蛋量分别为 120～150 枚、75～86 枚，平均蛋重分别为 46.85 克、37.56 克，受精率分别为 87%、89%，受精蛋孵化率分别为 84.53%、75%～86%。公、母配比一般为 1：（15～17）。母鸡就巢性强，年平均就巢 4 次，平均持续期 17 天。

二、肉蛋兼用型

（一）狼山鸡

1. 产地与分布

狼山鸡是我国古老的兼用型鸡种。原产地在长江三角洲北部的江苏如东县，通州市内也有分布。其集散地为南通港，因其附近有一名胜，称为狼山，从而得名。该鸡以体型硕大、羽毛纯黑、冬季产蛋多、蛋大而著称于世。1872 年首先传入英国，继而又传入其他国家。在国外，狼山鸡还与其他品种鸡杂交，培育出了诸如澳洲黑鸡、奥品顿等新品种。

2. 外貌特征

狼山鸡体格健壮，头昂尾翘，背部较凹，羽毛均密，行动灵活。按体型可分为重型（公鸡体重为 4.0～4.5 千克，母鸡为 3.0～3.5 千克）与轻型（公鸡体重为 3.0～3.5 千克，母鸡为 2.0 千克）。按羽毛颜色可分为纯黑、黄色和白色 3 种，其中黑鸡最多，黄鸡次之，白鸡最少，而杂毛鸡甚为少见。

每种颜色按头部羽冠和胫趾部羽毛的有无分为光头光脚、光头毛脚、凤头毛脚和凤头光脚 4 个类型。

狼山鸡头部短圆细致，群众称之为蛇头大眼。单冠，冠齿5～6个。脸部、耳叶及肉垂均呈鲜红色。眼的虹彩以黄色为主，间混有黄褐色。喙黑褐色，头端稍淡。胫黑色，较细长。羽毛紧贴躯体，当年育成的新鸡富有黑绿色光泽。

成年黑色狼山鸡多呈纯黑，有时第9～10根主羽翼呈白色。刚出壳的雏鸡，额部、腹及翼尖等处均呈淡黄色，一直到中雏换羽后才全部变成黑色。狼山鸡的皮肤呈白色。

3. 生产性能

狼山鸡属蛋肉兼用型，虽然个体较大，但前期生长速度不快。产肉性能见表2-1。

表2-1　狼山鸡的产肉性能

性别	初生重/克	90日龄重/克	120日龄重/克	150日龄重/克	6.5月龄半净膛屠宰率/%	6.5月龄全净膛屠宰率/%
公鸡	40	1070	1750	2423	82.8	76.9
母鸡	40	940	1338	1673	80.1	69.4

成年体重公鸡为2.84千克，母鸡为2.283千克，开产日龄208天。年平均产蛋135～175枚，最高达252枚；平均蛋重58.7克；蛋壳浅褐色。公、母配种比例为1：(15～20)，放牧条件下可达1：(20～30)。种蛋受精率90%左右，最高可达96%。受精蛋孵化率80.8%。供种单位有中国农业科学院家禽研究所、江苏如东县狼山鸡种鸡场。

（二）固始鸡

1. 产地与分布

俗称"固始黄"，原产于河南省固始县，主要分布在淮河流域以南和大别山脉以北的广大地区，相邻的安徽省的金寨等县也有分布。其因外观秀丽、肉嫩汤鲜、风味独特、营养丰富等而驰名海内外，是我国优良的蛋肉兼用型鸡种。20世纪70年代末，国家为保存和利用固始鸡资源，在固始县兴建了固始鸡原种场，专门从事固始鸡保种和选育研究工作。该场先后承担"固始鸡提纯复壮研究"、"固始鸡品系选育和繁育体系建设"等国家级攻关项目。经过20多年艰苦细致的工作，成功地选育出固始鸡高产品系、快速品系。以快速品系为父本、高产品系为母本生产的固始鸡商品代（青脚系、乌骨系），生产性能大幅度提高，综合性能达到国内同类研究先进水平。

2. 外貌特征

固始鸡个体中等，外观清秀灵活，体型细致紧凑，结构匀称，羽毛丰满，尾形独特。按外貌可分为青脚系和乌骨系两类。青脚系固始鸡外貌特征是青脚、青嘴、快羽、白皮肤，母鸡羽毛有麻黄色，公鸡一般为红羽、黑尾。乌骨系固始鸡的外貌特征是乌脚、乌冠、乌皮、乌骨，母鸡毛色以中麻和麻黄为主，公鸡毛色深红。初生雏鸡绒羽呈黄色，头顶有深褐色绒羽带，背部沿脊柱有深褐色绒羽带，两侧各有四条黑色绒羽带。

成年鸡冠型有单冠和豆冠两种，以单冠者居多。冠直立，冠后缘冠叶分叉。冠、肉垂、耳叶和脸均呈红色。眼大略向外突出。虹彩呈彩栗色。喙短略弯曲，呈青黄色。胫呈青色。尾型分为佛手状尾和直尾两种。佛手状尾，尾羽向后上方卷曲，悬空飘摇，是该品种的特征。

公鸡羽色呈深红色和黄色，镰羽多带黑色而富铜色光泽。母鸡的羽色以麻黄色和黄色为主，白、黑很少。该鸡种性情活泼，敏捷善动，觅食能力强。

3. 生产性能

固始鸡早期生长速度慢，公、母鸡 60 日龄体重平均为 0.266 千克；90 日龄体重，公鸡为 0.488 千克，母鸡为 0.355 千克；180 日龄体重，公鸡为 1.27 千克，母鸡为 0.967 千克。150 日龄半净膛屠宰率，公鸡为 81.76%，母鸡为 80.16%；全净膛屠宰率，公鸡为 73.92%，母鸡为 70.65%。

平均开产日龄 170 天，年平均产蛋量 150.5 枚，平均蛋重 50.5 克，蛋形偏圆。繁殖种群，公、母配比为 1：（12～13），平均种蛋受精率为 90.4%，受精蛋孵化率为 83.9%。供种单位有固始县三高集团（河南省固始县三高大道一号）和中国农业科学院（江苏省江都市韶伯镇）。

（三）萧山鸡

1. 产地与分布

又称萧山大种鸡、越鸡。产于浙江省萧山市，分布于瓜沥、靖江、坎山镇等地。具有成熟早、生长快、体型肥大、肉质细嫩、产蛋率高等特点。胸部肌肉特别发达，两脚粗壮结实，性情活泼好动，喜觅活食。近年来，建立了种鸡场，进行复壮提纯，解决鸡种杂和退化问题。

2. 外貌特征

萧山鸡属肉蛋兼用型良种。其体型肥大，外形近似方而浑圆。公鸡体格健壮，羽毛紧密，头昂尾翘。单冠红而直立，中等大小。肉垂、耳叶红色，眼球略小，虹彩橙黄色。喙稍弯曲，端部红黄色，基部褐色。全身羽毛有红、黄两种，二者颈、翼、背部等羽色较深，尾羽多呈黑色。羽毛、喙部和脚胫均呈金黄色，故又称三黄鸡。

母鸡体态匀称，骨骼较细。全身羽毛基本黄色，但麻色者也占一定比例。颈、翼、尾部间有少量黑色羽毛。单冠红色，冠齿大小不一。肉垂、耳叶红色。眼球蓝褐色，虹彩橙黄色。喙、胫黄色。

3. 生产性能

萧山鸡早期生长速度快，特别是2月龄阉割以后的生长速度更快，体型高大。屠体皮肤黄色，皮下脂肪较多，肉质好、味美。鸡肉脂肪含量较普通鸡少。据测定，100克肌肉中含蛋白质23克，脂肪仅1克左右。产肉性能见表2-2。

表2-2　萧山鸡的产肉性能

性别	初生重/克	90日龄重/克	120日龄重/克	150日龄重/克	180日龄重/克	半净膛屠宰率/%	全净膛屠宰率/%
公鸡	38.5	1247.9	1604.6	1785.8	2215.0	84.7	76.5
母鸡	38.5	793.8	921.5	1206.0	1594.1	85.6	66.0

注：屠宰测定的母鸡为开产时的母鸡，公鸡为150日龄。

萧山鸡的开产日龄为170天左右，开产体重约1.8千克。平均年产蛋量为120枚左右。萧山鸡蛋的品质很好，与其他地方鸡种相比，其蛋黄颜色的级别最高，蛋的密度也很高。据测定，其平均蛋重为56克，蛋壳为褐色，约0.31毫米厚，蛋形指数为1.39。蛋白占蛋重的55.8%，蛋黄占32.44%，蛋壳占11.76%。萧山鸡的繁殖力较好，鸡群的公母比例通常为1∶12。据杭州市农业科学研究所的测定，其平均受精率都在90％以上，受精蛋的孵化率为87％左右。萧山鸡的就巢性强，对产蛋量的影响较大。母鸡每年平均就巢4次，有的高达8次；每次就巢时间约为10天，长的可达1月有余。供种单位为中国农业科学院（江苏省江都市韶伯镇）。

（四）寿光鸡

1. 产地与分布

原产于山东省寿光市的稻田镇，以慈家村、伦家村饲养的鸡最好，所以又称慈伦鸡。历史悠久，分布广泛，邻近的淮县、昌乐、益都、广饶等县均有分布。该鸡具有体型硕大、蛋大的特点。属肉蛋兼用的优良地方鸡种。寿光鸡蛋大皮红，国内闻名；肉质细嫩，味道鲜美，世界著称。

2. 外貌特征

寿光鸡有大型和中型两种，还有少数是小型。大型寿光鸡外貌雄伟，体躯高大，体型近似方形。

寿光鸡的初生雏多数为黑色。少数个体在眼睑与喙角处有黄白斑，头顶、背颈与腰部均为黑色，体侧、颈侧与尾部呈灰色，喙部全黑或喙尖呈黄白色，颌下、颈下为淡黄色，部分个体的翼尖全黑，胫与趾为灰色，而爪与皮肤为白色。

寿光鸡的头形多为平头。大型鸡的头较大，眼大且稍凹陷，虹膜为黑褐色；脸部较粗糙；单冠，大而直立；喙为灰黑色，略弯且短，尖部颜色稍淡；冠、肉垂、耳叶与脸部均呈鲜红色。中型鸡的头大小适中，脸平滑清秀。寿光鸡具有斗鸡体型的特点。其大型鸡的骨骼粗壮，体躯高大，体长，胸深，胸部丰满，胫高而粗，体躯近似方形。成年鸡全身被黑色羽毛，除腹部等少数部位的毛色为黑灰色外，鸡体重要部位均为深黑色并闪绿色光泽。寿光鸡为白皮肤鸡种，胫、趾为黑灰色，以黑羽、黑腿、黑嘴的"三黑"特点而著称。

3. 生产性能

寿光鸡个体高大，屠宰率高。成年母鸡脂肪沉积能力强。产肉性能见表2-3。

表 2-3　寿光鸡的产肉性能

性别	初生重/克	90日龄重/克	120日龄重/克	150日龄重/克	180日龄重/克	半净膛屠宰率/%	全净膛屠宰率/%
公鸡	42.4	1310.0	2187.0	2582.5	2872.5	82.45	77.13
母鸡	42.4	1056.6	1775.3	2059.0	2279.0	85.44	80.70

大型成年体重，公鸡为 3.61 千克，母鸡为 3.305 千克；中型公鸡为 2.875 千克，母鸡为 2.335 千克；开产日龄，大型鸡 240 天以上，中型鸡 145 天；产蛋量，大型鸡年产蛋 117.5 枚，中型鸡 122.5 枚；蛋重，大型鸡为 65～75 克，中型鸡为 60 克。在繁殖性能上，大型鸡：公母配比为 1：（8～12），中型为 1：（10～12）。种蛋受精率为 90%，受精蛋孵化率为 81%。供种单位为山东省寿光市慈伦种鸡场。

(五) 北京油鸡

1. 产地与分布

北京油鸡原产于北京市安定门和德胜门外的近郊地带，以朝阳区的大屯和洼里两个乡最为集中，邻近的海淀、清河也有分布。据考证，距今至少有 250 年的历史。1980 年，北京市农林科学院畜牧兽医研究所调查统计，产区有 3 万余只。北京油鸡属肉蛋兼用品种，以肉味鲜美、蛋质佳良著称，是一个优良的地方品种。20 世纪 70 年代中期，北京油鸡纯种鸡濒于绝种。北京市农业科学院畜牧兽医研究所等单位相继从民间搜集油鸡的种鸡，进行了繁殖、提纯、生产性能测定和推广等工作，在大兴榆垡种鸡场进行该品种的保种工作。

2. 外貌特征

北京油鸡体躯中等。其中，羽毛呈赤褐色（俗称紫红毛）的鸡，体型较小；羽毛呈黄色（俗称素黄色）的鸡，体型略大。出生雏鸡全身披着淡黄色或土黄色绒羽，冠羽、胫羽、髯羽也很明显，体格浑圆。成年鸡羽毛厚密而蓬松，羽毛为黄色或黄褐色。公鸡的羽毛色泽鲜艳光亮，头部高昂，尾羽多呈黑色；母鸡的头尾微翘，胫部略短，体态敦实。其尾羽与主、副翼羽中常夹有黑色或以羽轴为中界的半黑半黄的羽片。

北京油鸡具有冠羽和胫羽，有些个体兼有趾羽。不少个体的颌下或颊部生有髯须，人们常将这"三羽"性状看做是北京油鸡的主要外貌特征。冠型为单冠，冠叶小而薄，在冠叶的前端常形成一个小的"S"状褶曲，冠齿不甚整齐。凡具有髯羽的个体，其肉垂很少或全无，头较小，冠、肉垂、脸、耳叶均呈红色。眼较大。虹彩多呈棕褐色。喙和胫呈黄色，喙的尖部稍微显褐痕。少数个体分生5趾。

3. 生产性能

北京油鸡生长速度缓慢，初生重为 38.4 克，4 周龄重为 220克，8 周龄重为 549.1 克，12 周龄重为 959.7 克。成年体重，公鸡为 2049 克，母鸡为 1730 克。北京油鸡屠体皮肤微黄，紧凑丰满，肌间脂肪分布良好，肉质细腻，肉味鲜美。肉料比 3.5∶1。北京油鸡尤其适合山区散养。成年公母鸡半净膛屠宰率分别为 83.5%、70.7%，全净膛屠宰率分别为 76.6%、64.6%。

北京油鸡性成熟较晚。母鸡 210 日龄开产，年产蛋为 110～125 枚，平均蛋重为 56 克，蛋壳厚度 0.325 毫米，蛋壳褐色，个别呈淡紫色，蛋形指数为 1.32。公、母比例为 1∶（8～10），种蛋受精率为 95%，受精蛋孵化率为 90%。部分个体有抱窝性。雏鸡成活率高，2 月龄的成活率可达 97%。

（六）庄河鸡

1. 产地与分布

庄河鸡主产辽宁省庄河市，分布于东沟、凤城、金县、新金、复县等地。因该鸡体躯硕大，腿高粗壮，结实有力，故名大骨鸡。目前饲养量达 450 万只以上，并被推广到吉林、黑龙江、山东、河南、河北、内蒙古等省和自治区。

2. 外貌特征

属蛋肉兼用型品种。庄河鸡体型魁伟，胸深且广，背宽而长，腿高粗壮，腹部丰满，墩实有力，以体大、蛋大、口味鲜美著称。觅食力强。公鸡羽毛棕红色，尾羽黑色并带金属光泽。母鸡多呈麻黄色，头颈粗壮，眼大明亮，单冠，冠、耳叶、肉垂均呈红色。喙、胫、趾均呈黄色。

3. 生产性能

产肉性能见表2-4。

表2-4 庄河鸡的产肉性能

性别	初生重/克	90日龄重/克	120日龄重/克	150日龄重/克	全净膛屠宰率平均/%
公鸡	42.4	1039.5	1478.0	1771.0	70～75
母鸡	42.4	881.0	1202.0	1415.0	

成年体重，公鸡为2.9～3.75千克，母鸡为2.3千克。开产日龄平均213天，年平均产蛋164枚左右，高的可达180枚以上。蛋大是庄河鸡的一个突出优点，平均蛋重为62～64克，有的可达70克以上。蛋壳深褐色，壳厚而坚实，破损率低。蛋形指数1.35。公、母配种比例一般为1：（8～10），种蛋受精率约为90%，受精蛋孵化率为80%，就巢率为5%～10%，就巢持续期为20～30天，60日龄育雏率达85%以上。

（七）卢氏鸡

1. 产地与分布

主产于河南省卢氏县境内。2001年，该产品被列入河南省畜禽品种资源保护名录，且所产的绿壳蛋蛋清浓，蛋黄呈橘红色，经检测具有"三高一低"：高锌、高碘、高硒，低胆固醇，被誉为"鸡蛋中的人参"。2006年5月成为受国家原产地保护的地理标志产品。2006年12月获河南省无公害农产品产地认证，2007年6月获河南省无公害农产品认证。目前，该产品又被国家质检总局认证为有机食品。

2. 体貌特征

属小型蛋肉兼用型鸡种，体型结实紧凑，后躯发育良好，羽毛紧贴，颈细长，背平直，翅紧贴，尾翘起，腿较长，冠型以单冠居多，少数凤冠。喙以青色为主，黄色及粉色较少。胫多为青色。公鸡羽色以红黑色为主，占80%，其次是白色及黄色。母鸡以麻色为多，占52%，分为黄麻、黑麻和红麻，其次是白鸡和黑鸡。

3. 生产性能

成年公鸡体重1700克，母鸡1110克。180日龄屠宰率：半净

膛 79.7%，全净膛 75.0%。开产日龄 170 天，年产蛋 110～150
个，蛋重 47 克，蛋壳呈红褐色和青色，红褐色占 96.4%。

(八) 正阳三黄鸡

分布在河南驻马店市正阳、汝南、确山三县交界一带。具有许
多稳定遗传的有利经济性状，是培育和创造我国新鸡种的宝贵基因
库，有重要的保存利用及科学研究价值。三黄鸡因具有嘴黄、毛
黄、爪黄而得名。三黄鸡由于在正阳县分布广、数量多、品质好，
被《河南省地方优良畜禽品种志》定名为正阳三黄鸡。正阳三黄鸡
具有生长快、产蛋多、耐粗饲、适应性广、抗病能力强、肉质鲜美
等特点。一般情况下，一只母鸡长 150 天体重可达 1.75 千克，公
鸡可达 2 千克，一只母鸡一年可产蛋 180～220 枚，而且所产鸡蛋
都是红壳。正阳三黄鸡的肉、蛋不仅味道好，还具有补气、养血、
利尿的功能，素有三黄药鸡、中华名贵鸡种之称，系我国稀少的特
优型地方良种鸡之一。

(九) 汶上芦花鸡

主要分布于山东省汶上县及附近地区。

该鸡体表羽毛呈黑白相间的横斑羽，群众俗称"芦花鸡"。体
型一致，体形呈"元宝"状。横斑羽，全身大部分羽毛呈黑白相
间、宽窄一致的斑纹状。母鸡头部和颈羽边缘镶嵌橘红色或土黄
色，羽毛紧密。公鸡颈羽和鞍羽多呈红色，尾羽呈黑色带有绿色光
泽。单冠最多，双重冠、玫瑰冠、豌豆冠和草莓冠较少。喙基部为
黑色，边缘及尖端呈白色。虹彩橘红色。胫色以白色为主。爪部颜
色以白色最多。皮肤白色。成年体重公鸡为 (1.4±0.13)千克，母
鸡 (1.26±0.18)千克。6 月龄屠宰测定：公鸡半净膛为 81.2%，
母鸡为 80%；公鸡全净膛为 71.2%，母鸡为 68.9%。开产日龄
150～180 天。年产蛋 130～150 枚，较好的饲养条件下产蛋 180～
200 个，高的可达 250 个以上。平均蛋重为 45 克，蛋壳颜色多为
粉红色，少数为白色。蛋形指数 1.32。

(十) 茶花鸡

茶花鸡原产于云南省西部、西南部、南部和东南部。因其鸣叫
声似当地语音"茶花两朵"而得"茶花鸡"名。

茶花鸡体型矮小，羽毛紧贴，肌肉结实，骨骼细致，体躯匀称，近似船形，性情活泼，机灵胆小，好斗性强，能飞善跑。该鸡头部清秀。冠大多呈红色单冠，少数呈豆冠和羽冠。喙黑色，少数黑色中带黄色。眼大有神。虹膜黄色居多，也有褐色和灰色。肉垂红色。皮肤白色者多，少数浅黄色。胫趾黑色，少数黑色带黄色。公鸡羽毛除主翼羽、尾羽、镰羽为黑色或黑色镶边外，其余全身红色，梳羽、蓑羽并有鲜艳光泽。母鸡除翼羽、尾羽多数是黑色外，全身是麻褐色，翼羽比一般家鸡略微下垂。

成年公鸡体重 1.2~1.5 千克，母鸡体重 1.0~1.2 千克。一般年产蛋量为 100 枚左右，平均蛋重 38.2 克，蛋壳深褐色。蛋形指数为 1.35。蛋的组成，蛋白占 51.1%，蛋黄占 37.6%，蛋壳占 11.3%。说明茶花鸡蛋黄大，蛋壳较厚重。公母配种比例为 1：15，种蛋受精率可达 90%左右。供种单位为西双版纳州畜牧兽医站。

（十一）吐鲁番鸡

分布于新疆吐鲁番、鄯善、托克逊一带。吐鲁番鸡属斗鸡型，毛色较杂，有黑、浅麻、栗褐色三种毛色。体大、魁梧、健壮，羽毛丰满、有光泽且美丽。头顶宽平而长。喙短弯曲粗壮强劲有力。冠为复冠，矮小，冠色为深红色。耳垂、肉、髯红色。胸部带有黑色或混有红色的羽毛，尾羽短，公鸡镰羽高翘，尾羽大多数为黑色并带有青绿色光泽。胫长而直，呈肉色，胫部外侧有羽毛。初生重为 39 克，成年体重公鸡为 4~4.5 千克，母鸡为 3~3.5 千克。屠宰测定：全净膛公鸡为 65%~70%。210~270 天开产，年产蛋 60~80 枚，平均蛋重为 65 克，最高达 85 克。蛋壳多为浅棕色。

（十二）静宁鸡

主产地在静宁、庄浪两县，毗邻的其他县市亦有分布。体呈长方形，近似卵肉兼用型鸡的体型。公头颈高举，尾羽耸立，胸部发达，背宽而长，足粗壮有力，鸡冠大鲜红，多为核桃冠，少数为单冠；肉髯及耳叶大，呈鲜红色；毛色以红棕色及酱红色为主，主翼羽、主尾羽为黑色，闪闪有光，瑶羽发达，外观美丽；嘴、趾叶青灰色，皮肤为白色，少数有色足足羽俗称穿裤子鸡。母鸡头小清秀。冠型多为核桃冠，少数为单冠（5~9 个冠蜂）；冠、肉垂、耳叶为鲜红色；嘴、足、趾呈青灰色，皮肤为白色。毛色以黄色为主（占 60%），麻色次之（占 25%），黑色及其他色甚少。年产蛋量平均为 117 枚，最高可达 218 枚，平均蛋重 51.6 克。产肉性能亦较好，公鸡 6 月龄体重 1.43 千克，半净膛（去血、毛、肠、胰、肝、嗉囊）屠宰率为 75%；全净膛（只留肾、肺）屠宰率为 68.7%；母鸡 9 月龄平均体重可达 1.51 千克，半净膛屠宰率 74.6%，全净膛屠宰率 69.1%。具有较好的产蛋、产肉性能和良好的适应性，肉质鲜嫩，鸡汁鲜美，口感上乘，风味独特，具有良好的地方特色。

（十三）文昌鸡

文昌鸡最早出自该县潭牛镇天赐村，此村盛长榕树，树籽富含营养，鸡啄食，体质极佳。文昌鸡的特点是个体不大，重约 1.5 千克左右，毛色鲜艳，翅短脚矮，身圆股平，皮薄滑爽，肉质肥美。

（十四）鹿宛鸡

鹿宛鸡属肉蛋兼用型鸡，原产于江苏省张家港。体型大，胸部较宽深，羽毛紧贴全身，两腿间距较宽。小单冠，红耳叶。喙、脚和皮肤均为黄色。羽色以黄色为主。公鸡颈羽红色，尾羽黑色，母鸡草黄色。成年公鸡体重 3.0 千克，母鸡体重 2.3～2.7 千克。开产日龄 180 天，产蛋 140～150 枚/年，平均蛋重 55 克，蛋壳褐色。

（十五）峨眉黑鸡

峨眉黑鸡属蛋肉兼用型。原产于四川峨眉山、乐山、峨边三地沿大渡河的丘陵山区。

峨眉黑鸡体型较大，体态浑圆。全身羽毛黑色，有金属光泽。大多呈红色单冠，少数有红色豆冠或紫色单冠或豆冠。喙、胫黑色，皮肤白色，偶有乌皮。公鸡梳羽和镰羽发达。成年公鸡体重 3.0 千克，母鸡体重 2.2 千克。开产日龄 210 日龄左右，年产蛋 120 枚，平均蛋重 54 克，蛋壳褐色。

三、蛋用型鸡

（一）仙居鸡

1. 产地与分布

又名梅林鸡，原产地为浙江省台州地区，仙居县是重点产区，在其邻近的临海、天台、黄岩等地亦有分布，是我国优良的小型蛋用鸡种。生产的雏鸡除供浙江省外，还销至广东、江苏、上海等10多个省市、自治区。据记载，该鸡种已有300多年的历史。

2. 外貌特征

雏鸡绒羽为深浅不同的黄色，喙、胫、趾多为黄色，少有青色者。仙居鸡的头部大小适中，面部清秀。单冠，冠峰平均为6个。肉垂为中等大，较薄；耳叶为椭圆形。均为鲜红色。眼睛的虹膜（虹彩）多为橘黄色，也有灰黑色、金黄色或褐色者。公鸡的冠直立，高约3～4厘米；母鸡的冠较矮，约为2厘米。

仙居鸡的体型结构紧凑，全身羽毛紧贴体躯，背部平直。公鸡的羽毛为黄红色，梳羽与蓑羽颜色较浅，且有光泽，主翼羽为红夹黑色，镰羽和尾羽均为黑色。母鸡的羽色以黄色为主，颈羽的颜色较深，主翼羽的羽片为半黄半黑色，尾羽为黑色。

该鸡的皮肤为白色或浅黄色。胫、趾以黄色为主。近几年来，青色胫、趾与胫部有小羽者已经少见，但胫骨的粗、细仍有差异。

仙居鸡的体型轻小，体态匀称，骨骼纤细，具有蛋用型鸡的典型特征。该鸡善飞好动，反应敏捷，胆小易惊，也符合蛋用型鸡种的特点。

3. 生产性能

在较好的饲养管理条件下，仙居鸡的开产日龄为150天左右。而在农家散养条件下，则需约180天才能开产。与其他品种相比，该鸡是较早成熟的地方品种之一。

开产日龄为180天，年产蛋为160～180枚，高者可达200枚以上，蛋重为42克左右，壳色以浅褐色为主，蛋形指数1.36。蛋黄的颜色，在初期较黄，但后期变为浅黄。配种能力强，公母鸡配种比1∶（16～20）。受精率可达到94.3%，受精蛋的孵化率为83.5%。

仙居鸡属蛋用型鸡种，但其生长速度与鸡肉的品质也很好。公、母鸡初生体重分别为32.7克和31.6克。180日龄公鸡体重为1.256千克，母鸡为0.953千克。3月龄公鸡半净膛为81.5%，全净膛为70.0%；6月龄公鸡半净膛为82.7%，全净膛为71%，母鸡半净膛为82.96%，全净膛为72.2%。供种单位有中国农业科学院家禽研究所地方鸡种开发中心、浙江仙居鸡种鸡场以及浙江余姚市神农畜禽有限公司。

(二) 白耳黄鸡

1. 产地与分布

又称白银耳鸡，是江西上饶地区的白耳鸡和浙江江山白耳鸡的统称。主产区为江西省的广丰、上饶和玉山县，以及浙江省的江山市。该地区为丘陵山区，具有良好的自然条件和丰富的物质资源，养鸡业有着悠久的历史。该鸡种因其全身黄羽和银白色的耳叶而得名，是我国珍稀的白耳鸡种。

2. 体貌特征

初生雏的绒羽以黄色为主。白耳黄鸡的头部适中，眼大有神。单冠直立，公鸡的冠峰为4~6个，母鸡的冠齿为6~7个。公鸡的肉垂薄而长，母鸡的肉垂较短，且均为红色。眼睛明亮，虹膜公鸡为金黄色，母鸡为橘红色。公鸡的喙较弯，呈黄色或灰黄色；母鸡的喙为黄色，有时在端部为褐色。头部羽毛很短。其突出的特点是耳叶较大，呈银白色。

白耳黄鸡的体型矮小，体重较轻，羽毛紧密；全身羽毛呈黄色。公鸡体躯似船形，母鸡的体躯呈三角形。后躯均较发达，属蛋用鸡种的体型。

白耳黄鸡的皮肤与胫部均为黄色，无胫羽。公鸡的梳羽为深红色，小镰羽为橘红色，大镰羽不发达，呈黑色带绿色光泽。母鸡全身羽毛均为较淡的黄色，但在主翼羽与尾羽中有黑色羽毛。

3. 生产性能

白耳黄鸡的产蛋性能是很好的。其平均开产日龄为151.75天，年平均产蛋180枚。平均蛋重为54.23克，蛋壳厚度为0.34~0.38毫米；蛋形指数（蛋的纵径与最大横径的比值）为1.35~1.38；蛋的哈氏单位（蛋白品质的指标）为88.3，蛋壳为深褐色。在地方鸡种中，属于蛋重较大的鸡种。种鸡群的公母比例为1：(10~15)，种蛋的受精率为92%，受精蛋的孵化率为94%。

白耳黄鸡的产肉性能也较好。150日龄公鸡体重1.265千克、母鸡1.02千克，成年半净膛屠宰率分别为公鸡为83.3%、母鸡为85.3%，全净膛屠宰率公鸡为76.7%、母鸡为69.7%。供种单位有中国农业科学院家禽研究所、江西省广丰县白耳黄鸡原种场。

（三）绿壳蛋鸡

绿壳蛋是由遗传基因决定的。从营养上绿壳蛋和普通白壳蛋、褐壳蛋无区别，但是由于市场上比较少见，且鸡的生产性能低，所以价格较高。生产中有多个品种，见表2-5。

表2-5　绿壳蛋鸡品种

名称	特　性
东乡黑羽绿壳蛋鸡	体型较小，产蛋性能较高，适应性强，羽毛全黑、乌皮、乌骨、乌肉、乌内脏，喙、趾均为黑色。该品种抱窝性较强，因而产蛋率较低
三凰绿壳蛋鸡	三凰绿壳蛋鸡有黄羽、黑羽两个品系。单冠、黄喙、黄腿、耳叶红色
新杨绿壳蛋鸡	商品代母鸡羽毛白色，但多数鸡身上带有黑斑；单冠，冠、耳叶多数为红色，少数黑色；60%左右的母鸡青脚、青喙，其余为黄脚、黄喙
昌系绿壳蛋鸡	体型矮小，羽毛紧凑，未经选育的鸡群毛色杂乱，大致可分为四种类型：白羽型、黑羽型、麻羽型和黄羽型

第二节　土鸡的杂交利用

目前饲养的土鸡一般有两种，一种是纯种，一种是杂交品种。

一、纯种繁育

用同一品种内的公母鸡进行配种繁殖，这种方式能保持一个品种的优良性状，有目的地进行系统选育，能不断提高该品种的生产能力和育种价值，所以，无论在种鸡场或是商品生产场都被广泛采用。但要注意，采用本品种繁育，容易出现近亲繁殖的缺点，尤其是规模小的养鸡场，鸡群数量小，很难避免近亲繁殖，可引起后代的生活力和生产性能降低，体质变弱，发病率、死亡率增多，种蛋受精率、孵化率、产蛋率、蛋重和体重都会下降。为了避免近亲繁殖，必须进行血缘更新，即每隔几年应从外地引进体质强健、生产性能优良的同品种种公鸡进行配种。

二、杂交繁育

不同品种间的公母鸡交配称为杂交。由两个或两个以上的品种杂交所获得的后代，具有亲代品种的某些特征和性能，丰富和扩大了遗传物质基础和变异性，因此，杂交是改良现有品种和培育新品种的重要方法。由于杂交一代常表现出生活力强、成活率高、生长发育快、产蛋产肉多、饲料报酬高、适应性和抗病力强的特点，所以在生产中利用杂交生产出的具有杂种优势的后代作为商品鸡是经济而有效的。

（一）杂交亲本的选择

土鸡的杂交以有特殊性状的品系选育为基础，确定父系和母系两个选育方向，再用父系公鸡和母系母鸡杂交生产 F_1 代土鸡。土鸡亲本选择应从以下三个方面进行。

1. 具有特殊性状的品系选育

特殊性状是指土鸡的标志性状，例如羽色、胫色、冠形和肤色等性状。芦花羽系：选择芦花羽的公鸡和母鸡建立核心群，淘汰杂种芦花公鸡，选育出纯种芦花羽公鸡和母鸡建立芦花羽系。青胫品系：青胫属隐性基因 Id 控制，选择青胫的公鸡和母鸡建立核心群，选育出纯种青胫系。土鸡的标志性状多为质量性状。

2. 父系选择

父系要求体型大、肌肉丰满、有一定的早期生长速度、肉质滑嫩、味道鲜美。羽毛以快羽为佳，羽毛丰满有光泽，羽色杂。鸡冠发育较早，鸡冠鲜红。胫以青色为佳。产蛋性能良好。父系公鸡与母鸡杂交 F_1 代土鸡外貌符合土鸡的特征，生产性能符合土鸡的生产性能指标。

3. 母系选择

母系要求体型中等、有一定的载肉量、肉质鲜嫩、骨细、皮脆味鲜、产蛋率高、蛋重较大，适合于各种饲养方式。属快羽型，羽毛紧贴体躯，羽色多样（每个羽色品系羽色相同）。性成熟早，鸡冠发达，鸡冠的颜色以鲜红为主，也可以为乌冠。胫、喙以青色、黑色为佳，黄色少，其他胫色均可。与父系公鸡杂交 F_1 代土鸡外貌和生产性能符合土鸡的外貌特征和生产性能指标。

(二) 杂交利用模式

土鸡选育的目的就是通过品系间、品种间或品系与品种间杂交配套生产出符合市场需求的商品土鸡。亲本品系、品种选择确定后，品系、品种间杂交，进行配合力测定，选出最佳杂交配套模式用于生产商品土鸡。杂交利用模式的主要方式如下。

1. 品种间、品系间或两品系间杂交配套

这种杂交利用模式实际上是二元杂交和级进杂交。例如：

固始鸡(♂)×仙居黄胫鸡(♀)

↓

商品 F_1 代

F_1 代公雏黄胫，母雏青胫。黄羽，单冠，体型适中。公鸡适宜于喜食公鸡和黄胫鸡的消费者，而母鸡适宜于喜食青胫母鸡的消费者。

三黄鸡(♂)×南阳黑色鸡(♀)

↓

商品 F_1 代

三黄鸡公鸡与南阳黑色母鸡杂交配套生产的 F_1 代土鸡羽色有黄色、红色、灰色和麻色等。胫色以黄色为主，有黑胫黄脚、黑胫黑脚等特征。

澳洲黑(♂)×固始黑羽鸡(♀)

澳洲黑(♂)× F_1 代鸡(♀)

↓

商品 F_2 代

澳洲黑公鸡与固始黑羽母鸡级进杂交生产的 F_1 代土鸡有黑羽、麻羽和少量灰羽、咖啡色羽。F_2 代土鸡生长速度快。这种杂交利用模式速度快、见效快、成本低，大约 1 年时间可杂交配套生产出 F_1 代土鸡。

2. 三系杂交配套

采用三个品系或三个地方品种、三个品系或品种之间等杂交配套生产 F_2 代土鸡。例如：

黄羽系(♂)×黑羽系(♀)

麻羽系(♂)× F_1 代(♀)

↓

商品 F_2 代

这样杂交配套生产的 F_2 代商品土鸡含有两个以上地方品种或

品系的血缘，羽色、胫色混杂，生长速度快，鸡群整齐度稍差，适合于需求杂羽色和杂色胫的消费者。

3. 杂交选育

采用以上两种杂交利用模式快速生产开发利用的同时，为了长远的利益，杂交选育自己的配套品系是很有必要的。这种方式是采用品种间、品系间或品种与品系间杂交产生的后代闭锁繁育，再经过3～10年培育出纯系和杂交配套品系的一种方法。这种方法耗时、成本高、见效慢，育种实践中应用较少。例如：

$$黄羽(\male) \times 隐性白羽白洛克(\female)$$
$$\downarrow$$
$$F_1 代(\male、\female)$$

F_1 代公鸡与母鸡横交固定，逐步建立黄羽纯系鸡种，淘汰每代出现的隐性白羽鸡。再用地方品种的公鸡与新培系的黄羽纯系母鸡杂交配套生产 F_1 代供应市场。这种方式有利于在杂交配套生产土鸡的同时培育纯系，为育种企业长期发展奠定基础。

第三节　土鸡的品种选择

一、市场需求和市场价格

随着经济条件好转，人们生活水平不断提高，沿海发达地区和大中城市的消费者越来越喜爱土鸡（地方品种鸡或利用地方品种杂交），因为土鸡口味好，加上健康的养殖方式，产品更加绿色。土鸡成年后公鸡出售，母鸡留作产蛋用，生产的蛋口味好，品质高，但产蛋量低，蛋品数量少，市场价格高。但不同地区由于消费习惯不同，对土鸡外貌特征有不同要求，如南方市场喜欢混杂的土鸡，而河南市场喜欢固始鸡、卢氏鸡等地方纯种鸡，有的地方喜欢清远麻鸡等，所以选择品种时要考虑销售地区和消费对象的需求，选择他们喜爱的羽色和皮肤颜色的品种。

绿色健康食品是目前消费的主流。在放养鸡的养殖中应当遵循这一特点，着重选择那些能够提供优质产品的品种，符合市场的需求。例如，在蛋鸡的养殖中可选择蛋品质量好的品种，如绿壳蛋鸡

（其鸡蛋含有丰富的微量元素，并且胆固醇含量低）、卢氏鸡（经检测具有"三高一低"，即高锌、高碘、高硒，低胆固醇，被誉为"鸡蛋中的人参"）；在肉鸡的饲养中可以选择屠体美观和肉质鲜嫩的鸡种，如霞烟鸡、庄河鸡等品种。

二、土鸡的生产性能

土鸡品种类型众多，通常未经系统的选育，并且各地的生态环境和养殖方式也不尽相同。因此，不仅不同品种间生产性能差异较大，而且群体内不同个体间生产性能也很不一致。由于土鸡未经系统的选育提纯，人们重开发、轻选育，真正能够开展土鸡选育的种鸡场很少。市场上种鸡来源混杂，群体整齐度较差，羽色、体貌、生产性能和体重大小不够整齐。因此，在选择品种时应注意选择体型外貌一致、生产性能较好的品种，否则会对生产造成不利影响。土鸡的体重、体型大小要适中。放养鸡的选择应当以中、小型鸡为主，应当选择那些体重偏轻、体躯结构紧凑、体质结实、个体小而活泼好动、对环境适应能力强的品种。对于大型鸡种来说，体躯硕大、肥胖，行动笨拙，不适于山林、果园等野外放养。

三、适应能力

放养鸡放养阶段是在野外，外界环境条件不稳定，如温度、气流、光照等变化大，还会遭受雷鸣闪电、大风大雨、野兽或其他动物侵袭等一些意想不到的刺激，应激因素很多，再加之管理相对粗放，所以放养的鸡必须具有较强抵抗力和适应能力，否则在放养时就可能出现较多的伤亡或严重影响生产性能的发挥；放养的优点在于能够改善产品品质和节约饲料资源。野外可采食的物质包括青草和昆虫等。这些物质作为饲料资源，一方面可以减少全价饲料的使用，节约资金；另一方面这些物质所含的成分能够改善鸡产品的品质，如提高蛋黄颜色和降低产品中胆固醇含量。要充分利用这些饲料资源，鸡只必须活泼好动，觅食能力强。同时，野生的饲料资源中含有较多的植物饲料，粗纤维含量高，放养鸡还应具有较强的消化能力，提高粗纤维的消化利用率。

四、放养地条件

放养地的种类多种多样，如林地放养、园地放养、草地放养、大田放养、山地放养等，放养地不同，放养条件也有差异，也影响放养鸡的品种选择。果园、林地或山地放养要求选择腿细长，奔跑能力、觅食力和抗病力强，肉质好的小体型鸡（最大能长到 0.5～1.5 千克）。这种鸡觅食活动能达到几百米远，身体灵活能逃避敌害生物，尽管生长慢一些，但因为成活率高，市场售价高，饲养收入要大于其他鸡种；如要圈养，可以选择利用杂交方式选育一些黑羽红冠带有土鸡特点的品种鸡（这些鸡生长速度相对比较快、体重比较大，但觅食能力和活动能力差，仅适合集中饲喂条件下的圈养）。

第三章
山林果园散养土鸡的营养与饲料

第一节　土鸡的消化特点

一、土鸡的消化系统

土鸡的消化系统由喙、口腔、咽、食道、嗉囊、腺胃、肌胃、肠道、泄殖腔及消化腺（肝和胰）等器官共同组成。

（一）喙

是禽类共有的器官，由上、下颌角质化而构成。土鸡的喙尖而硬，根部粗壮，喙形略弯，适合于地面采食，可撕裂较大食物，也可采食地面生长的嫩草和蔬菜。

（二）口腔

土鸡口腔无齿，而且颊部退化，无咀嚼功能，食物在口腔中停留的时间很短。另外，土鸡的唾液腺不发达，唾液中含有少量的淀粉酶，在消化食物上所起的作用不大。土鸡舌肌不发达，舌较硬，舌黏膜上无味觉乳头，饲料的味道对采食量影响较小。影响采食的主要因素为饲料形状和颜色。

（三）食道和嗉囊

食道位于颈部皮下，气管的右侧，很容易扩张，有利于饲料通过，很少发生食道阻塞。食道上接咽部，下与腺胃相连，在进入胸腔前形成膨大的嗉囊，嗉囊可以储存食物，嗉囊内侧腺体分泌的黏液可以软化较干的饲料。饲料在嗉囊中停留时间长短与饲料的种类有关，嗉囊中的饲料在微生物和淀粉酶的作用下进行初步的消化。

（四）腺胃和肌胃

腺胃（前胃）呈纺锤形，胃壁厚，内腔不大。腺胃的主要功能是分泌消化液，并且与饲料充分混合。食物在腺胃中停留的时间很短，很快进入肌胃。肌胃紧接腺胃之后，体积为腺胃的 2～3 倍，略呈扁圆形。肌胃胃壁大部分由厚厚的平滑肌构成，收缩时能产生巨大压力，借助此压力和坚硬的内层角质膜和肌胃腔中的沙砾来磨碎较大的饲料颗粒。因此，土鸡舍内饲养时一定注意在饲料中添加沙砾。

（五）肠管

土鸡肠管分为小肠和大肠两部分。鸡对饲料的消化和吸收大部分是在小肠内完成的。小肠与大肠交界处有一对细长分叉的盲肠，在微生物的作用下可消化分解粗纤维。柴鸡的盲肠容积有限，只有6％～10％的饲料物质进入盲肠，因此其消化粗纤维的能力有限。鸡的大肠较短，可以吸收饲料中的水分，维持正常的粪便形态。鸡的肠管较短，仅为体长的 5～6 倍，食物通过消化道的速度比家畜快，仅需 12 小时左右，饲料的消化率较低。

（六）泄殖腔

土鸡翻开肛门后即可露出泄殖腔，泄殖腔是消化、泌尿和生殖系统末端的共同通道。直肠通过泄殖腔将粪便排出体外。有时可见粪便上有白色的尿液。

二、土鸡的采食特点

（一）杂食性

土鸡的食谱广泛，觅食力强，可以自行觅食自然界中各种昆虫、嫩草、植物种子、浆果、嫩叶、籽实等食物，有条件的地区，可以利用草场、草坡、林间、果园等自然资源，进行放牧饲养，减少精饲料消耗，降低生产成本，生产绿色产品。在配合土鸡饲料时，要因地制宜，利用当地各种动、植物饲料资源，做到饲料原料多样化。

（二）喜食粒状饲料

土鸡的喙便于啄食粒状饲料，所以土鸡喜欢采食粒状饲料。在不同粒度的饲料混合物中，首先啄食直径 3～4 毫米的饲料颗粒，最后剩下的是饲料粉末。所以加工饲料时要有一定粒度，而且粒度均匀，有利于土鸡采食和满足均衡的营养需要。

（三）同步采食

土鸡喜欢群居生活，同步采食、饮水；土鸡采食行为都是白天（有光照）进行的，而雏鸡要在晚上人工光照时补料。雏鸡每天的采食次数为 30～50 次，随日龄的增大，采食次数明显减少，但每次采食的时间延长；自然光照条件下，成年土鸡每日采食两个高峰，一是日出后 2～3 小时，二是日落前 2～3 小时。生产要在这两个时段保证饲料供应，满足生长、产蛋的需求，同时要配足料槽、饮水器，满足均衡生长的需要。

第二节　土鸡的营养需要

土鸡的生长速度较慢，产蛋量较少，消费者要求商品土鸡羽毛覆盖完全，有光泽，鸡冠鲜红，体型紧凑，肉质鲜美，皮脆骨细和产的蛋品质良好，因此其营养需要同其他鸡有一定差异。饲料是土鸡羽毛生长与脱换、皮屑脱落、产蛋、生长、活动等生理代谢活动的营养来源，是维持生命活动必不可少的能量源泉。土鸡营养需要方面的研究较少，加之野外放牧饲养土鸡的采食量及所采食的饲料种类不能完全掌握，更增加了营养需要方面的复杂性。土鸡维持正常生命活动、生长和繁殖需要 40 多种营养物质，其中包括水、能量、蛋白质、维生素、矿物质等。影响土鸡风味的饲料因素还不完全清楚，但同一品种的土鸡野外放牧饲养和舍饲饲养相比，野外放牧饲养的土鸡肉质肉味和蛋品风味要好得多。

一、土鸡需要的营养物质

土鸡的营养需要按照其体内用途不同分为维持需要、生长需要和繁殖需要（产蛋需要）。按照鸡体对饲料中营养成分的需要又分为能量需要、蛋白质需要、维生素需要、矿物质需要和水的需要。

（一）能量

土鸡的生长、繁殖、运动、呼吸、血液循环、消化、吸收、排泄、神经传导、体液分泌和体温调节等都需要能量。饲料中碳水化合物和脂肪是土鸡获得能量的主要来源，某些情况下蛋白质也可分解产生能量。脂肪所含能量较高，是碳水化合物、蛋白质的2.25倍，生产中为了获得较高的能量饲料，需要在饲料中加入油脂。蛋白质饲料价格昂贵，要避免用蛋白质作为能量来源。虽然脂肪的能量高，但作为饲料中能量的主要来源还是碳水化合物，因为碳水化合物在各种饲料原料中含量最高，通常占到饲料干物质的1/3。

饲料中的碳水化合物包括无氮浸出物和粗纤维两类。土鸡对粗纤维的利用率很低，土鸡饲料中粗纤维含量要控制在3%～5%。无氮浸出物容易被鸡消化吸收，它又分为淀粉和糖类（单糖和双糖）。脂肪不仅能够提供能量，而且是构成细胞膜的重要物质，还参与体内脂溶性维生素的吸收与转运。在体内，脂肪酸可以由淀粉转化而来，合成脂肪。但是亚油酸不能在鸡体内合成，玉米和豆粕中亚油酸含量丰富，一般也不会缺乏。鸡的粪和尿是混合在一起排出体外，粪能和尿能难以分开，因此能量常用"代谢能"表示。能量的单位统一用"焦耳"表示（以前常用"卡"表示，1卡＝4.184焦耳）。影响土鸡能量需要的因素较多。

1. 体重大小

体重大，增重速度快，需要的能量多；反之，体重小，增重慢，需要的能量少。如果按单位体重来计算能量需要，体重小的鸡所需的能量大于体重大的鸡所需的能量。

2. 产蛋率和蛋重

产蛋率高和蛋重大，需要的能量多。

3. 饲养方式

放牧饲养比舍饲需要的能量多；平养比笼养需要的能量多。

4. 环境温度

环境温度与采食量有关。28日龄以后土鸡的最佳生长温度是

20～25℃，超过25℃时，饲料中能量应相应提高，以满足气温高影响采食量导致的能量摄入不足。环境温度低于20℃，饲料中的能量浓度可适当降低。对于种鸡来说，适宜的产蛋温度是12～30℃；适宜的生长期温度是18℃以上，42日龄以后可控制在12℃以上。

（二）蛋白质

蛋白质是构成生物有机体的主要物质。土鸡的肌肉、血液、羽毛、皮肤、神经、内脏器官、激素、酶、抗体等主要由蛋白质构成。另外，鸡肉和鸡蛋的主要成分也是蛋白质。蛋白质的基本构成单位为氨基酸，各种蛋白质都是由20种氨基酸组合而成的，氨基酸分为必需氨基酸和非必需氨基酸两类。对于土鸡来说，赖氨酸、蛋氨酸、异亮氨酸、亮氨酸、色氨酸、组氨酸、苯丙氨酸、缬氨酸、苏氨酸、精氨酸和谷氨酸为必需氨基酸，它们在土鸡体内不能合成，必须由饲料供给。目前用到的氨基酸添加剂主要为蛋氨酸和赖氨酸。非必需氨基酸在鸡体内可相互转化或由必需氨基酸转化而来，只要满足总蛋白质需求，就不会缺乏。

土鸡以植物性饲料为主配合饲粮时，最易缺乏的氨基酸为蛋氨酸、赖氨酸和色氨酸，配合时要注意合理搭配饲料原料，饲料多样化可以使氨基酸得到相互补充。适当添加动物性饲料（鱼粉、肉骨粉等），必要时添加氨基酸添加剂，可以提高饲料的利用率。氨基酸缺乏时，雏鸡表现为体重小、生长缓慢、羽毛生长不良；成鸡表现为性成熟推迟、产蛋小、无产蛋高峰以及易发生啄癖。

（三）矿物质

矿物质是构成骨骼、蛋壳、羽毛、血液等组织不可缺少的成分，对鸡的生长发育、生理功能及繁殖系统具有重要作用。土鸡需要的矿物质元素有钙、磷、钠、钾、氯、镁、硫、铁、铜、钴、碘、锰、锌、硒等，其中前7种是常量元素（占体重0.01％以上），后7种是微量元素。饲料中矿物质元素含量过多或缺乏都可能产生不良的后果。主要矿物元素的种类及作用见表3-1。

表 3-1　主要矿物元素的种类及作用

种类	主要功能	缺乏症状	备注
钙	形成骨骼和蛋壳,促进血液凝固,维持神经、肌肉正常机能和细胞渗透压	雏鸡易患佝偻病;成鸡骨质松软易折断;产蛋鸡缺钙时出现软壳蛋和无壳蛋,蛋壳薄、易破碎(土鸡产蛋期饲料中钙含量达到 3%～3.5%才能维持正常的蛋壳品质)	钙在一般谷物、糠麸中含量很少,在贝粉、石粉、骨粉等矿物质饲料中含量丰富;钙和磷比例适当,生长鸡日粮的钙磷比例为(1～1.5):1;产蛋土鸡为(4～5):1
磷	骨骼和卵黄卵磷脂的组成部分,参与许多辅酶的合成,是血液缓冲物质	鸡食欲减退,消瘦,雏鸡易患佝偻病,成年鸡骨质疏松、瘫痪	来源于矿物质饲料、糠麸、饼粕类和鱼粉。鸡对植酸磷利用能力较低,约为 30%～50%。对无机磷利用能力高达 100%
钠、钾、氯	三者对维持鸡体内酸碱平衡、细胞渗透压和调节体温起重要作用。它还能改善饲料的适口性。食盐是钠、氯的主要来源	缺乏钠、氯,可导致消化不良、食欲减退、啄肛啄羽等;缺钾时,肌肉弹性和收缩力降低,肠道膨胀,热应激时,易发生低血钾症(土鸡饲粮中食盐的添加量为 0.2%～0.4%)	食盐摄入量过多,轻者饮水量多、便稀,重者会导致鸡中毒甚至死亡,如长期喂高盐饲料(超过 2%)会引起中毒。动物饲料中钠含量丰富;植物饲料中钾含量较多。饮水中加入 1%～2%的食盐,连用 1～2 天,可以防治鸡的啄癖症
镁	镁是构成骨质必需的元素,它与钙、磷和碳水化合物的代谢有密切关系	镁缺乏时,鸡神经过敏,易惊厥,出现神经性震颤,呼吸困难。雏鸡生长发育不良。产蛋鸡产蛋率下降	青饲料、糠麸和油饼粕类中含量丰富;过多会扰乱钙磷平衡,导致下痢
硫	硫是蛋白质中不可缺少的无机元素,存在于蛋氨酸、胱氨酸、半胱氨酸中,同时参与某些维生素(维生素 B_{12}、生物素)和碳水化合物的代谢	缺乏时,表现为食欲降低,体弱脱羽,多泪,生长缓慢,产蛋减少(羽毛中含硫 2%)	日粮中蛋白质含量充足时,鸡一般不会缺硫。日粮中以硫酸钠、硫酸锌、硫酸镁的形式添加。添加量的多少以饲料含量来定,此外可按说明书进行使用
锰	镁作为磷酸酶、焦磷酸酶、ATP 酶的主要成分,在糖代谢和蛋白质代谢中起一定的作用。镁还与钙、磷代谢有关,并保持神经、肌肉及器官的正常机能	土鸡缺锰时,雏土鸡骨骼发育不正常,患滑腱症,表现为跛行,生长受阻,体重下降,种鸡体重减轻,蛋壳变薄,孵化率降低	但摄入量过多,会影响钙、磷的利用率,引起贫血;氧化锰、硫酸锰,青饲料、糠麸中丰富;饲料中要求镁的含量为 400～600 毫克/千克饲料

种类	主要功能	缺乏症状	备 注
铁	铁是构成血红蛋白、肌红蛋白、细胞色素和多种氧化酶的重要无机元素,与机体内输送氧有关	日粮中铜不足时影响铁吸收,影响钙和磷的正常代谢,鸡表现为贫血、四肢软弱无力、跛腿、瘫痪、生长缓慢、产蛋率下降、孵化过程中胚胎死亡数增加。日粮中的铜超过350毫克/千克,则会引起中毒	三者参与血红蛋白形成和体内代谢,并在体内起协同作用,缺一不可,否则就会产生营养性贫血。铁在机体内的一些功能都需要铜的存在方可完成。铜在体内的作用与铁、钙、磷均有一定的关系。铁、铜、钴来源于硫酸亚铁、硫酸铜和钴胺素、氯化钴
铜	铜参与血红蛋白的合成、造血过程、色素形成、骨骼的生长及其某些氧化酶的合成和激活		
钴	钴是维生素 B_{12} 的组成部分,是合成维生素 B_{12} 不可缺少的元素,参与碳水化合物和蛋白质的代谢	饲料中缺钴时,则会影响铁的代谢,并引起贫血和维生素 B_{12} 缺乏症,土鸡表现为食欲不振、精神委靡、生长停滞、消瘦	
碘	碘是构成甲状腺必需的元素,对营养物质代谢起调节作用	缺乏时,会导致鸡甲状腺肿大,代谢机能降低	植物饲料中的碘含量较少,鱼粉、骨粉中含量较高。主要来源是碘化钾、碘化钠及碘酸钙
锌	是鸡生长发育必需的元素之一,有促进生长、预防皮肤病的作用	缺乏时,肉鸡食欲不振,生长迟缓,腿软无力	常用饲料中含有较多的锌;可用氧化锌、碳酸锌补充
硒	硒是谷胱甘肽过氧化酶的组成部分,而且影响维生素 E 的利用。硒与维生素 E 相互协调,可减少维生素 E 的用量。能保护细胞膜完整,保护心肌作用	土鸡缺硒时,产生胰纤维化并使脂肪酶、胰蛋白酶原减少,肌肉萎缩,出现渗出性素质病,心肌损伤,心包积水,雏鸡胸部皮下积水	一般饲料中硒含量及其利用率较低,需额外补充,一般多用亚硒酸钠。硒过量时,雏土鸡生长受阻、羽毛蓬松、神经过敏,种鸡性成熟推迟、产蛋减少、孵化率降低、胎位异常

(四) 维生素

维生素是一组化学结构不同,营养作用、生理功能各异的低分子有机化合物,存在于各种青绿饲料中。土鸡对其需要量虽然很少,但生物作用很大,主要以辅酶和催化剂的形式广泛参与体内代谢的多种化学作用,从而保证机体组织器官的细胞结构功能正常,调控物质代谢，以维持鸡体健康和各种生产活动。缺乏时，可影响正常的代谢，出现代谢紊乱，危害鸡体健康和正常生产。维生素的种类较多，但归纳起来分为两大类，一类是脂溶性维生素，包括维生素A、维生素D、维生素E及维生素K；另一类维生素是水溶性维生素，主要包括B族维生素和维生素C。维生素的种类及功能见表3-2。

表3-2　维生素的种类及作用

名称	主要功能	缺乏症状	备注
维生素A[1国际单位(IU)维生素A=0.6微克胡萝卜素]	可以维持呼吸道、消化道、生殖道上皮细胞或黏膜的结构完整与健全，促进雏鸡的生长发育和蛋鸡产蛋，增强鸡对环境的适应力和抵抗力	易引起上皮组织干燥和角质化，眼角膜上皮变性，发生干眼病，严重时造成失明；雏鸡消化不良，羽毛蓬乱无光泽，生长速度缓慢；母鸡产蛋量和种蛋受精率下降，胚胎死亡率高，孵化率降低等	存在于青绿多汁饲料、黄玉米、鱼肝油、蛋黄、鱼粉中；维生素A和胡萝卜素均不稳定，在饲料的加工、调制和贮存过程中易被破坏，而且环境温度愈高，破坏程度愈大
维生素D[国际单位(IU)、毫克/千克表示]	参与钙、磷的代谢，促进肠道钙、磷的吸收，调整钙、磷的吸收比例，促进骨的钙化是形成正常骨骼、喙、爪和蛋壳所必需的。1国际单位维生素D=0.025微克结晶维生素D_3的活性	雏鸡生长速度缓慢，羽毛松散，趾爪变软、弯曲，胸骨弯曲，胸部内陷，腿爪变形；成年鸡缺乏时，蛋壳变薄，产蛋率、孵化率下降，甚至发生产蛋疲劳症	包括维生素D_2（麦角钙化醇）和维生素D_3（胆钙化醇），由植物内麦角固醇和动物皮肤内7-脱氢胆固醇经紫外线照射转变而来，维生素D_3活性要比维生素D_2高约30倍。鱼肝油含有丰富的维生素D_3，日晒的干草维生素D_2含量较多，市场有维生素D_3制剂
维生素E[国际单位(IU)、毫克/千克表示]	抗氧化剂和代谢调节剂，与硒和胱氨酸有协同作用，对消化道和体组织中的维生素A有保护作用，能促进鸡的生长发育和繁殖率的提高	雏鸡发生渗出性素质病，形成皮下水肿与血肿、腹水，引起小脑出血、水肿和脑软化；成鸡繁殖机能紊乱，产蛋率和受精率降低，胚胎死亡率高	在麦芽、麦胚油、棉籽油、花生油、大豆油中含量丰富，在青饲料、青绿草中含量也较多；市场有维生素E制剂。鸡处于逆境时需要量增加
维生素K	催化合成凝血酶原，具有活性的是维生素K_1、维生素K_2和维生素K_3	皮下出血形成紫斑，而且受伤后血液不易凝固，流血不止以致死亡。雏鸡断喙时常在饲料中补充人工合成的维生素K	青饲料和鱼粉中含有维生素K，一般不易缺乏。市场有维生素K制剂

名称	主要功能	缺乏症状	备注
维生素 B_1（硫胺素）	参与碳水化合物的代谢，维持神经组织和心肌正常，有助于胃肠的消化机能	易发生多发性神经炎，表现头向后仰、羽毛蓬乱、运动器官和肌胃肌肉衰弱或变性、两腿无力等，呈"观星"状；食欲减退，消化不良，生长缓慢。雏鸡对维生素 B_1 缺乏敏感	维生素 B_1 在糠麸、青饲料、胚芽、草粉、豆类、发酵饲料和酵母粉中含量丰富，在酸性饲料中相当稳定，但遇热、遇碱易被破坏。市场有硫胺素制剂
维生素 B_2（核黄素）	构成细胞黄酶辅基，参与碳水化合物和蛋白质的代谢，是鸡体较易缺乏的一种维生素	雏鸡生长慢、下痢，足趾弯曲，用跗关节行走；种鸡产蛋率和种蛋孵化率降低；胚胎发育畸形、萎缩、绒毛短、死胚多	维生素 B_2 在青饲料、干草粉、酵母、鱼粉、糠麸和小麦中含量丰富。市场有核黄素制剂
维生素 B_3（泛酸）	是辅酶 A 的组成成分，与碳水化合物、脂肪和蛋白质的代谢有关	生长受阻，羽毛粗糙，食欲下降，骨粗短，眼睑黏着，喙和肛门周围有坚硬痂皮。脚爪有炎症，育雏率低；蛋鸡产蛋量减少，孵化率下降	泛酸在酵母、糠麸、小麦中含量丰富。泛酸不稳定，易吸湿，易被酸、碱和热破坏
维生素 B_5（烟酸或尼克酸）	某些酶类的重要成分，与碳水化合物、脂肪和蛋白质的代谢有关	雏鸡缺乏时食欲减退，生长慢，羽毛发育不良，膝关节肿大，腿骨弯曲；蛋鸡缺乏时，羽毛脱落，口腔黏膜、舌、食道上皮发生炎症。产蛋减少，种蛋孵化率低	维生素 B_5 在酵母、豆类、糠麸、青饲料、鱼粉中含量丰富。烟酸制剂。雏鸡需要量高
维生素 B_6（吡哆醇）	是蛋白质代谢的一种辅酶，参与碳水化合物和脂肪代谢，在色氨酸转变为烟酸和脂肪酸过程中起重要作用	鸡缺乏时发生神经障碍，从兴奋而至痉挛，雏鸡生长发育缓慢，食欲减退	维生素 B_6 在一般饲料中含量丰富，又可在体内合成，很少有缺乏现象
维生素 H（生物素）	以辅酶形式广泛参与各种有机物的代谢	鸡缺乏时的典型症状是股胫粗短。鸡喙、趾发生皮炎，生长速度降低，种蛋孵化率低，胚胎畸形	维生素 H 在鱼肝油、酵母、青饲料、鱼粉及糠麸中含量较多

名称	主要功能	缺乏症状	备　注
胆碱	胆碱是构成卵磷脂的成分,参与脂肪和蛋白质代谢;蛋氨酸等合成时所需的甲基来源	鸡易患脂肪肝,发生骨短粗症,共济运动失调,产蛋率下降;过多,鸡蛋产生鱼腥味。鸡日粮中添加适量胆碱,可提高蛋白质利用率	胆碱在小麦胚芽、鱼粉、豆饼、甘蓝等饲料中含量丰富。市场有氯化胆碱
维生素 B_{11}(叶酸)	以辅酶形式参与嘌呤、嘧啶、胆碱的合成和某些氨基酸的代谢	生长发育不良,羽毛不正常,贫血,种鸡的产蛋率和孵化率降低,胚胎最后几天死亡	叶酸在青饲料、酵母、大豆饼、麸皮和小麦胚芽中含量较多
维生素 B_{12}(钴胺素)	以钴酰胺辅酶形式参与各种代谢活动,如嘌呤、嘧啶合成,甲基的转移及蛋白质、碳水化合物和脂肪的代谢;有助于提高造血机能和日粮蛋白质利用率	缺乏时,雏鸡生长停滞,羽毛蓬乱,种鸡产蛋率、孵化率降低	维生素 B_{12} 在动物肝脏、鱼粉、肉粉中含量丰富,鸡舍内的垫草中也含有维生素 B_{12}
维生素 C(抗坏血酸)	具有可逆的氧化和还原性,广泛参与机体的多种生化反应;能刺激肾上腺皮质合成;促进肠道内铁的吸收,使叶酸还原成四氢叶酸	易患坏血病,生长停滞,体重减轻,关节变软,身体各部出血、贫血,适应性和抗病力降低	维生素 C 在青饲料中含量丰富,生产中多使用维生素 C 添加剂;提高抗热应激和逆境能力的用量为 50～300 毫克/千克饲料

（五）水

水是鸡体的主要组成部分（鸡体内含水量在 50％～60％ 之间,主要分布于体液、淋巴液、肌肉等组织中）,对鸡体内正常的物质代谢有着特殊作用,是鸡体生命活动过程不可缺少的。它是各种营养物质的溶剂,在鸡体内各种营养物质的消化、吸收、代谢废物的排出、血液循环、体温调节等都离不开水。鸡和其他动物一样失去所有的脂肪和一半蛋白质仍能活着,但失去体内水分 1/10 则多数会死亡（雏鸡含水 85％、成鸡含水 55％）。土鸡所需要的水分 6％ 来自饲料,19％ 来自代谢水,其余的 75％ 则靠饮水获得,所以水是鸡体必需的营养物质。如果饮水不足,饲料消化率和鸡的生长速度就会下降,严重时会影响健康,甚至引起死亡。高温环境下缺水,后果更为严重。因此,必须供给充足、清洁的饮水。

二、土鸡的营养需要量（饲养标准）

为了合理地饲养土鸡，使其正常地生长发育，充分发挥其生产潜力，又不至于浪费饲料，以最少、最经济的饲料消耗，获得较好产品，人们根据鸡的品种、性别、日龄、生理阶段和生产力水平，经过长期的科学试验和生产实践，制定出了不同的土鸡对日粮中能量、蛋白质、矿物质和维生素等的标准，以便以此标准配合鸡的日粮，这一标准称为鸡的饲养标准。我国土鸡品种繁多、各有特点，各种土种鸡对营养的需求也不完全一样，所以，目前尚无土鸡的国家饲养标准，但可以根据我国土种鸡的营养特点，结合生产实际，参考我国鸡的营养标准得出一个比较合理的参考标准，见表3-3。

表3-3　土鸡的饲养标准

营养成分	后备鸡/周龄			产蛋鸡及种鸡（产蛋率）/%			商品肉鸡/周龄	
	0～6	7～14	15～20	＞80	65～80	＜65	0～4	≥5
代谢能/(兆焦/千克)	11.92	11.72	11.30	11.50	11.50	11.50	12.13	12.55
粗蛋白质/%	18.00	16.00	12.00	16.50	15.00	15.00	21.00	19.00
钙/%	0.80	0.70	0.60	3.50	3.40	3.40	1.00	0.90
总磷/%	0.70	0.60	0.50	0.60	0.60	0.60	0.65	0.65
有效磷/%	0.40	0.35	0.30	0.33	0.32	0.30	0.45	0.40
赖氨酸/%	0.85	0.64	0.45	0.73	0.66	0.62	1.09	0.94
蛋氨酸/%	0.30	0.27	0.20	0.36	0.33	0.31	0.46	0.36
色氨酸/%	0.17	0.15	0.11	0.16	0.14	0.14	0.21	0.17
精氨酸/%	1.00	0.89	0.67	0.77	0.70	0.66	1.31	1.13
维生素A/国际单位	1500.00		1500.00	4000.00		4000.00	2700.00	2700.00
维生素D/国际单位	200.00		200.00	500.00		500.00	400.00	400.00
维生素E/国际单位	10.00		5.00	5.00		10.00	10.00	10.00
维生素K/国际单位	0.50		0.50	0.50		0.50	0.50	0.50
硫胺素/毫克	1.80		1.30	0.80			1.80	1.80
核黄素/毫克	3.60		1.80	2.20		3.80	7.20	3.60
泛酸/毫克	10.00		10.00	2.20		10.00	10.00	10.00
烟酸/毫克	27.00		11.00	10.00		10.00	27.00	27.00
吡哆醇/毫克	3.00		3.00	3.00		4.50	3.00	3.00
生物素/毫克	0.15		0.15	0.10		0.15	0.15	0.15
胆碱/毫克	1300.00		900.00	500.00		500.00	1300.00	850.00
叶酸/毫克	0.55		0.25	0.25		0.35	0.55	0.55
维生素B$_{12}$/微克	9.00		3.00	4.00		4.00	9.00	9.00

营养成分	后备鸡/周龄			产蛋鸡及种鸡（产蛋率）/%			商品肉鸡/周龄	
	0～6	7～14	15～20	>80	65～80	<65	0～4	≥5
铜/毫克	8.00	6.00	6.00	8.00	8.00	8.00		
铁/毫克	80.00	60.00	50.00	30.00	80.00	80.00		
锰/毫克	60.00	30.00	30.00	60.00	60.00	60.00		
锌/毫克	40.00	35.00	50.00	65.00	40.00	40.00		
碘/毫克	0.35	0.35	0.30	0.30	0.35	0.35		
硒/毫克	0.15	0.10	0.10	0.10	0.15	0.15		

第三节　土鸡的常用饲料

凡是含有畜禽所需要的营养成分而不含有害成分的物质都称为饲料。土鸡的常用饲料有几十种，各有其特性，营养含量差异也较大。

一、土鸡常用的饲料种类

（一）能量饲料

能量饲料是指那些富含碳水化合物和脂肪的饲料，在干物质中粗纤维含量在18%以下，粗蛋白质在20%以下。这类饲料主要包括禾本科的谷实饲料和它们加工后的副产品，动植物油脂和糖蜜等，是鸡饲料的主要成分，用量占日粮的60%左右。

1. 玉米

玉米含能量高，纤维少，适口性好，价格适中，是土鸡主要的能量饲料，一般在饲料中占50%～70%。但玉米蛋白质含量较低，一般占饲料8.6%，蛋白质中的几种必需氨基酸含量少，特别是赖氨酸和色氨酸。玉米中含有较多的胡萝卜素，有益于蛋黄和鸡的皮肤着色。现在培育的高蛋白质玉米、高赖氨酸玉米等饲料用玉米，营养价值更高，饲喂效果更好。

2. 高粱

高粱含能量和玉米相近，蛋白质含量高于玉米，但单宁（鞣酸）含量较多，使味道发涩，适口性差。一般在配合饲料中用量不超过 5%～15%。

3. 小麦

小麦含能量与玉米相近，粗蛋白质含量高，且氨基酸比其他谷实类完全，B 族维生素含量丰富。小麦多是人食用，一般不用于饲料。小麦作为饲料时，不适宜大量饲喂，用量过大，会引起消化障碍，影响鸡的产蛋性能，因为小麦内含有较多的非淀粉多糖。一般在配合饲料中用量可占 10%～20%。近年来，随着含有 β-葡聚糖酶和木聚糖酶的酶制剂研制应用，为小麦在鸡日粮中应用奠定了基础，添加酶制剂的情况下，小麦用量可占 30%～40%。

4. 小米

小米是谷子加工去皮后的产品，含能量与玉米相近，粗蛋白质含量高于玉米，为 10%左右，核黄素（维生素 B_2）含量高（1.8 毫克/千克），而且适口性好。一般在配合饲料中用量占 15%～20%为宜。

5. 大麦、燕麦

二者含能量比小麦低，但 B 族维生素含量丰富。因其皮壳粗硬，需破碎或发芽后少量搭配饲喂。

6. 麦麸

包括小麦麸和大麦麸。麦麸含能量低，但蛋白质含量较高，各种成分比较均匀，且适口性好，是鸡的常用饲料。由于麦麸粗纤维含量高，容积大，且有轻泻作用，故用量不宜过多。一般在配合饲料中的用量，育雏和产蛋阶段可占 5%～15%，育成阶段可占 10%～30%。

7. 米糠类

米糠是稻谷加工后的副产品，其成分随加工大米精白的程度而有显著差异。含有丰富的 B 族维生素和磷、镁、锰等，钙含量低，粗纤维含量高。但能量较低，粗纤维含量较高，体积也大，鸡不宜多吃。通常雏土鸡和育肥期土鸡日粮中，用量不宜超过 8%，育成鸡不超过 20%，产蛋鸡不超过 15%，必须指出，各类糠的营养差别很大，故配合日粮时要特别注意。饲喂糠饼时，搭配 40%～50%的玉米较好。由于米糠含油脂较多，故久贮易变质。一般在配合饲料中用量可占 8%～12%。

8. 高粱糠

高粱糠的粗蛋白质含量略高于玉米，B 族维生素含量丰富，但含粗纤维量高、能量低，且含有较多的单宁，适口性差。一般在配合饲料中不宜超过 5%。

9. 油脂类

这类饲料油脂含量高，其发热量为碳水化合物或蛋白质的 2.25 倍。油脂饲料包括各种动植物油脂，如豆油、玉米油、菜籽油、棕榈油、鱼油、猪油、牛油等和脂肪含量高的原料，如膨化大豆、大豆磷脂等，植物性油脂的品质比动物性油脂高，亚油酸含量很高（占总脂肪酸的 50% 以上），但因价格高，限制了其在饲料中的应用。

在饲料中加入少量的脂肪饲料，除了作为脂溶性维生素的载体外，还能提高日粮中的能量浓度。日粮中添加 3%～5% 的脂肪，可以提高雏鸡的日增重，保证蛋鸡夏季能量的摄入量和减少体增热，降低饲料消耗。但添加脂肪同时要相应提高其他营养素的水平。添加脂肪饲料能减少料末飞扬，减少饲料浪费，有利于空气洁净。另外，添加大豆磷脂除能提供能量物质外，磷脂还能保护肝脏，提高肝脏的解毒功能，提高鸡体免疫系统活力和呼吸道黏膜的完整性，增强鸡体抵抗力，保证蛋鸡产蛋性能的发挥。

10. 块根、块茎和瓜类

马铃薯、甜菜、南瓜、甘薯、胡萝卜等含碳水化合物多，适口性好，产量高，易贮藏，也是鸡的优良饲料，喂饲时注意矿物质的平衡。这类饲料含水多，营养物质的浓度较低，体积大，影响营养物质的摄入。南瓜富含胡萝卜素，各种养分比较完全，消化利用率高，味甜，适口性好，可代替优质青贮料饲喂；马铃薯、甘薯煮熟后饲喂消化率高。发芽的马铃薯因含有毒物质，应去芽后再饲喂，并倒掉清洗和煮沸马铃薯的水，以免中毒；甘薯、芋头的淀粉含量高，应该蒸煮后拌于其他饲料中喂给，也可以制成干粉或打浆后与糠麸混拌。甘薯须去皮、浸水去毒后饲喂。这类饲料占日粮比例不宜超过 40%，干粉可代替 20% 的谷物饲料。如果用这类饲料配合日粮时，要十分注意矿物质和蛋白质的平衡。

11. 糟渣类

酒糟、糠浆、甜菜渣也可作为土鸡的饲料。酒糟和甜菜因纤维含量高，不可多用。糠浆含糖量丰富，并含大约 7% 的可消化蛋白质，成鸡每天可喂 15 克左右，喂时用水稀释，但应注意品质新鲜，幼鸡可少喂。

（二）蛋白质饲料

在干物质中粗纤维含量低于18％，而粗蛋白质含量高于20％的一类饲料，一般在日粮中占10％～30％。包括植物性蛋白质饲料和动物性蛋白质饲料。

1. 大豆粕（饼）

大豆因榨油方法不同，其副产物可分为豆饼和豆粕两种类型，粗蛋白质含量为40％～45％，赖氨酸含量高，适口性好，经加热处理的豆粕（饼）是鸡最好的植物性蛋白质饲料。一般在配合饲料中用量可占15％～25％，由于豆粕（饼）的蛋氨酸含量低，故与其他饼粕类或鱼粉等配合使用效果更好。大豆粕（饼）的蛋白质和氨基酸的利用率受到加工温度和加工工艺的影响，加热不足或加热过度都会影响利用率。生的大豆中含有抗胰蛋白酶、皂角素、尿素酶等有害物质，榨油过程中，加热不良的饼粕中会含有这些物质影响蛋白质利用率；加热过度生产的大豆粕，蛋白质的活性物质受到破坏，氨基酸利用率下降。

2. 花生粕（饼）

花生饼的粗蛋白质含量略高于豆饼，为42％～48％，精氨酸和组氨酸含量高，赖氨酸含量低，适口性好于豆饼，与豆饼配合使用效果较好。一般在配合饲料中用量可占15％～20％。花生饼脂肪含量高，不耐贮藏，易染上黄曲霉而产生黄曲霉毒素，这种毒素对鸡危害严重。因此，生长黄曲霉的花生饼不能喂鸡。

3. 棉籽粕（饼）

带壳榨油的称棉籽饼，脱壳榨油的称棉仁饼，前者粗蛋白质含量为17％～28％；后者粗蛋白质含量为39％～40％。在棉籽内，含有棉酚和环丙烯脂肪酸，对畜禽健康有害。喂前应采用脱毒措施，未经脱毒的棉籽饼使用量不能超过配合饲料的3％～5％。

4. 菜籽粕（饼）

粗蛋白质含量为35％～40％，赖氨酸比豆粕低50％，含硫氨基酸高于豆粕14％，粗纤维含量为12％，有机质消化率为70％。可代替部分豆饼喂鸡。由于菜籽饼中含有毒物质（芥子酶），饲喂前宜脱毒。未经脱毒处理的菜籽饼要严格控制饲喂量，产蛋鸡用量不超过 5％，如用到 10％时，蛋鸡的死亡率增加，产蛋率、蛋重及哈氏单位下降，甲状腺明显肿大。

5. 芝麻饼

芝麻饼是芝麻榨油后的副产物，粗蛋白质含量为 40％左右，蛋氨酸含量高，适当与豆饼搭配喂鸡，能提高蛋白质的利用率，一般在配合饲料中用量可占 5％～10％。由于芝麻饼脂肪含量多而不宜久贮，最好现粉碎现喂。

6. 葵花饼

葵花饼有带壳和脱壳两种。优质的脱壳葵花饼含粗蛋白质40％以上、粗脂肪 5％以下、粗纤维 10％以下，B 族维生素含量比豆饼高，可代替部分豆饼喂鸡，一般在配合饲料中用量可占10％～20％。带壳的葵花饼不宜饲喂蛋鸡。

7. 鱼粉

鱼粉是最理想的动物性蛋白质饲料，其蛋白质含量高达45％～60％，而且在氨基酸组成方面，赖氨酸、蛋氨酸、胱氨酸和色氨酸含量高。鱼粉中含丰富的维生素 A 和 B 族维生素，特别是维生素B_{12}。另外，鱼粉中还含有钙、磷、铁等。用它来补充植物性饲料中限制性氨基酸不足，效果很好。一般在配合饲料中用量可占 5％～15％。由于鱼粉的价格较高，掺假现象较多，使用时应仔细辨别和化验。为了降低饲料成本，无鱼粉配方的应用也取得较好效果。

8. 血粉及肉骨粉

肉联厂的下脚料及病畜的废弃肉经高温处理制成的血粉和肉骨粉，是一种良好的蛋白质饲料。血粉粗蛋白含量 80％以上，赖氨酸含量为 6％～7％，但蛋氨酸和异亮氨酸含量较少。血粉的适口性差，日粮用量过多，易引起腹泻，一般占日粮 1％～3％；肉骨粉粗蛋白质含量达 40％以上，蛋白质消化率高达 80％，赖氨酸含量丰富，蛋氨酸和色氨酸较少，钙磷含量高，比例适宜。肉骨粉易变质，不易保存，一般在配合饲料中用量在 5％左右。

9. 蚕蛹粉

蚕蛹粉含粗蛋白质约 68％左右，且蛋白质品质好，限制性氨基酸含量高，是鸡的良好蛋白质饲料。但脂肪含量高，不耐贮藏，在配合饲料中用量可占 5％～10％。

10. 羽毛粉

水解羽毛粉含粗蛋白质近 80%，但蛋氨酸、赖氨酸、色氨酸和组氨酸含量低，使用时要注意氨基酸平衡问题，应该与其他动物性饲料配合使用。一般在配合饲料中用量为 2%～3%，过多会影响鸡的生长和生产。在蛋鸡饲料中添加羽毛粉可以预防和减少啄癖。

（三）矿物质饲料

矿物质饲料是为了补充植物性和动物性饲料中某种矿物质元素的不足而利用的一类饲料。大部分饲料中都含有一定量矿物质，在散养和低产的情况下，看不出明显的矿物质缺乏症，但在舍饲、笼养、高产的情况下矿物质需要量增多，必须在饲料中补加。

1. 骨粉或磷酸氢钙

骨粉含有大量的钙和磷，而且比例合适。添加骨粉或磷酸氢钙，主要用于饲料中含磷量不足，在配合饲料中用量可占 1.5%～2.5%。

2. 贝壳粉、石粉、蛋壳粉

三者均属于钙质饲料。一般在土鸡配合饲料中的用量，育雏及育成阶段为 1%～2%。产蛋阶段为 6%～7%。贝壳粉是最好的钙质矿物质饲料，含钙量高，又容易吸收；石粉价格便宜，含钙量高，但鸡吸收能力差；蛋壳粉可以自制，将各种蛋壳经水洗、煮沸和晒干后粉碎即成。蛋壳粉的吸收率也较好，但要严防传播疾病。

3. 食盐

食盐主要用于补充鸡体内的钠和氯，保证鸡体正常新陈代谢，还可以增进鸡的食欲，用量可占日粮的 3%～3.5%。

4. 沙砾

沙砾有助于鸡胃中饲料的研磨，起到"牙齿"的作用，舍饲鸡或笼养鸡要注意补给，不喂沙砾时，鸡对饲料的消化能力大大降低。据研究，鸡吃不到沙砾，饲料消化率要降低 20%～30%，因此必须经常补饲沙砾。沙砾要不溶于盐酸。

5. 沸石

沸石是一种含水的硅酸盐矿物，在自然界中多达 40 多种。沸石中含有磷、铁、铜、钠、钾、镁、钙、银、钡等 20 多种矿物质元素，是一种质优价廉的矿物质饲料。同时，前苏联称之为"卫生石"，可以降低鸡舍内有害气体含量，保持舍内干燥。在配合饲料中用量可占 1%～3%。

（四）维生素饲料

在鸡的日粮中主要作为提供各种维生素的饲料叫维生素饲料，包括青菜类、块茎类、青绿多汁饲料和草粉等。常用的有白菜、胡萝卜、野菜类和干草粉（苜蓿草粉、槐叶粉和松针粉）等。青绿饲料中胡萝卜素较多，某些 B 族维生素含量丰富，并含有一些微量元素，对于土鸡的生长、产蛋、繁殖以及维持鸡体健康均有良好作用。喂青绿饲料应注意它的质量，以幼嫩时期或绿叶部分含维生素较多。饲用时应防止腐烂、变质、发霉等，并应在鸡群中定时驱虫。一般用量占精料的 20%～30%（舍内规模化饲养，使用这些维生素饲料不方便，可利用人工合成的维生素添加剂来代替）。

1. 青菜

白菜、通心菜、牛皮菜、甘蓝、菠菜及其他各种青菜、无毒的野菜等均为良好的维生素饲料。

2. 胡萝卜

胡萝卜素含量高，容易贮藏，是适于秋冬季节饲喂的维生素饲料。胡萝卜应洗净后切碎，用量占精料的 20%～30%。

3. 水草

生长在池沼和浅水中的藻类等也是较好的青饲料，水草中含有丰富的胡萝卜素，有时还带有螺蛳、小鱼等动物。

4. 草粉、叶粉

含有大量的维生素和矿物质，对土鸡的产蛋、蛋的孵化品质均有良好的作用。苜蓿干草含有大量的维生素 A、维生素 B、维生素 E 等，并含蛋白质 14%左右。树叶粉（青绿的嫩叶）也是良好的维生素饲料，如槐叶粉，来源广阔，我国大面积种植有刺槐，是丰富的资源，利用时应和林业生产相辅，选择适合的季节采集，合理利用。饲料中添加 2%～5%的槐叶粉可明显提高种蛋和商品蛋的蛋黄品质。其他豆科干草粉（如红豆草、三叶草等）与苜蓿干草的营养价值大致相同，干粉用量可占日粮的 2%～7%。

5. 青绿饲料

青绿饲料在土鸡的饲养中占有很重要的地位，鸡饲喂一定量的青绿饲料会使抗病力增强、肉味鲜美、鸡蛋风味独特。因此，利用青绿饲料饲喂土鸡，或在牧草地上放牧土鸡均可收到良好的效果。常用的青绿饲料有豆科牧草（苜蓿、三叶草、沙打旺、红豆草等）、鲜嫩的禾本科牧草和饲料作物鲁梅克斯、聚合草等。

（五）饲料添加剂

为了满足鸡的营养需要，完善日粮的全价性，需要在饲料中添加原来含量不足或不含有的营养物质和非营养物质，以提高饲料利用率，促进鸡生长发育，防治某些疾病，减少饲料贮藏期间营养物质的损失或改进产品品质等，这类物质称为饲料添加剂。饲料添加剂可分为营养性添加剂和非营养性添加剂。

1. 营养性添加剂

营养性添加剂包括维生素和微量元素添加剂（这类添加剂可分为雏鸡、育成鸡、产蛋鸡和种鸡等多种，添加时按药品说明决定用量，饲料中原有的含量只作为安全裕量，不予考虑。鸡处于逆境时，如运输、转群、注射疫苗、断喙时对这类添加剂需要量加大）及氨基酸添加剂（目前人工合成而作为饲料添加剂进行大批量生产的是赖氨酸和蛋氨酸。以大豆饼为主要蛋白质来源的日粮，添加蛋氨酸可以节省动物性饲料用量，豆饼不足的日粮添加蛋氨酸和赖氨酸，可以大大强化饲料的蛋白质营养价值，在杂粮含量较高的日粮中添加氨基酸可以提高日粮消化利用率）。

2. 非营养性添加剂

非营养性添加剂主要包括抗生素添加剂（预防鸡的某些细菌性疾病，或鸡处于逆境，或环境卫生条件差时，加入一定量的抗生素添加剂有良好效果，常用的抗生素有青霉素、链霉素、金霉素、土霉素等）、中草药饲料添加剂（中草药作为饲料添加剂，毒副作用小，不易在产品中残留，且具有多种营养成分和生物活性物质，兼具有营养和防病的双重作用。其天然、多能、营养的特点，可起到增强免疫作用、激素样作用、维生素样作用、抗应激作用、抗微生物作用等）、酶制剂（酶是促进蛋白质、脂肪、碳水化合物消化的催化剂，并参与体内各种代谢过程的生化反应。在鸡饲料中添加酶制剂，可以提高营养物质的消化率。目前，在生产中应用的有单一酶和复合酶。单一酶制剂，如淀粉酶、脂肪酶、蛋白酶、纤维素酶和植酶等。其二是复合酶制剂，复合酶制剂是由一种或几种单一酶制剂为主体，加上其他单一酶制剂混合而成，或者由一种或几种微生物发酵获得，复合酶制剂可以同时降解饲料中多种需要降解的抗营养因子，可最大限度地提高饲料的营养价值）、微生态制剂（是将动物体内的有益微生物经过人工筛选培育，再经过现代生物工程工厂化生产，专门用于动物营养保健的活菌制剂。其内含有十几种甚至几十种畜禽胃肠道有益菌，如加藤菌、EM、益生素等，也有单一菌制剂，如乳酸菌制剂）、酸制（化）剂（用以增加胃酸，激活消化酶，促进营养物质吸收，降低肠道 pH，抑制有害菌感染。目前，国内外应用的酸化剂包括有机酸化剂、无机酸化剂和复合酸化剂两大类）、低聚糖、糖萜素、大蒜素、驱虫保健剂、防霉剂、抗氧化剂和增色剂（增色剂对于土鸡来说很重要。金黄色的肉鸡屠体，橘黄色的蛋黄深受消费者欢迎。增色剂有天然和人工合成两种，土鸡应选用天然色素，保证肉、蛋品质。玉米蛋白粉、苜蓿草粉、万寿菊花瓣粉、辣椒粉等含有大量的叶黄素，使用效果较好）等。

二、土鸡的常用饲料营养成分（见表 3-4）

表 3-4　鸡的常用饲料营养成分

饲料名称	干物质 MD /%	代谢能/		粗蛋白 CP /%	粗脂肪 EE /%	粗纤维 CP /%	钙 Ca /%	磷 P /%	赖氨酸 /%	蛋氨酸 /%	胱氨酸 /%	苏氨酸 /%
		（兆焦/千克）	（兆卡[①]/千克）									
玉米	86.0	13.56	3.24	8.7	3.6	1.6	0.02	0.27	0.24	0.18	0.20	0.30
高粱	86.0	12.30	2.94	9.0	3.4	1.4	0.13	0.36	0.18	0.17	0.12	0.26
小麦	87.0	12.72	3.04	13.9	1.7	1.9	0.17	0.41	0.30	0.25	0.24	0.33
小麦麸	87.0	6.82	1.63	15.7	3.9	8.9	0.11	0.92	0.58	0.13	0.26	0.43
大豆粕	87.0	9.83	2.53	46.8	1.0	3.9	0.31	0.61	2.81	0.56	0.60	1.89
棉籽粕	88.0	7.312	1.75	42.5	0.7	10.1	0.24	0.97	1.59	0.45	0.82	1.31
菜籽粕	88.0	7.41	1.77	38.6	1.4	11.8	0.65	1.07	1.30	0.63	0.87	1.49
花生饼	88.0	11.63	2.78	44.7	7.2	5.9	0.25	0.53	1.32	0.39	0.38	1.05
花生粕	88.0	10.88	2.60	47.8	1.4	6.2	0.27	0.56	1.40	0.41	0.40	1.11
亚麻仁粕	88.0	7.95	1.90	34.8	1.9	8.2	0.42	0.95	1.16	0.55	1.10	0.55
玉米胚芽饼	88.0	7.61	1.82	16.7	9.6	6.3	0.04	0.46	0.70	0.31	0.47	0.64
玉米胚芽粕	90.0	6.99	1.67	20.8	2.0	6.5	0.06	0.55	0.75	0.21	0.28	0.68
国产鱼粉	88.0	11.46	2.74	52.5	11.6	0.4	5.47	3.12	3.41	0.62	0.38	2.13
进口鱼粉	88.0	11.67	2.79	62.8	9.7	0.5	3.87	2.76	4.90	1.84	0.58	2.61
血粉	88.0	10.29	2.46	82.8	0.4	0.0	0.29	0.31	6.67	0.74	0.98	2.86
羽毛粉	88.0	11.42	2.73	77.9	2.4	0.7	0.20	0.68	1.65	0.59	2.93	3.51
皮革粉	88.0	6.19	1.48	77.6	1.7	4.0	4.40	0.15	2.27	0.80	0.16	0.71
芝麻饼	92.0	8.95	2.14	39.2	10.3	7.2	2.24	1.19	0.82	0.82	—	1.29
皮骨粉	92.6	8.20	1.98	50.0	8.5	2.8	9.20	4.70	2.60	0.67	0.33	1.63

① 1 卡 = 4.18 焦耳。

第四节 土鸡的饲料开发

放养土鸡可在放养地觅食青草、树叶和各类昆虫等天然资源。如果天然饲料量不足时会严重影响鸡的生长或生产，消耗较多的精饲料，增加生产成本。所以，应该充分利用牧地开发饲料资源，生产更多的绿色饲料，降低饲养成本。当然，开发饲料资源应注意开发成本。

一、青绿饲料的利用

青饲料是指水分含量为 60％以上的青绿饲料、树叶类及非淀粉质的块根、块茎、瓜果类。青饲料含有丰富的胡萝卜素和 B 族维生素，并含有一些微量元素，适口性好，对鸡的生长、产蛋及维持健康均有良好作用。

常见的青饲料有白菜、甘蓝、野菜（如苦荬菜、鹅食菜、蒲公英等）、苜蓿草、洋槐叶、胡萝卜、牧草等。冬春季没有青绿饲料，可喂苜蓿草粉、洋槐叶粉、松针粉或芽类饲料，同样会收到良好效果。芹菜是一种良好的喂鸡饲料，每周喂芹菜 3 次，每次 50 克左右。用南瓜作辅料喂母鸡，产蛋量可显著增加，且蛋大、孵化率高。

二、树叶开发利用

我国有丰富的林业资源，树叶数量除少数外，大多数都可以作为饲料。树叶营养丰富，放养鸡可直接采食或经加工调制后作为饲料。

（一）树叶的饲用价值

树叶的饲用价值决定于如下因素。

1. 树种

树叶的营养成分因树种而异，有的树种，如豆科树种、榆树等叶子及松针中粗蛋白含量较高，按干物质量计，均在 20％以上，而且还含有组成蛋白质的 18 种氨基酸。而槐树、柳树、梨树、桃树、枣树等树叶的有机物质含量、消化率、能值较高，对鸡的代谢能值达 6.27 兆焦/千克干物质；树叶中维生素含量很高。据分析，柳、桦、榛、赤杨等青叶中，胡萝卜素含量为 110～132 毫克/千克，紫穗槐青干叶胡萝卜素含量高达 270 毫克/千克，针叶中的胡萝卜素含量高达 197～344 毫克/千克，此外还含有大量的维生素 C、维生素 E、维生素 K、维生素 D 和维生素 B_1 等；松针粉含有畜禽所需的矿物质元素。有的树叶含有激素，刺激畜禽生长，或含有抑制病原菌的杀菌素等。

2. 生长期

生长着的鲜嫩叶营养价质高，青落叶次之，可饲喂单胃家畜和家禽；而枯黄叶营养价值最差。

3. 树叶中所含的特殊成分

有些树叶营养成分含量较高，但因含有一些特殊成分，饲用价值降低。如有的树叶含单宁，有苦涩味，如核桃、三桃、橡、李、柿、毛白杨等树叶，必须经加工调制后再饲喂。有的树种到秋季单宁含量增加，如栗树、柏树等树叶秋季单宁含量达 3%，有的高达 5%～8%，应提前采摘饲喂或少量饲喂。少量饲喂能够收敛健胃。有的树叶有剧毒，如夹竹桃等。

（二）树叶的采收方法

采收的方式及采收时间对树叶的营养成分影响较大。采集树叶应在不影响树木正常生长的前提下进行，如果为了采集树叶而折枝毁树，不仅影响树木生长，而且破坏生态环境。树叶的采收方法如下。

1. 青刈法

适宜分枝多、生长快、再生力强的灌木，如紫穗槐等。

2. 分期采收法

对于生长繁茂的树木，如洋槐、榆、柳、桑等，可分期采收下部的嫩枝、树叶。

3. 落叶采集法

适宜落叶乔木，特别是高大不便采摘的或不宜提前采摘的树叶，如杨树叶等。

4. 剪枝法

对需适时剪枝的树种或耐剪枝的树种，特别是道路两侧的树和各种果树，可采用剪枝法。

（三）采收时间

树叶的采收时间依树种而异，下面介绍几种代表性树种采集树叶时间。

1. 松针

在春秋季节松针含松脂率较低的时期采集。

2. 紫穗槐、洋槐叶

北方地区一般在 7 月底至 8 月初采集，最迟不要超过 9 月上旬。

3. 杨树叶

在秋末刚刚落叶即开始收集，而不能等落叶变枯黄再收集；还可以收集修枝时的叶子。

4. 秸树叶

在秋末冬初，结合修剪整枝，采集枯叶和嫩枝。

（四）树叶的加工方法

1. 针叶的加工利用

（1）饲用价值　松针粉中含有多种氨基酸、微量元素，能有效地刺激蛋鸡的排卵功能，提高产蛋率。蛋鸡日粮中添加 3%～5% 的松针粉，产蛋量提高 6.1%～13.8%，饲料利用率提高 15.1%，蛋重提高 2.9%，受精率提高 1.0%，且蛋黄颜色较深；肉鸡日粮中添加 3%～5% 松针粉，日增重提高 8.1%～12.0%，饲料报酬提高 8.4%，且肉质鲜嫩可口。同时，松针粉中含有植物杀菌素和维生素，具有防病抗病功效，能有效地抵御鸡病发生，从而提高雏鸡成活率，在雏鸡日粮中添加 2% 的松针粉，成活率、增重率和饲料转化率则分别提高 7.1%、11.1% 和 28.4%，生长期缩短 10 天。

（2）针叶粉的生产　针叶采集后要保持其新鲜状态，含水量为 40%～50%。原料贮存时要求通风良好，不能日晒雨淋，采收到的原料应及时运到加工场地，一般从采集到加工不能超过 3 天，以保证产品质量。对树枝上的针叶，应进行脱叶处理。脱叶分手工脱叶和机械脱叶。手工脱下的针叶含水量一般为 65％左右，杂质含量（主要指枝条）不超过 35％；机械脱下的针叶含水量为 55％左右，杂质的含量不超过 45％。用切碎机将针叶切成 3～4 厘米，以破坏针叶表面的蜡质层，加快干燥速度。可采用自然阴干或烘干。烘干温度为 90℃，时间为 20 分钟。干燥后应使针叶的含水量从 40％～50％降到 20％，以便粉碎加工和成品的贮存运输。用粉碎机将针叶加工成 2 毫米左右的针叶粉，针叶粉的含水量应低于 12.5％。加工好的针叶粉的外观为浅绿包，有针叶香味。

（3）针叶粉的贮存 针叶粉要用棕色的塑料袋或麻袋包装，防止阳光中紫外线对叶绿素和维生素的破坏。另外，贮存场所应保持清洁、干燥、通风，以防吸湿结块。在良好的贮存条件下，针叶粉可保存 2～6 个月。

（4）针叶浸出液生产 饲喂针叶浸出液，不仅能促进家禽的生长，而且还能降低畜禽支气管炎和肺炎的发病率，增加食欲和抗病能力，因此，又称针叶浸出液为保健剂。将针叶粉碎，放入桶内，加入 70～80℃的温水（针叶与水的比例为 1∶10）。搅拌后盖严，在室温下放置 3～4 小时，便得到有苦涩味的浸出液。

（5）饲喂 针叶粉作为添加饲料适用于各类畜禽，可直接饲喂或添加到混合饲料中。针叶粉应周期性地饲用，连续饲喂 15～20天，然后间断 7～10 天，以免影响禽产品质量。松针粉含有松脂气味和挥发性物质，在畜禽饲料中的添加量不宜过高。一般在肉鸡饲料中的添加量为 3％，蛋鸡和种鸡为 5％；针叶浸出液可供家畜饮用，也可与精料、干草或秸秆混合后饲喂。家禽对浸出液有一个适应过程，开始应少量，然后逐渐加大到所要求的量。

2. 阔叶的加工利用

（1）糖化发酵 将树叶粉碎，掺入一定量的谷物粉，用 40～50℃温水搅拌均匀后，压实，堆积发酵 3～7 天。发酵可提高阔叶的营养价值，减少树叶中单宁的含量。糖化发酵的阔叶饲料主要用于喂猪、鸡。

（2）叶粉 叶粉可作为配合饲料的原料，在鸡饲料中掺入的比例为 5％～10％。

（3）蒸煮 把阔叶放入金属筒内，用蒸汽加热（180℃左右）

15 分钟后，树叶的组织受到破坏，利用筒内设置的旋转刀片将原料切成类似"棉花"状物。

除上述方法外，还可进行膨化、压制成颗粒和青贮。

三、动物性蛋白质饲料的开发利用

山林果园放养的土鸡一般采食到的植物性饲料多，补喂的饲料量有限，所以容易缺乏蛋白质，特别是动物性蛋白质而影响生长和生产。动物性蛋白质饲料对于提高放养鸡生长速度和生产性能具有良好效果，特别是在冬季补饲中作用更大。解决动物性蛋白质不足问题，饲养者可以利用人工方法生产一些昆虫类、蚯蚓、黄粉虫等动物性蛋白质喂鸡，既保证充足的动物性蛋白质供应，促进生长和生产，降低饲料成本，又能够提高产品质量。

（一）养殖蚯蚓

1. 蚯蚓的特性

蚯蚓又名地龙，为夜行性环节动物。蚯蚓由于长期生活在土壤的洞穴里，其身体的形态结构对穴居生活环境具有相当的适应性。在自然界，蚯蚓以生活在土壤上层 15～20 厘米深度以内者居多，越往下层越少，蚯蚓喜欢温暖、潮湿和安静的环境。一般蚯蚓的活动温度为 5～30℃，生长繁殖最适温度为 15～25℃，在 0～5℃ 则停止生长发育，进入休眠状态，0℃ 以下或 40℃ 以上常导致死亡。蚯蚓喜居安静的环境，怕噪声或震动。蚯蚓对光线非常敏感，喜阴暗，怕强光，常逃避强烈的阳光、紫外线的照射，但不怕红光，趋向弱光。蚯蚓的活动表现为昼伏夜出，即黄昏时爬出地面觅食、交尾，清晨则返回土壤中。

蚯蚓的食性很广，各种畜粪、污泥、腐烂的水果、果皮、蔬菜、作物秸秆、杂草、垃圾以及工业下脚料（如造纸厂、制糖厂、食品厂和酒厂的下脚料）等，经过充分发酵腐烂后，均可作为蚯蚓的饲料。

蚯蚓为雌雄同体，异体交配。由于品种、地区、饲料和生活环境不同，生活周期也不一样。据试验，赤子爱胜蚓在室温 22～30℃ 环境下，以发酵的马粪为饲料，湿度 60%～70%，从产卵到孵化为 21 天。幼蚓从孵出到性成熟为 56 天，性成熟到开始产卵一般为 1～12 天；整个生活周期最短 47 天，最长 128 天，平均2.5～5 个月。

2. 蚯蚓的营养特点

蚯蚓的主产品是蚓体，副产品为蚓粪。蚯蚓可药用。蚯蚓具有解热镇痛、通络平喘、解毒利尿的功能，能治疗多种疾病。蚯蚓含有丰富的蛋白质（干蚯蚓含蛋白 66.5％），适口性好、诱食性强，是畜、禽、鱼类等的优质蛋白饲料。蚯蚓粪不仅是优质的肥料，也可作为动物的饲料。蚯蚓粪中有 22.5％的粗蛋白，丰富的粗灰分、钙、磷、钾、维生素和 17 种氨基酸，有报道把 90％蚯蚓粪、10％蚯蚓粉和少量微生物配成生物饲料，按 1％～5％的最佳添加量，使肉鸡球虫病、呼吸道、消化道疾病减少 50％，蛋鸡产蛋高峰期延长 25 天左右，鸡蛋个大、味香、红心。

3. 蚯蚓的品种

目前已知地球上有蚯蚓 2500 余种，在我国分布的有 160 余种。适合人工养殖的有如下几种，我们要根据自己养蚯蚓的目的来选择蚯蚓品种。

（1）威廉环毛蚓　一般长 90～250 毫米，宽 5～10 毫米，背面青黄、灰绿或灰青色，背中线青灰色，环带 14～16 节。目前在江苏、上海一带养殖较多，在自然界中常栖于树林草地较深土层和村庄周围肥土中。

（2）湖北环毛蚓　体细长，有 70～220 毫米长，3～6 毫米宽，体节 110～133 节，全身草绿色，背中线紫绿或深绿色，常见一红色的背血管。腹面灰色，尾部体腔液中常有宝蓝色荧光。环带 3 节，乳黄或棕黄色，是繁殖率较高和适应性较广的品种，常栖于湿度较大的沟渠近水处和山沟阴湿处，较耐低温，秋后可在落水的绿肥田中放养。

（3）参环毛蚓　个体较大，120～400 毫米长，6～12 毫米宽，背面紫灰，后部颜色较深，刚毛圈稍白，为中药材常用蚯蚓，分布于湖南、广东、广西、福建等地，较难定居，在优质土壤的草地和灌溉条件较好的果园和苗圃中养较好。

（4）白颈环毛蚓　80～150 毫米长，2.5～5 毫米宽，背色中灰色或栗色，后部淡绿色。环带 3 节（位于第 14～16 节），腹面无刚毛。分布于长江中下游一带，具有分布较广、定居性较好的特点，宜在菜地、红薯等作物地里养殖。

（5）赤子爱胜蚓　60～130 毫米长，3～5 毫米宽，成熟体重 0.4～1.2 克，全身 80～110 个环节，环节带位于第 25～33 节。背孔自 4、5 节开始，背面及侧面橙红或栗红色，节间沟无色，外观有明显条纹，尾部两侧姜黄色，愈老愈深，体扁而尾略成鹰嘴钩，喜在厩肥、烂草堆、污泥、垃圾场生活，具有趋肥性强、繁殖率高、定居性好、肉质肥厚及营养价值高等优点。

4. 养殖技术

（1）保证适宜的环境条件　温度 20℃（15～30℃），饵料湿度 70%～75%，孵化湿度 50%～60%，pH 值为 6～8，通气良好，无光或暗光、红光，严禁紫外光照射，适宜的密度和丰富的营养。夏天注意防高温和日光直射，冬天注意防冻。

（2）饵料搭配及处理　饵料既是蚯蚓的食物，又是其生活环境。因而，饵料搭配和处理至关重要。下面几个饵料配方，供参考。

① 牛粪 20%，猪粪 20%，鸡粪 20%，稻草屑 40%，混配后充分发酵。

② 废纸浆污泥 80%，干牛粪 20%。

③ 沼气池残渣 60%，垃圾 20%，秸秆或食用菌渣 20%。

④ 牛粪 20%，羊粪 10%，活性泥 40%，垃圾 30%。

无论选择什么饵料都要进行科学的加工处理。如作物秸秆或粗大的有机废物应行切碎，垃圾则应分选过筛，除去金属玻璃、塑料、砖石和炉渣，再经粉碎后发酵；家畜粪便和木屑，则可不进行加工，直接进行发酵处理。饵料要混合均匀，而后加水拌匀，含水量控制在 40%～50%，即堆积后堆底边有水流出为止。堆成梯形或圆锥形，最后堆外面用塘泥封好或用塑料薄膜覆盖，以保温保湿。经 4～5 天，堆内的温度可达 50～60℃，待温度由高峰开始下降时，要翻堆进行第二次发酵，将上层的料翻到下层，四周翻到中间，使之充分发酵腐熟，达到无臭味、无酸味，质地松软不沾手，颜色为棕褐，然后摊开放置。使用前，先检查饵料的酸碱度是否合适，一般 pH 在 6.5～8.0 都可使用。过酸可添加适量石灰，过碱用水淋洗，这样有利于过多盐分和有害物质的排除。饲用前，先用少量蚯蚓试验饲养，如无不良反应，即可应用。实践中发现，在饵料中添加香蕉皮、烂苹果、烂梨等，效果很好。

（3）养殖方式　生产中养殖方式有多种，主要介绍如下三种。

① 简易养殖。这种方法包括箱养、坑养、池养、棚养、温床养殖等，其具体做法就是在容器、坑或池中分层加入饲料和肥土，料土相同，然后投放种蚯蚓。这种方法可利用鸡舍前后等空地以及旧容器、砖池、育苗温床等来生产动物性蛋白质废饲料，加工有机肥料，处理生活垃圾。其优点是就地取材、投资少、设备简单、管理方法简便，并可利用业余或辅助劳力，充分利用有机废物，但饲养量小。

② 田间养殖法。选用地势比较平坦，能灌能排的桑园、菜园、果园或饲料田，沿植物行间开挖宽40～50厘米、深20～25厘米的沟槽，施入腐熟的有机肥料，上面用土覆盖10～15厘米左右，放入蚯蚓进行养殖（每亩放养蚓种15000～25000条），经常注意灌溉或排水，保持土壤含水量在30%左右。冬天可在地面覆盖塑料薄膜保温，以便促进蚯蚓活动和繁殖能力。由于蚯蚓的大量活动，土壤疏松多孔，通透性能好，可以实行免耕。此种养殖方式季节性强，可在放养鸡的牧地养殖，适于投放耐旱和抗逆性强的蚓种。平时注意保持湿度，雨天注意排水，并及时采收。

③ 工厂化养殖。此法适于养殖生产性能较高的蚓种，如赤子爱胜蚓、红色爱胜蚓等。可利用普通房间、塑料大棚或半地下温室，进行周年生产。养殖床宽1.5米、深0.4米左右；亦可用竹、木、塑料制的箱子作为养殖床，大小以2个人能搬动为宜，一般为长60厘米×宽30厘米或40厘米×20厘米，立体叠放，可放4～5层。

（4）种蚓的选育　蚯蚓雌雄同体，异体交配，繁殖力很强，但也容易造成近亲退化。必须重视种蚓的选育工作。规模较大的养殖场可将蚓群分成3个部分：种子群、繁殖群和生产群。种子群是关键，应选择个体粗大、性状一致、活动力强、生产性能高和具有本品种特征的成蚓。其繁殖的后代作为繁殖群。种子群要不断进行选择和淘汰，并注意同一品种不同群体间进行血缘更新。繁殖群是种子群产生的优秀后代，应繁殖力强，为生产群提供大量的卵块。其卵块孵出后即为生产群，长成后便为商品蚓。

（5）采收及分离　当养殖床内的蚯蚓大多数达到 400 毫克，而且密度较大时（1.5 万~2 万条/平方米），应及时采收部分成蚓。室内床养、箱养或池养，可采用光照下驱法。根据蚯蚓的避光性，从上至下一层一层刮粪，使成蚓钻到最下部，最后聚集成团。将其放在 5 毫米的大筛子上，筛子下面放容器，光照使之钻到下面的容器内；田间养殖可利用其夜间爬到地表采食和活动的习性，在夜间 3 点~4 点携带红光或弱光电筒采收；也可用水灌法，驱使蚓大量爬出捕捉。工厂化养殖，要使茧粪分离，可先将成蚓收集，剩余的粪及茧重新孵化。经过 30~40 天，卵茧全部孵化，并长到一定程度，但尚未产卵时采集即可。

（6）天敌与疾病　蚯蚓的天敌很多，如鼠类、鸟类、蛇、蛙、蟾蜍、蚂蚁、螳螂、蜘蛛、蜈蚣等，应有针对性地预防。蚯蚓的病害不多，主要是饲料酸化造成的蛋白质中毒症，应予以注意。

（二）养殖蝇蛆

蝇蛆是优良的动物蛋白饲料。使用蝇蛆生产的虫子鸡，肌肉纤维细，肉质细嫩，口感爽脆，香味浓郁，补气补血，养颜益寿，虫子鸡的蛋俗称安全蛋，富含人体所需的 17 种氨基酸、10 多种微量元素和多种维生素，特别是被称为抗癌之王的硒和锌的含量是普通禽类的 3~5 倍，是当代最为理想的食疗珍禽和理想的营养滋补佳品，被誉为"蛋中极品"。

大量饲养试验证实，用蝇蛆代替部分或全部鱼粉作为蛋白质饲料喂养畜禽、鱼类等都取得了较好的养殖效果。姚福根等试验用 10%的蝇蛆粉喂养蛋鸡与用 10%的鱼粉喂蛋鸡相比，喂蝇蛆粉的鸡产蛋率比喂鱼粉的提高 20.3%，饲料报酬率提高 15.8%，每只鸡增加收益 72.3%。

1. 家蝇的特点

在室温 20~30℃、相对湿度 60%~80%条件下，蛹经过 5 天发育变成成蝇。成蝇羽化 1 小时以后，展开翅膀开始吃食和饮水。家蝇在自然条件下，一般 1 年可繁殖 7~8 代。在人工饲养条件下，1 年可繁殖 25 代以上。卵期 1~2 天，幼虫期 4~6 天，蛹期约 5

天，成蝇寿命可达 1～2 个月，越冬蝇寿命可长达 4～5 个月。苍蝇的 1 个世代，约为 28 天。人工饲养条件下，完成 1 个世代约需 15天，生产蝇蛆只需要 4～5 天。

成蝇白天活泼好动，夜间栖息，3 天后性成熟，雌雄开始交尾产卵，1～8 日龄为产卵高峰期，到 25 日龄基本失去产卵能力。蝇卵 4～8 小时孵化成蛆，蛆在猪、鸡粪中培育，一般第五天变蛹。温度及饵料养分对蛆的生长发育有很大影响，一般室温在 20～30℃温度和营养含量越高，蛆生长发育越快，变成的蛹也越大。

2. 蝇蛆的营养价值

蝇蛆是营养成分全面的优质蛋白资源。分析测试结果表明，蝇蛆含粗蛋白 59%～65%、脂肪 2.6%～12%，无论是原物质或是干粉，蝇蛆的粗蛋白含量都与鲜鱼、鱼粉及肉骨粉相近或略高。蝇蛆的营养成分更加全面，含有动物所需要的 17 种氨基酸，并且每种氨基酸的含量均高于鱼粉，必需氨基酸和蛋氨酸含量分别是鱼粉的2.3 倍和 2.7 倍，赖氨酸含量是鱼粉的 2.6 倍。同时，蝇蛆还含有多种生命活动所需要的微量元素，如铁、锌、锰、磷、钴、铬、镍、硼、钾、钙、镁、铜、硒、锗等。

蝇蛆中赖氨酸、蛋氨酸、苯丙氨酸、色氨酸等限制氨基酸含量都很丰富，油脂中不饱和脂肪酸占 68.2%，必需脂肪酸占 36%（主要为亚油酸）。虽然一般植物油中含有较多的亚油酸和亚麻酸，其营养价值比动物油脂高，但在蝇蛆这种动物中，所含必需脂肪酸均比花生油、菜籽油高。蝇蛆是一类品质极高的壳聚糖资源。同时，蝇蛆体内还含有脂溶性维生素 A、维生素 D 和水溶性 B 族维生素等。此外，据研究，蝇蛆中还含有多种生物活性成分如抗菌活性蛋白、凝集素、溶菌酶等。

3. 养殖技术

（1）建造蛆棚　选择光线明亮、通风条件好的地方建造蛆棚，根据养殖规模，蛆棚的面积一般为 30～100 平方米。棚内挖置数个5～10 平方米的蛆池，池四周砌放 20 厘米高的砖，用水泥抹光。门和窗安装玻璃和纱窗，以利于调温。壁上安装风扇，以调节空气。房内宜有加温设备，使冬天温度保持 20～23℃，房内相对湿度保持 60%～70%。

（2）驯化种蝇　把新鲜鸡粪放入蛆池，堆放数个长 400 厘米、宽 40 厘米的小堆。蛆棚的门在白天打开，让苍蝇飞入产卵，傍晚时关闭棚门让苍蝇在棚内歇息。野生蝇在产卵后要将其用药剂杀死，蝇蛆化蛹后，把蛹放在 5％的 EM 菌液中浸泡 10～20 分钟，当蛹变成苍蝇时，再堆制新鲜鸡粪，诱使新蝇产卵，产卵后将苍蝇杀死。如此重复 3～5 次，即可将野生蝇驯化成产卵量高、孵出蝇蛆杂菌少、个头大的人工种蝇。

（3）收取蝇蛆　进入正常生产后，每天要取走养蛆后的残堆，更换新鲜鸡粪。经人工驯化的苍蝇产卵后 10 小时即可孵化出蝇蛆，3～4 天成熟的蝇蛆就会爬出粪堆，当它们沿着池壁爬行寻找化蛹的地方时，会全部掉入光滑的塑料收蛆桶内。每天可分两次取走蝇蛆，并注意留足五分之一蝇蛆，让其在棚内自然化蛹，以保证充足的种蝇产卵。分离出的蝇蛆洗涤后可以直接用来饲喂，也可在 200～250℃烘干 15～20 分钟，储存备用。实践证明，用此方法养殖蝇蛆，每 1000 千克新鲜鸡粪可产活蛆 400 千克以上，成本极其低廉。

（三）养殖黄粉虫

黄粉虫俗称面包虫，是人工养殖最理想的饲料昆虫。生长速度快，对饲料要求不高，失去飞翔能力，便于人工养殖。用 3％～6％的鲜虫代替等量的国产鱼粉饲养肉鸡，增重率可提高 13％，饲料报酬率提高 23％。以 5％的黄粉虫幼虫粉替代等量的进口鱼粉饲喂产蛋高峰期的蛋鸡 23 天，结果喂黄粉虫的产蛋率为 93.42％，喂进口鱼粉的产蛋率为 92.33％，提高 1.09％；蛋重增加 0.37 克。用 1％的黄粉虫粉替代等量的微量元素饲喂蛋鸡 43 天，结果产蛋率提高 7％～12％；用 1％的黄粉虫替代等量高效精料饲喂蛋鸡 43天，结果产蛋率提高 2.38％。

1. 黄粉虫的特点

黄粉虫是完全变态的昆虫，有成虫、卵、幼虫、蛹 4 种变态。成虫，体长而扁，长 1.4～1.8 厘米，黑褐色具有金属光泽，成虫期为 50 天左右。成虫在羽化过程中，头、胸、足为淡棕色，腹部和鞘翅为乳白色；开始虫体稚嫩，不愿活动，4～5 天后颜色变深，鞘翅变硬，灵活但不能飞行，爬行较快；精心喂养后，成虫群体交尾、产卵。卵，白色椭圆形，大小约 1 毫米，卵期 8～10 天。幼虫，棕黄色，体长 2～3 厘米，体节较明显，有 3 对胸足；在第 9 腹节有 1 双尾凸，幼虫孵出时为黄白色，逐渐变为棕黄色；平均 9 天蜕 1 次皮，每蜕 1 次皮为 1 龄，共蜕 7 次皮，当最后一次蜕皮时在饲料表层化蛹；幼虫期约为 80 天。蛹白色，后变白黄色，体节明显，蛹期为 12～15 天。成虫每次产卵 2～4 粒，每只雌虫约产卵 300 粒，散产于饲料底部的筛网上。

2. 黄粉虫的营养价值

黄粉虫营养丰富，幼虫含粗蛋白质 51%～60%；各种氨基酸齐全，其中赖氨酸 5.72%、蛋氨酸 0.53%；含脂肪 11.99%、钙 1.02%、磷 1.11%、碳水化合物 7.4%；另外，还含有磷、铁、钾、钠等矿物质及糖类、维生素、激素、酶等，营养价值高。黄粉虫用于各种特种经济动物和珍奇稀有动物，可加快其生长发育，增强其抗病抗逆能力，降低饲料成本，提高产出效益。

3. 养殖技术

（1）种虫　养殖黄粉虫最重要的是种虫。成龄幼虫、蛹、成虫都可做种虫，其中以成龄幼虫最佳。饲养到不同虫期，按黄粉虫的养殖技术，认真挑选蛹、成虫，除去病虫，筛好卵，使各虫期的虫同步繁殖，达到提纯复壮。买到成龄幼虫后，将其放入盛有麦麸的木盘中喂养，添加新鲜菜，认真观察，待蛹羽化成成虫。每 0.5 千克蛹放在盛有麦麸的筛盘中，再放在盛有饲料的木盘中，编号上架，待其羽化，注意清除死蛹。每隔 7 天，将成虫筛出换盘。筛下的饲料中混有卵，放在木盘中，继续孵化。

（2）设备

① 房舍。养殖黄粉虫必须有饲养房。饲养房要透光、通风，冬季要有取暖保温设备。饲养房的大小，可视其养殖黄粉虫的多少而定。一般情况下，每 20 平方米一间房能养 300～500 盘。

② 饲养盘。饲养黄粉虫的木盘制作：抽屉状木盘为饲养盘，一般为长方形，长 50 厘米，宽 40 厘米，高 8 厘米。板厚为 1.5 厘米，底部用纤维板钉好。筛盘，也是长方形。它要放在木盘中，规格是 45 厘米×35 厘米×6 厘米，板厚 1.5 厘米，底部为 12 目铁筛网并用三合板条钉好。制作饲养盘的木料最好是软杂木，而且没

有异味。为了防止虫往外爬，要在饲养盘的 4 个框上边贴好塑料胶条。

③ 盘架。摆放饲养盘木架根据饲养量和饲养盘数的多少制作。用方木将木架连接起来固定好，防止歪斜或倾倒，然后就可以按顺序把饲养盘排放上架。

④ 筛网。筛盘、筛子需用粗细几种铁筛网，12 目大孔的可以筛虫卵，30 目中孔的可以筛虫粪。60 目的小孔筛网，可筛 1～2 龄幼虫。

⑤ 其他设备。饲养房内部要求温度冬夏都要保持在 15～25℃。低于 10℃，虫不食也不生长；超过 30℃，虫体发热会烧死。湿度要保持在 60%～70%，地面不宜过湿。冬季要取暖，如冬季不养可自然越冬。夏季要通风。室内应备有温度计、湿度计。

(3) 饲料　黄粉虫的主要饲料是麦麸，也可辅以糠麸等。玉米面过细，不透气，不宜作黄粉虫饲料。菜类主要是白菜、萝卜、甘蓝等青叶菜。这些饲料可以满足虫对蛋白质、维生素、微量元素及水分的需要。为了提纯复壮种群，加快繁殖生长，可在饲料中添加少量葡萄糖粉、鱼粉等。

(4) 饲养管理要点

① 成虫期。蛹羽化成虫的过程为 3～7 天，头、胸、足、翅先羽出，腹、尾后羽出。因为是同步挑蛹羽化，所以几天内可全部完成羽化。雄雌成虫群集交尾时一般都在暗处，交尾时间较长。产卵时雌虫尾部插在筛孔中产出，这个时期最好不要随意搅动。发现筛盘底部附着一层卵粒时，可以换盘。这时将成虫筛卵后放在盛有饲料的另一盘中，拨出死虫，5～7 天换 1 次卵盘。成虫存活期在 50 天左右。产卵期的成虫需要大量的营养和水分，所以必须及时添加麦麸和鲜菜，也可增加点鱼粉。若营养不足，成虫间会互相咬杀，造成损失。

② 卵期。成虫产卵在盛有饲料的木盘中。将换下盛卵的木盘上架，即可自然孵化出幼虫。要注意观察，不宜翻动，防止损伤卵粒或伤害正在孵化中的幼虫。当饲料表层出现幼虫皮时，1 龄虫已经诞生了。

③ 幼虫期。幼虫从卵孵化出至化蛹前这段时间称为幼虫期。

成虫产卵的盘，孵化 7～9 天后，待虫体蜕皮体长达 0.5 厘米以上时，再添加麦麸和鲜菜。每个木盘中放幼虫 1 千克，密度不宜过大，防止因饲料不足，虫体活动挤压而相互咬杀。要随着幼虫的逐渐长大，及时分盘。麦麸是幼虫的主要饲料，同时也是栖身之地，因此饲料要保持自然温度。在正常情况下，当温度较高时，幼虫多在饲料表层活动，温度较低时，则钻进下层栖身。木盘中饲料的厚度在 5 厘米以内。当饲料逐渐减少时，再用筛子筛掉虫粪，添加新饲料。1～2 龄幼虫筛粪，要选用 60 目筛网，防止幼虫从筛孔漏掉。要先准备好盛放新饲料的木盘，边筛边将筛好的幼虫放入木盘上架。

黄粉虫幼虫生长要突破外皮（蜕皮），经过一次次蜕皮才能长大。幼虫期要蜕 7 次皮。每蜕皮 1 次，幼虫长 1 龄，虫体长大。幼虫平均 9 天蜕皮 1 次。幼虫蜕皮时，表皮先从胸背缝裂开，再到头、胸、足部，然后腹、尾渐渐蜕出。幼虫蜕皮一般都在饲料表层，蜕皮后又钻进饲料中。刚蜕皮的幼虫是乳白色，表皮细嫩。

④ 蛹期。幼虫在饲料表层化蛹。在化蛹前幼虫爬到饲料表面，静卧后虫体慢慢伸缩，在最后一次蜕皮过程中完成化蛹。化蛹可在几秒钟之内结束。刚化成的蛹为白黄色，蛹体稍长，腹节蠕动，随后蛹体逐渐缩短，变成暗黄色。幼虫个体间均有差异，表现在化蛹时间的先后，个体能力的强弱。刚化成的蛹与幼虫混在 1 个木盘中生活。蛹容易被幼虫在胸、腹部咬伤，吃掉内脏而成为空壳。有的蛹在化蛹过程中受病毒感染，化蛹后成为死蛹。这需要经常检查，发现这种情况可用 0.3％漂白粉溶液喷雾空间，以消毒灭菌，同时将死蛹及时挑出处理掉。挑蛹时将在 2 天内化的蛹放在盛有饲料的同一筛盘中，坚持同步繁殖，集中羽化为成虫。

（5）注意事项　在黄粉虫的养殖过程中，掌握好养殖技术和管理措施十分重要。它关系到黄粉虫繁殖的速度、虫体质量、经济效益等问题。

① 禁止非饲养人员进入饲养房。进入室内的人员，必须在门外用生石灰消毒。

② 在黄粉虫的生活史中，四变态是重要的环节。掌握好每个环节变态的时间、形体、特征，就能把握养殖的技术。

③ 饲料要新鲜，糠麸不变质，青菜不腐烂。

④ 在幼虫期，每蜕皮一次就要更换饲料，及时筛粪，添加新饲料。在成虫期饲料底部有卵粒和虫粪，容易发霉，要及时换盘。

⑤ 为了加快繁殖生长，对幼虫，羽化后的成虫，在饲料中适当添加葡萄糖粉或维生素粉、鱼粉，每天都要喂鲜菜。

⑥ 饲养人员每天都要察看各虫期的情况，如发现病虫、死虫应及时清除，防止病菌感染。

(四) 养殖蝗虫

蝗虫性味辛、甘、温，具有止咳平喘、定惊止抽、解毒透渗、消肿止痛、滋补强壮等功效，可以入药。蝗虫营养丰富，高蛋白、低脂肪、低胆固醇，矿物质及维生素含量高且种类丰富，除为人类食用外，还是各种畜禽的优良饲料。刘志林等（2000 年）报道，在商品代京黄肉用型雏鸡饲料中添加 1％和 5％的蝗虫粉，可以使鸡的日增重比对照组分别提高 8.72％和 16.14％，效果明显；李韬等（1995 年）报道，在星杂 288 蛋鸡饲料中按每只鸡每日添加蝗虫粉 10 克，可提高产蛋量 18.08％，提高产蛋率 7.99％。

1. 基本特性

蝗虫俗称蚂蚱，主要以小麦、玉米、高粱等作物和鲜嫩饲草为食。我国有 1000 余种，其中只有少数适合人工饲养，如东亚飞蝗、棉蝗、中华稻蝗、中华蚱蜢等。这些品种各有优缺点，要综合考虑其生长周期、代数、味道、食料、个头大小等因素，并结合当地的气候、食料来源等情况选择养殖品种。

蝗虫为卵生，有成虫、卵和若虫 3 种形态。雄成虫体长 18～27 毫米，雌成虫体长 25～60 毫米，体绿色、黄绿色或褐绿色；卵长约 3.5 毫米，宽 1 毫米，深黄色；若虫也称蝗蝻，有 6 个龄期。蝗虫对温度反应敏感，随着温度的升高，取食逐渐旺盛。最佳生活环境为：温度 25～30℃，湿度 80％～85％。蝗虫生长期内至少需经历日平均气温 25℃以上达 30 天时，才能完成发育和生殖。成蝗虫在土壤中产卵时对土壤的硬度与含水量有一定的选择性。

一般成虫喜欢在比较坚硬的土壤中产卵，产卵最适合的土壤含水量为 10％～20％。

2. 营养价值

鲜品含水分约 65.9％、蛋白质 25.5％、脂肪 2％、碳水化合物 1.4％、灰分 2.3％及维生素 A、维生素 C、维生素 B 等。干品约含水分 20％、蛋白质 64％、脂肪 2.3％及少量维生素 A、维生素 B 和约 3.3％灰分（磷、钙、铁、铜、锰等）。中华稻蝗必需氨基酸含量占氨基酸总量的 47.73％，蛋氨酸含量（0.75％）与半胱氨酸含量（1.3％）之和超过了畜禽的饲养标准，完全可以利用蝗虫作为添加饲料为畜禽补充氨基酸。

3. 养殖技术

（1）饲养设施与器具　饲养蝗虫要选择空旷、阳光充足、平整地块作为饲养场，地面最好是不易结块的沙壤土，便于产卵和取卵。建造养殖棚，长方体形框架结构或拱形、梯形蔬菜大棚式的养殖棚都可以，一般以长方体形养殖棚为佳。养殖棚一般高 1.5～2 米，一侧纱网上留门。纱网质地要结实，目数要适宜，孔眼不能太大，否则会导致低龄若虫的逃逸；也可使用一般民房或废弃厂房作为饲养室。饲养笼一般为 1 米×1 米×（2～3）米的长方体。每笼饲养密度 500 只左右。饲养笼上部用窗纱密封，下部地面铺设潮湿的沙土以供蝗虫产卵，前部留一个双层纱帘门，以便于饲喂和打扫。

（2）蝗虫孵化和若虫期饲养管理　孵化蝗虫时需要选择新鲜的卵块，放置在清洁培养皿中，卵块下面垫上湿润的滤纸，30℃恒温孵化。待蝗虫若虫即将孵化时取出培养皿，直到若虫孵化出来全身变硬带黑后再转移至饲养笼中。

若虫期温度以 25～30℃为宜，光照 12 小时以上。饲养笼中要放置足够的枝条，以供若虫攀跃和蜕皮之用。若虫期要及时供应优质的鲜嫩饲草，并且要随着若虫龄的增大，逐渐增加饲喂量，尤其是到了 3 龄以上要保证饲养笼里有充足的食物，防止自相残杀。

（3）成虫期饲养管理　五龄以上蝗虫即将羽化，此时要多加枝条和新鲜饲料，以创造适宜的羽化场所，促进蝗虫生长成熟和交尾。性成熟后 4～7 天开始交尾，15～20 天内开始产卵。雌蝗平均产卵 4～5 块，每块含 60～80 粒卵。产卵时最适的土壤含水量为 10％～20％，土壤 pH 值为 7.5～8.0。对于准备第二年孵化的越冬卵，需要及时从饲养笼地面土中收集，用湿度10%～15%的土按一层土一层卵的层次分层覆盖并密封，于5℃保存。

（五）其他育虫方法

可以在放牧的地方育虫，直接让鸡啄食。简单的育虫方法如下。

1. 稀粥育虫法

在牧地不同区域选择多个小地块作为育虫地，轮流在地上泼稀粥，然后用草等盖好，2天后草下尽生小虫子，让鸡轮流到各地块上去吃虫子即可。育虫地块注意防雨淋，防水浸。

2. 稻草米糠育虫法

在牧地挖1个宽0.6米、深0.3米、长度适当的长方形土坑，将稻草切成6～7厘米长，用水煮2小时，捞出倒入坑内，上面盖6～7厘米厚的污泥（水沟泥或塘泥）、垃圾等，再用污泥压实，每天浇1盆米水。经过8天坑内即可生虫子，翻开压盖物，让鸡啄食即可。鸡每次吃完后，需再盖好污泥等，再浇1盆洗米水，可继续生虫子供鸡食用。

3. 粪便发酵育虫

每500千克猪粪晒至七成干后加入20%肥泥和3%麦糠或米糠拌匀，堆成堆后用塑料薄膜封严发酵7天左右。挖一深50厘米土坑，将以上发酵料平铺于坑内30～40厘米厚，上用青草、草帘、麻袋等盖好，保持潮湿，20天左右即生蛆、虫、蚯蚓等；在牛粪中加入10%米糠和5%麦糠拌匀，倒在荫凉处的土坑里，上盖杂草、秸秆等，最后用污泥密封，经过20天即可生虫子；在较潮湿的地块上挖1个长和宽各1～2米、深0.3米的土坑，坑底铺一层碎杂草，草上铺一层马粪，粪上再撒一层麦糠。如此一层一层铺至坑满为止，最后盖一层草。坑中每天浇水一次，经一周左右即可生虫子。在放牧场内利用杀菌消毒和发酵处理过的猪粪、鸡粪加20%的肥土和3%的糠麸拌匀堆成堆后，覆膜发酵7天左右，将发酵料铺在砖砌地面或50厘米宽、70厘米长、30厘米深的坑中，用草盖好，保持潮湿20天左右即生蛆、虫、蚯蚓等，每天将发酵料翻撒一部分，供鸡食用，可节约饲料30%。

4. 杂物育虫法

将鲜牛粪、鸡毛、杂草、杂粪等物混合加水，调成糊状，堆成1米高、1.5米宽、3米长的土堆，堆顶部及四周抹一层稀泥，堆顶部再用草等盖好，以防阳光晒干。过7～15天即生虫子。

5. 腐草育虫法

在较肥沃的地块挖宽约1.5米、长1.8米、深0.5米的土坑，底铺一层稻草，其上盖一层豆腐渣，然后再盖一层牛粪，粪上盖一层污泥，如此铺至坑满为止，最后盖一层草。经1周左右即可生虫子。

6. 豆腐渣育虫法

把1～2千克豆腐渣倒入缸内，再倒入一些洗米水，盖好缸口。过5～6天即可生虫子，再培育3～4天即可让鸡采食。用6只缸轮流育虫，可满足50只鸡食用。

7. 豆饼育虫法

把少量豆饼敲碎后与豆腐渣一起发酵。再与秕谷、树叶等混合，放入20～30厘米深的土坑内，上面盖1层稀污泥，再用草等盖严实，经过6～7天即生虫子。

8. 酒糟育虫法

酒糟10千克加豆腐渣50千克混匀，在距离房屋较远处堆成长方形，过2～3天即生虫子，5～7天后可让鸡采食。

9. 麦（米）糠育虫法

在庭院角落处堆放两堆麦糠，分别用草泥（碎草与稀泥混合而成）封闭起来，数天后即可生虫子。或在鸡舍附近堆放及堆米糠，分别用草泥（碎草与稀泥混合而成）糊起来，数天后即生虫，轮流让鸡采食虫，食完后再将麦糠等集中成堆照样糊草泥，又可生虫。

第五节　土鸡的饲料配制

一、土鸡配合饲料的种类

1. 预混料

是由维生素、微量元素、氨基酸等添加剂和食盐与辅料（或载体)、矿物质配合而成的饲料，决定了日粮的全价性，不能直接饲喂，必须配合一定比例的能量饲料和蛋白质饲料。这种饲料占全价配合饲料的比例一般为 1%～6%。有饲料加工设备或饲料配合技术较强的大型鸡场和饲料加工厂可生产使用。盛产各种饲料原料的地区的养鸡场和饲料加工点，直接购买不同类型的预混料按照使用说明进行添加使用，可最大限度降低饲料成本。

2. 浓缩饲料

预混料加上蛋白质饲料构成浓缩料，或全价配合饲料中除能量饲料以外剩余部分的饲料。这种饲料是目前饲料公司生产的主要饲料，适用于能量饲料充足的地方，也适用于受设备限制不能均匀配制饲料的鸡场用户。养鸡场和专业户买回后直接添加玉米、麸皮等能量饲料，混合均匀后即可饲喂土鸡。使用浓缩料可以降低运输费用和包装费用。

3. 全价饲料

依据土鸡的营养需要，将多种饲料按不同的比例配合成全价平衡的饲料。这种全价配合饲料被养鸡场和养鸡户买回后可直接饲喂。全价饲料有干粉料和颗粒料。用全价粉状配合饲料经制粒机压制形成颗粒料。选用棉籽饼、菜籽饼等含有毒素的原料时，要测定毒素含量，控制用量，或者进行脱毒处理。颗粒料有利于鸡的采食，不易挑食，营养平衡，节约饲料。这种饲料适合于种土鸡育雏期和商品土鸡育肥期使用，但制粒的加工成本较高。

二、饲料配制的原则

1. 灵活应用土鸡的饲养标准

配合日粮时，必须以鸡的饲养标准为依据，合理应用饲养标准来配制营养完善的全价日粮，才能保证鸡群健康并很好地发挥生产性能，提高饲料利用率，降低饲养成本，获得较好的经济效益。但鸡的营养需要是个极其复杂的问题，饲料的品种、产地、保存好坏会影响饲料的营养含量，鸡的品种、类型、饲养管理条件等也会影响营养的实际需要量，温度、湿度、有害气体、应激因素、饲料加工调制方法等也会影响营养的需要和消化吸收。因此，在生产中原则上既要按饲养标准配合日粮，也要根据实际情况做适当的调整。

2. 注意饲料的适口性

土鸡比较挑食，对饲料的适口性要求较高，否则采食量下降，影响到生长和产蛋。玉米、豆粕、鱼粉等是土鸡最喜欢的饲料原料。健康养殖土鸡所用的饲料应质地良好，保证日粮无毒、无害、不苦、不涩、不霉、不污染。对某些含有毒有害物质或抗营养因子的饲料最好进行处理或限量使用。另外，土鸡喜食颗粒较大的饲料，不要粉碎太细。饲料发霉、酸败、虫蛀会降低其适口性。

3. 尽量利用和发掘当地的饲料资源

同样的饲料原料，当地原料没有运输费用，价格便宜，可以大大降低饲料成本。所以大力发掘当地可以利用的饲料资源，能提高饲养效益。如槐树叶、松树叶、草粉、小米糠等，可作为非常规饲料原料。

4. 饲料原料要多样化

配合日粮时，应注意饲料原料的多样化，尽量多用几种饲料进行配合，这样有利于充分发挥各种饲料中营养的互补作用，提高日粮的消化率和营养物质的利用率。特别是蛋白质饲料，选用 2～3 种，通过合理的搭配以及氨基酸、矿物质、维生素的添加，可以减少鱼粉、豆粕等价格较高的饲料原料用量，既能满足鸡的全部营养需要，又能降低饲料价格。

5. 饲料配方要相对稳定

频繁变动饲料配方和原料会造成土鸡的消化不良，影响生长和产蛋。因此，饲料原料要有稳定可靠的来源，有时由于原料价格变化很大，需改动饲料配方，要逐步进行，避免对土鸡造成大的影响。

三、饲料配方的设计

饲料配方设计的方法有很多种，大体上可分为手算法和计算机最低成本法两类。其中手算法简单易学，灵活性强，比较适合饲养户应用。计算机最低成本法适合大型饲料厂应用。下面就手算法中的试差法举例说明配方设计的方法和步骤。

配制土鸡产蛋高峰期（产蛋率大于 80%）日粮，其步骤如下。

1. 查营养需要

确定日粮中粗蛋白质含量为 16.5％，代谢能为 11.5 兆焦/千克，钙 3.5％，磷 0.60％，赖氨酸 0.73％，蛋氨酸 0.36％。

2. 选择饲料原料

结合本地饲料原料来源、营养价值、饲料的适口性、毒素含量等情况，初步确定选用饲料原料的种类和大致用量。

3. 查营养含量

从鸡的常用饲料成分及营养价值表中查出所选用原料的营养成分含量，初步计算粗蛋白质的含量和代谢能，见表 3-5。

4. 调整

将计算结果与饲养标准对比，粗蛋白质 17.0％，比标准 16.5％高；代谢能 11.39 兆焦/千克，比标准 11.50 兆焦/千克略低。调整配方，增加高能量饲料玉米的比例，降低麸皮的比例，降低高蛋白饲料豆粕、花生粕的比例，调整后的计算见表 3-5。能量和蛋白质调整后，可以计算钙、磷和氨基酸，然后补充。

表 3-5　土鸡产蛋期日粮配合的计算表

饲料种类	初步计算			调整后计算		
	比例/％	粗蛋白质/％	代谢能/(兆焦/千克)	比例/％	粗蛋白质/％	代谢能/(兆焦/千克)
玉米	62	5.332	8.717	64	5.504	8.998
麸皮	3	0.432	0.197	2	0.288	0.131
豆粕	16	7.552	1.646	15.2	7.174	1.564
棉籽粕	2	0.83	0.159	2	0.83	0.159
菜籽粕	2	0.77	0.160	2	0.77	0.160
花生饼	3	1.317	0.368	2.8	1.229	0.343
鱼粉	1.4	0.771	0.144	1.4	0.771	0.144
石粉	8			8		
骨粉	2			2		
合计	99.4	17.00	11.39	99.4	16.57	11.50

饲料配方：玉米 64％、麸皮 2％、豆粕 15.2％、棉籽粕 2％、菜籽粕 2％、花生饼 2.8％、鱼粉 1.4％、石粉 8％、骨粉 2％、食盐 0.25％、复合多维 0.04％、蛋氨酸 0.1％、赖氨酸 0.1％、杆菌

肽锌 0.01%。

四、饲料配方举例

1. 种用或蛋用土鸡的饲料配方

表 3-6、表 3-7。

表 3-6　种用土鸡的饲料配方

饲料成分 /%	0~6 周龄			7~14 周龄			15~20 周龄			土鸡产蛋期		
	1	2	3	1	2	3	1	2	3	1	2	3
玉米	65	63	60	65	65	65	70.4	66	65	64	64.6	62
麦麸	0	2	0	6	7.3	6	14	13.4	13.5	0	0	0
米糠	0	0	0	0	0	0	0	5	8	0	0	0
豆粕	22	21.9	23	16.3	14	13	6	0	0	15	15	14
菜籽粕	2	0	2	4	4	2	2	6	5	0	0	0
棉籽粕	2	2	2	3	0	2	2	2	2	0	0	0
花生粕	2	6	2.6	0	3	6	0	0	0	4	4	8
芝麻粕	2	0	0	0	0	0	2	2	2	2	1	2.7
鱼粉	2	2	0	1	0	0	0	0	0	3.1	2	2
石粉	1.22	1.2	1.2	1.2	1.2	1.2	1.1	1.1	1.1	8	8	8
磷酸氢钙	1.3	1.4	1.8	1.2	1.2	1.5	1.2	1.2	1.1	1	1.1	1.0
微量添加剂	0.1	0.1	0.1	0	0	0	0	0	0	0	0	0
复合多维	0.04	0.04	0.04	0	0	0	0	0	0	0	0	0
食盐	0.26	0.3	0.3	0.3	0.3	0.3	0.3	0.3	0.3	0.3	0.3	0.3
杆菌肽锌	0.02	0.02	0.02	0	0	0	0	0	0	0	0	0
氯化胆碱	0.06	0.04	0.04	0	0	0	0	0	0	0	0	0
复合预混料	0	0	0	3	3	3	3	3	3	2	2	2
代谢能/(兆焦/千克)	12.1	11.9	11.8	11.7	11.7	11.7	11.5	11.7	11.4	11.3	11.3	11.3
粗蛋白质/%	19.4	19.5	18.3	16.4	16.35	16.5	12.5	16.35	12.3	16.5	16.0	17.1
钙/%	1.10	1.00	1.00	0.92	0.90	0.92	0.78	0.90	0.79	3.5	3.4	3.5
有效磷/%	0.45	0.04	0.41	0.36	0.35	0.36	0.31	0.35	0.32	0.38	0.36	0.38

注：微量添加剂是微量元素添加剂。

表 3-7　蛋用土鸡的饲料配方

饲料成分	开产期	产蛋高峰期	其他产蛋期	冬季产蛋期
玉米/%	72.0	63.7	67.70	67.7
大豆粕/%	10.0	11.5	8.0	8.0
花生仁饼/%	8.0	8.0	8.0	5.0
棉籽饼/%			2.0	
苜蓿粉/%				5.0
鱼粉(国产)/%	2.20	4.0	3.0	3.0
磷酸氢钙/%	1.30	1.20	1.2	1.20
石粉/%	5.52	7.7	7.2	7.2
蛋氨酸/%	0.10	0.10	0.10	0.10
赖氨酸/%	0.11	0.00	0.05	0.05
植物油/%	1.0	3.0	2.0	2.0
食盐/%	0.30	0.30	0.30	0.30
添加剂/%	0.50	0.50	0.50	0.50
代谢能/(兆焦/千克)	12.05	12.18	12.20	12.2
粗蛋白/%	16.0	17.0	16.10	15.8
钙/%	2.4	3.2	3.0	3.0
有效磷/%	0.43	0.45	0.43	0.43
赖氨酸/%	0.74	0.75	0.75	0.70
蛋氨酸/%	0.35	0.38	0.36	0.35
蛋氨酸＋胱氨酸/%	0.62	0.65	0.62	0.60

2. 商品土鸡的饲料配方（表 3-8，表 3-9）

表 3-8　0～4 周龄的配方

饲料成分	配方 1	配方 2	配方 3
玉米/%	60.0	58.0	64.0
豆粕/%	22.4	22.0	15.0
菜子粕/%	2.0	3.0	3.0
棉子粕/%	1.0	3.0	5.0

饲料成分	配方 1	配方 2	配方 3
花生粕/%	6.0	6.0	6.0
肉骨粉/%	2.0	0	0
鱼粉/%	2.0	3.0	1.0
油脂/%	0	1.0	1.0
石粉/%	1.2	1.2	1.2
磷酸氢钙/%	1.1	1.5	1.5
食盐/%	0.3	0.3	0.3
复合预混料/%	2.0	2.0	2.0
代谢能/(兆焦/千克)	12.20	12.00	12.30
粗蛋白质/%	20.80	21.20	21.50
钙/%	1.10	1.10	1.10
有效磷/%	0.46	0.46	0.46

表 3-9　5 周龄以上的饲料配方

饲料成分/%	配方 1	配方 2	配方 3	配方 4	配方 5	配方 6
玉米	63.2	64.4	70.0	69.5	64	64.5
麸皮	3	3	0	0	5	8
豆粕	17	20	12.0	13.5	20	18
菜籽粕	0	0	0	0	0	0
棉籽粕	0	0	0	10	0	0
花生粕	5	0	0	0	0	0
蚕蛹	0	0	0	2	0	0
鱼粉	6	3	14	2	8	8
油脂	3	3	0	0	0	0
石粉	0.5	2	1.5	0.65	0.33	0.13
磷酸氢钙	1	2	1.2	1.0	1.3	1
食盐	0.3	0.4	0.3	0.35	0.37	0.37
复合预混料	1	1	1	1	1	1

第四章

山林果园散养土鸡的场址
选择和鸡舍设计技术

第一节　山林果园散养土鸡的场址选择

一、选择原则

（一）隔离防疫原则

疾病，特别是疫病是影响鸡群生产性能和鸡场效益的主要因素。土鸡场的环境及附近的隔离卫生和防疫条件好坏，对疾病的传播和发生有重大的影响，要减少或避免疾病发生，在鸡场建设时必须遵循隔离防疫原则。对拟建场地要进行详细的调查，了解历史疫情和污染状况；场地要远离污染源，有良好的隔离条件；对场地要进行合理的规划布局，配备应有的隔离防疫设施，并能正常运行。

（二）生态原则

土鸡场场址的土壤土质、水源水质、空气、周围建筑环境符合生产标准要求，避免受到重工业、化工工业等工厂的污染；选择场址时还应考虑粪便、污水等废弃物的处理和利用条件，如周围有大片农田、林地等，可以消化大量的废弃物，避免对鸡场环境和周边环境造成污染而影响长远发展；一定要根据饲养规模选择放养地或根据放养地的载畜量确定放养规模，防止过度放牧鸡群破坏植被。

（三）经济实用原则

建设土鸡场要尽量节约土地。土地资源日益紧缺、紧张，场地

（如土鸡种鸡场或孵化场）最好选择荒坡林地、丘陵或贫瘠的边次土地，少占或不占农田；鸡舍设计和建筑要科学、实用，在保证正常生产的前提下尽量减少固定资产投入。

二、场址选择

放养场址选择时一定要科学安排，要从交通、地势、土质、水质、电源、防疫以及虫草等多方面综合考虑。水源地保护区、旅游区、自然保护区、环境污染严重区、发生重大动物传染病疫区，其他畜禽场和屠宰厂附近、候鸟迁徙途经地和栖息地、山谷洼地易受洪涝威胁地段、退化的草场和草山草坡等不适宜建场。

（一）地势、地形

地势是指场地的高低起伏状况。地形是指场地的形状、范围及地物。应选择地势高燥，向阳背风，远离沼泽地区，以避免寄生虫和昆虫的危害。地面开阔、整齐、平坦而稍有坡度，以便排水。地面坡度以 1%～3% 为宜，最大不得超过 25%。这种场地阳光充足、地势高燥、洁净卫生。低洼积水的地方不宜建场。山区建场要注意地质构造情况，避开断层、滑坡和塌方地段，也要避开坡底、谷底以及风口，以免受到山洪和暴雨的袭击。场区面积在满足生产、管理和职工生活福利的前提下，尽量少占土地。

（二）土壤

从防疫卫生观点出发，场地土壤要求透水性、透气性好，容水量及吸湿性小，毛细管作用弱，导热性小，保湿良好；不被有机物和病原微生物污染；没有地质化学环境性地方病；地下水位低和非沼泽性土壤。综上所述，在不被污染的前提下，选择砂壤土建场较理想。

（三）水源

场址附近必须有洁净充足的水源，取用、防护方便。鸡场用水量较大，每只成鸡每天的饮水量平均为 300 毫升，生活用水及其他用水是鸡饮水量的 2～3 倍。不经过处理或稍加处理即可饮用的水最理想。水中不含病原微生物，无臭味或其他异味，水质澄清透明，酸碱度、硬度、有机物或重金属含量符合无公害生态生产的要求。最好提取水样做水质的物理、化学和微生物污染等方面的化验分析。深层地下水水量较为稳定，并经过较厚的沙土层过滤，杂质和微生物较少，水质洁净，且所含矿物质较多，是较理想的水源。地面水源包括江水、河水、塘水等，其水量随气候和季节变化较大，有机物含量多，水质不稳定，多受污染，使用时必须经过处理。

（四）其他方面

选择场址时，应注意到鸡场与周围社会的关系，既不能使鸡场成为周围社会的污染源，也不能受周围环境的污染。应选在居民区的低处和下风处，但应避开居民污水排放口，更应远离化工厂、制革厂、屠宰场等易造成环境污染的企业。按无公害食品部颁标准规定要求，放养场地应距离大型化工厂、矿厂和其他养殖场、屠宰场、畜产品加工、皮革加工厂以及兽医院等生物污染严重的地点3千米以上，距离干线交通公路、村庄和居民点1千米以上，周围不能有任何污染源，空气良好。另外，要求供电充沛，并保证能连续供电。

（五）放养场地

放养土鸡需要有良好的生态条件。山林果园放养的土鸡活泼好动，觅食力强，因此除要求具有较为开阔的饲喂、活动场地外，还需有一定面积的果园、农田、林地、草场或草山草坡等，以供其自行采食杂草、野菜、虫体、谷物及矿土等丰富的食料，满足其营养的需要，促进机体的发育和生长，增强体质，改善肉蛋品质。无论哪种放养地最好均有树木遮阴，在中午能为土鸡群提供休息的场所。

1. 林间隙地

选择树冠较小、树木稀疏、地势高燥、排水良好的地方，空气清新，环境安静，鸡能自由觅食、活动、休息和晒太阳。林地以中成林为佳，最好是成林林地。鸡舍坐北朝南，鸡舍和运动场地势应比周围稍高，倾斜度以 $10°\sim20°$ 为宜，不应高于 $30°$。树枝应高于鸡舍门窗，以利于鸡舍空气流通。

山区林地最好是果园、灌木丛、荆棘林或阔叶林等，土质以沙壤为佳，若是黏质土壤，在放养区应设立一块沙地。附近应有小溪、池塘等清洁水源。鸡舍建在向阳南坡上。

果园和林间隙地可以种植苜蓿为放养鸡提供优质的饲草。据试验，在鸡日粮中加入3％～5％的苜蓿粉不但能使蛋黄颜色变黄，还能降低鸡蛋胆固醇含量。

2. 果园

果园的选择，以干果、主干略高的果树和农药用药少的果园地为佳，并且要求排水良好。最理想的果园是核桃园、枣园、柿园和桑园等。这些果园的果树主干较高，果实结果部位亦高，果实未成熟前坚硬，不易被鸡啄食。其次为山楂园，因山楂果实坚硬，全年除防治1～2次食心虫外，很少用药。在苹果园、梨园、桃园养鸡，放养期应躲过用药和采收期，以减少药害以及鸡对果实的伤害。

3. 草场

草场养鸡，以自然饲料为主，生态环境优良，饲草、空气、土壤等基本没有污染。草场是天然的绿色屏障，有广阔的活动场地，烈性传染病很少，鸡体健壮，药物用量少，无论是鸡蛋还是鸡肉纯属绿色食品，有益于人体健康。草场具有丰富虫草资源，鸡群能够采食到大量的绿色植物、昆虫、草籽和土壤中的矿物质。近年来，草场蝗灾频频发生，越干旱蝗虫越多，牧鸡灭蝗效果显著，再配合灯光、激素等诱虫技术，可大幅度降低草场虫害的发生率。选择草场一定要地势高燥；避免洼地，因洼地低阴潮湿，对鸡的健康不利。

草场中最好要有能为中午的鸡群提供遮阴或下雨时的庇护场所的树木，若无树木则需搭设遮阴棚。选择草山草坡放养土鸡一定要避开风口、泄洪沟和易塌方的地方，并将棚舍搭建在避风向阳、地势较高的地方。

4. 农田

一般选择种植玉米、高粱等高秆作物的田地和棉田养鸡，要求地势较高，作物的生长期在90天以上，周围用围网隔离。农田放养鸡，以采食杂草、昆虫为主，这样就解除了除草、除虫之忧，减少了农药用量。鸡粪还是良好的天然肥料，可以降低农田种植业的投资。田间放养鸡，饲养条件简单，管理方法简便，但饲养密度不高，每亩地养土鸡不超过 60 只成年鸡或 90 只青年鸡。

田间养土鸡注意错开苗期，要在土鸡对作物不造成危害后再放养。作物到了成熟期，如果鸡还不能上市，可以半圈养为主，大量补饲精料催肥。

三、放养土鸡场的规划布局

土鸡场的规划布局要科学适用，因地制宜，根据拟建场地的环境条件具体情况进行，科学确定各区的位置，合理地确定各类房舍、道路、供排水和供电等管线、绿化带等的相对位置及场内防疫卫生的安排。科学合理的规划布局可以有效地利用土地面积，减少建场投资，保持良好的环境条件和管理的高效方便。

（一）分区规划

分区规划有利于隔离和卫生，减少疾病发生。根据场地情况可以分为生产区、生活管理区、病畜隔离区等。

生产区是总体布局的中心主体。生产区内鸡舍的设置应根据常年主导风向，按孵化室（种鸡场）、育雏舍、放养鸡舍这一顺序布置鸡场建筑物，以减少雏鸡发病机会，利于鸡的转群。生产区内，按规模大小、饲养批次不同分成几个小区，区与区之间要相隔一定距离。放养土鸡舍间距根据活动半径不低于 150 米。

生产区与生活区要分开，非生产人员不准随便进入生产区。生活区、行政区、供应区地势要高于生产区，且与生产区距离在 80米以上，且有严格的隔离措施，以保证空气清新。根据地势的高低、水流方向和主导风向，按人、鸡、污的顺序，将各种房舍和建筑设施按其环境卫生条件的需要次序排列。首先，考虑人的工作和生活集中场所的环境保护，使其尽量不受饲料粉尘、粪便气味和其他废弃物的污染。其次，需要注意生产鸡群的防疫卫生，尽量杜绝污染源对生产鸡群的环境污染。如地势与风向在方向上不一致时，则以风向（夏季主风向）为主。对因地势造成水流方向的地面径流，可用沟渠改变流水方向，避免污染鸡舍；或者利用侧风向避免主风，将需要重点保护的房舍建在"安全角"的位置，以免受上风向空气污染。根据拟建场区的土地条件，也可用林带相隔，拉开距离，将空气自然净化。对人员流动方向的改变，可筑墙阻隔等其他设施或种植灌木加以解决。

病鸡隔离区是主要用来治疗、隔离和处理病鸡的场所。为防止疫病传播和蔓延，该区应在生产区的下风向，并在地势最低处，而且应远离生产区。隔离舍尽可能与外界隔绝。该区四周应有自然的或人工的隔离屏障，设单独的道路与出入口。

各建筑之间的距离应尽量缩短，以减少修筑道路、管线的投资。林地、果园、荒坡、小丘陵地养鸡要实行轮牧饲养，因此，育雏舍尽可能建在轮放饲养地的中央位置。

（二）道路和储粪场

鸡场设置清洁道和污染道，清洁道供饲养管理人员、清洁的设备用具、饲料和新母鸡等使用，污染道供清粪、污浊的设备用具、病死和淘汰鸡使用。清洁道和污染道不交叉。鸡场设置粪尿处理区。粪尿处理区距鸡舍 30～50 米，并在鸡舍的下风向。

（三）鸡舍朝向

鸡舍朝向是指鸡舍长轴与地球经线是水平还是垂直。鸡舍朝向影响到鸡舍的采光、通风和太阳辐射。朝向选择应考虑当地的主导风向、地理位置、鸡舍采光和通风排污等情况。鸡舍朝南，即鸡舍的纵轴方向为东西向，对我国大部分地区的开放舍来说是较为适宜的。这样的朝向，在冬季可以充分利用太阳辐射的温热效应和射入舍内的阳光防寒保温；夏季辐射面积较少，阳光不易直射舍内，有利于鸡舍防暑降温。

鸡舍内的通风效果与气流的均匀性和通风量的大小有关，但主要看进入舍内的风向角多大。风向与鸡舍纵轴方向垂直，则进入舍内的是穿堂风，有利于夏季的通风换气和防暑降温，不利于冬季的保温；风向与鸡舍纵轴方向平行，风不能进入舍内，通风效果差。所以要求鸡舍纵轴与夏季主导风向的角度在 $45°～90°$ 较好。

（四）防疫隔离设施

鸡场周围要设置隔离墙，墙体严实，高度 2.5～3 米左右。鸡场周围设置隔离带。鸡场大门设置消毒池和消毒室，供进入人员、设备和用具的消毒。

第二节 山林果园散养土鸡鸡舍的建筑

一、鸡舍的建筑要求

(一) 保温隔热

放养土鸡舍建在野外,舍内温度和通风情况随着外界气候的变化而变化,受外界环境气候的影响直接且迅速。尤其是育雏舍,鸡个体较小,新陈代谢机能旺盛,体温也比一般家畜高,需要人为提供适宜的育雏温度和保持温度稳定,否则育雏期间容易受冷、受热或过度拥挤,常易引起大批死亡。所以,鸡舍(特别是雏鸡舍)要保温隔热。

没有固定的育雏舍,在放养地建设育雏舍育雏,可以利用一些廉价的隔热材料,如塑料布、彩条布等设置天棚、隔离一些小的空间等来增加鸡舍的保温性能。

(二) 光照充足

光照分为自然光照和人工光照。自然光照主要对开放式鸡舍而言,充足的阳光照射,特别是冬季可使鸡舍温暖、干燥和消灭病原微生物等。因此,利用自然采光的鸡舍首先要选择好鸡舍的方位。另外,窗户的面积大小也要恰当,种鸡鸡舍窗户与地面面积之比以1:5为好,商品鸡舍可相对小一些。

(三) 位置适当

放养土鸡的鸡舍要建在地势较高的地方,下雨不发生水灾和容易干燥,空气、水源无污染。

(四) 布列均匀

如果饲养规模大而棚舍较少,或放养地面积大而棚舍集中在一角,容易造成超载和过度放牧,影响正常生长,造成植被破坏,并易促成传染病的暴发。因此,应根据放养规模和放养场地的面积搭建棚舍的数量,多棚舍要布列均匀,间隔150~200米。每一棚舍能容纳300~500只的青年鸡或200~300只的产蛋鸡。

（五）隔离卫生

无论何种类型的棚舍，在设计建造时必须考虑以后便于卫生管理和防疫消毒。鸡舍内地面要比舍外地面高出30～50厘米，鸡舍周围30米内不能有积水，以防舍内潮湿滋生病菌。棚舍内地面要铺垫5厘米厚的沙土，并且根据污染情况定期更换。鸡舍的入口处应设消毒池。有窗鸡舍，窗户要安装铁丝网，以防止飞鸟、野兽进入鸡舍，避免引起鸡群应激和传播疾病。

二、鸡舍的类型及要求

山林果园放养鸡的鸡舍类型主要有育雏舍和放养鸡舍。育雏舍用于出壳到3～6周龄的雏鸡，对鸡舍条件要求较高，必须保温、卫生和干燥。放养鸡舍用于放养季节的青年鸡和产蛋鸡。在农田、果园还是林间隙地中放养鸡，鸡舍作为鸡的休息和避风雨、保温暖的场所，除了避风向阳、地势高燥外，整体要求应符合放养鸡的生活特点，并能适应野外放牧条件。

（一）育雏舍

根据育雏舍的结构和材料可以分为普通舍和简易舍。无论什么形式的育雏舍，必须满足：①有较好的保温隔热能力。鸡舍的保温隔热能力影响舍内温热环境，特别是温度。保温隔热能力好，有利于冬天的保温和夏季的隔热，有利于舍内适宜温度的维持和稳定。由于雏鸡需要较高的环境温度，育雏期需要人工加温，所以，对保温性能要求更高些。鸡舍的维护结构设计要合理，具有一定的厚度，设置天花板，精细施工。为减少散热和保温可以缩小窗户面积（每间可留两个1米×1米的窗户）和降低育雏舍的高度。②有良好的卫生条件。鸡舍的地面要硬化，墙体要粉刷光滑，有利于冲洗和清洁消毒。③有适宜的鸡舍面积。面积大小关系到饲养密度，影响培育效果，必须有适宜的鸡舍面积。培育方式不同、鸡的种类不同、饲养阶段不同，需要的面积不同，鸡舍面积根据培育方式、种类、数量来确定。根据场地形状大小、笼具规格和饲养数量确定育雏舍的长宽，一般高度为2.2～2.5米。

(二) 放养鸡舍

放养鸡舍主要用于生长鸡或产蛋鸡放养期夜间休息或避雨、避暑。总体要求保温防暑性能及通风换气良好，便于冲洗排水和消毒防疫，舍前有活动场地。

1. 普通鸡舍（见图 4-1）

砖木结构，修建成单坡屋顶或双坡屋顶，墙体是开放式或半开放式。鸡舍跨度 4～5 米，高 2～2.5 米，长 10～15 米。舍内置栖架，每只鸡所占栖架的位置不低于 17～20 厘米，每一棚舍能容纳300～500 只的青年鸡或 300 只左右的产蛋鸡。产蛋鸡舍要求环境安静，防暑保温，每 5 只母鸡设 1 个产蛋窝。产蛋窝位置要求安静避光，窝内放入少许麦秸或稻草；开产时窝内放入 1 个空蛋壳或蛋形物以引导产蛋鸡在此产蛋。放养鸡舍要特别注意通风换气，否则，舍内空气污浊，会导致生长鸡增重减缓、饲养期延长或导致疾病暴发。

图 4-1 普通鸡舍的剖面图和平面图

2. 简易鸡舍

简易放养鸡舍可以分为一般简易鸡舍和塑膜大棚鸡舍。

(1) 一般简易鸡舍　在果园、林地等放养区，在一块地势较高、背风向阳的平地，用油毡、无纺布及竹木、茅草等，借势搭建成坐北朝南的简易鸡舍。可直接搭成金字塔形，棚门朝南，另外三边可着地，也可四周砌墙，其方法不拘一格。要求随鸡龄增长及所需面积的增加，可以灵活扩展。棚舍能保温、能挡风，做到雨天不漏水、雨停棚外不积水，刮风棚内不串风即可。或用竹、木搭成人字形框架，棚顶高 2 米，南北檐高 1.5 米。扣棚用的塑料薄膜接触地面部分用土压实，棚的顶面用绳子扣紧。棚的外侧东、北、西三面要挖好排水沟，四周用竹片围起，做到冬暖夏凉，棚内安装电灯，配齐食槽、饮水器等用具。一般 500 只鸡为一个养鸡单位，按每平方米容纳 15～20 只鸡的面积搭棚。值班室和仓库建在鸡舍旁，方便看管和饲养。

(2) 塑膜大棚鸡舍　简易塑料大棚的突出优点是投资少，见效快，不破坏耕地，节省能源。与建造固定鸡舍相比，资金的周转回收要快；缺点是管理维护麻烦、不防火等。塑料大棚养鸡，在通风、取暖、光照等方面可充分利用自然能源：冬天利用塑料薄膜的"温室效应"，提高舍温、降低能耗。夏天棚顶盖厚 1.5 厘米以上的麦秸草或草帘子，中午最热天，舍内比舍外低 2～3℃；如果结合棚顶喷水，可降低 3～5℃。一般冬天夜间或阴雪天，适当提供一些热源，棚内温度可达 12～18℃。塑料大棚养鸡设备简单，建造容易，拆装方便，适合小规模冬闲田园、果园养鸡或轮牧饲养法。只要了解塑料大棚土建方法和掌握大棚养鸡的饲养管理技术特点，就能把鸡养好，并取得较好的经济效益。

3. 组装鸡舍

组装型鸡舍适用于喷洒农药和划区轮牧的棉田、果园、草场等场地，有利于充分利用自然资源和饲养管理，用于放养期间的青年鸡或产蛋鸡。组装型鸡舍整体结构不宜太大，要求相对轻巧且结构牢固，易于组装。其主要支架材料采用木料、钢管、角铁或钢筋，周围和隔层用铁丝网，夜间用塑料布、塑编布或靠布搭盖，注意要留有透气孔。舍内设栖架、产蛋窝。底架要求牢固。

第三节　山林果园散养土鸡常用的设备用具

一、供温设备

（一）煤炉供温

指在育雏室内设置煤炉和排烟通道，燃料用炭块、煤球、煤块均可，保温良好的房舍，每 $20 \sim 30$ 米^2 设置一个炉即可。为了防止舍内空气污染，可以紧挨墙砌煤炉，把煤炉的进风口和掏灰口设置在墙外。这种方法的优点是省燃料，温度易上升；缺点是费人力，温度不稳定。适用于专业户、小规模鸡场的各种育雏方式。

（二）保姆伞供温

形状像伞样，撑开吊起，伞内侧安装有加温和控温装置（如电热丝、电热管、温度控制器等），伞下一定区域温度升高，达到育雏温度。雏鸡在伞下活动，采食和饮水。伞的直径大小不同，养育的雏鸡数量不等。现在伞的材料多是耐高温的尼龙，可以折叠，使用比较方便。其优点是育雏数量多，雏鸡可以在伞下选择适宜的温度带，换气良好；不足是育雏舍内还需要保持一定的温度（需要保持 24℃）。适用于地面平养、网上平养。

（三）烟道供温

根据烟道的设置，可分为地下烟道育雏和地上烟道育雏两种形式。地下烟道育雏：在育雏室，顺着房的后墙地下修建两个直通火道，烟道面与地面平，火门留在育雏室中央，烟道最后从育雏室墙上用烟囱通往室外。为了保温，在烟道上设有护板，并靠墙挖一斜坡，护板下半都是活动的，可以支起来，便于打扫，这种地下烟道，可以使用当地任何燃料，经济实用，根据舍内温度，昼夜烧火，这是一种经济、简便、有效的供温设备，可广泛采用。地上烟道育雏：烟道设在育雏室的地面上，雏鸡活动在烟道下，这种烟道可使用任何燃料，也可根据舍温调整烧火次数，以保证适宜的舍温需要。

（四）热水热气供温

大型鸡场育雏数量较多，可在育雏舍内安装散热片和管道，利用锅炉产生的热气或热水使育雏舍内温度升高。此法育雏舍清洁卫生，育雏温度稳定，但投入较大。

（五）热风炉供温

将热风炉产生的热风引入育雏舍内，使舍内温度升高。

二、通风设备

山林果园放养鸡舍主要利用舍内外温度差和自然风力进行舍内外空气交换（自然通风）。利用门窗开启的大小和鸡舍屋顶上的通风口进行。通风效果决定于舍内外的温差、口大小和风力的大小，炎热夏季舍内外温差小，冬季鸡舍封闭严密都会影响通风效果。

三、照明设备

鸡舍必须安装人工光照照明系统。人工照明采用普通灯泡或节能灯泡，安装灯罩，以防尘和最大限度地利用灯光。根据饲养阶段采用不同功率的灯泡。如育雏舍用 40～60 瓦的灯泡，育成舍用 15～25 瓦的灯泡，产蛋舍用 25～45 瓦的灯泡。灯距为 2～3 米。笼养鸡舍每个走道上安装一列光源。平养鸡舍的光源布置要均匀。

四、笼具

山林果园放养土鸡，育雏期可以使用笼养，其笼具是育雏笼。常见的是四层重叠育雏笼。该笼四层重叠，层高 333 毫米，每组笼面积为 700 毫米×1400 毫米，层与层之间设置粪盘，全笼总高为 1720 毫米。一般采用 6 组配置，其外形尺寸为 4404 毫米×1450 毫米×1720 毫米，总占地面积为 6.38 平方米。可育至 7 周龄雏鸡 800 只，加热组在每层顶部内侧装有 350 瓦远红外加热板 1 块，由乙醚胀缩饼或双金属片调节器自动控温，另设有加湿槽及吸引灯，除与保温组连接一侧外，三面采用封闭式，以便保温。保温组两侧封闭，与雏鸡活动笼相连的一侧挂帆布帘，以便保温和雏鸡进出。雏鸡活动笼两侧挂有饲喂网格片，笼外挂饲槽或饮水槽。目前多采用 6～7 组的雏鸡活动笼。

五、喂料设备

山林果园放养鸡多采用人工喂料。人工喂料的喂料设备主要有料盘、料桶和料槽。

（一）料盘

喂料盘主要供雏鸡开食及育雏早期（0～2周龄）使用。市场上销售的料盘有方形、圆形等不同形状。食盘上要盖料隔，以防鸡把料刨出盘外。料盘的面积大小视雏鸡数量而定，一般每只喂料盘可供80～100只雏鸡使用。

（二）料桶

料桶可用于地面垫料平养或网上平养2周龄以后的小鸡或大鸡，其结构为1个圆桶和1个料盘，圆桶内装上饲料，鸡吃料时，饲料从圆桶内流出。它的特点是一次可添加大量饲料，贮存于桶内，供鸡只不停地采食。目前市场上销售的饲料桶有4～10千克几种规格。容量大，可以减少喂料次数，减少对鸡群的干扰，但由于布料点少，会影响鸡群采食的均匀度；容量小，喂料次数和布点多，可刺激食欲，有利于鸡加大采食量及增重，但增加工作量。一般每10只育成鸡或产蛋鸡一个大号料桶。料桶应随着鸡体的生长而提高悬挂的高度，要求料桶圆盘上缘的高度与鸡站立时的肩高相平即可。若料盘的高度过低，因鸡挑食溢出饲料而造成浪费；料盘过高，则影响鸡的采食，影响生长。

（三）食槽

食槽适用于笼养或平养雏鸡、生长鸡、成年鸡，一般采用木板、镀锌板和硬塑料板等材料制作。雏鸡用料槽两边斜，底宽5～7厘米，上口宽10厘米，槽高5～6厘米，料槽长70～80厘米；生长鸡或成年鸡用料槽，底宽10～15厘米，上口宽15～18厘米，槽高10～12厘米，料槽长110～120厘米。要求食槽方便采食，不浪费饲料，不易被粪便、垫料污染，坚固耐用，方便清刷和消毒。为防止鸡只踏入槽内弄脏饲料，可在槽口上方安装1根能转动的横杆或盖料隔，使鸡不能进入料槽，以防止鸡的粪便、垫料污染饲料。鸡需要的料槽的长度，育雏期4～5厘米，育成和产蛋期8～

10 厘米。

六、饮水设备

放养鸡的活动半径一般在 100～500 米，活动面积相对较大；夏季天气炎热，又经常采食一些高黏度的虫体蛋白，饮水量较多。所以，对饮水设备要求既要供水充足、保证清洁，又要尽可能地节约人力，并且要与棚舍整体布局形成有机结合。

（一）水槽

水槽呈长条 V 字状或 U 字状，由镀锌铁皮或塑料制成，多用于笼养或网上平养，挂于鸡笼或围栏之前，可采用长流水供应。水槽结构简单，清洗容易，成本低，鸡喝水方便，但水易受到污染，易传播疫病。土鸡所占的槽位为 1～2 周 1 厘米/只，3～4 周 1.5 厘米/只，5～8 周 2 厘米/只。

（二）壶式饮水器

由一个圆锥形或圆柱形的容器倒扣在一个浅水盘内组成。圆柱形容器浸入浅盘边缘处开有小孔。孔的高度为浅盘深度的 1/2 左右，当浅盘中水位低于小孔时，容器内的水便流出直至淹没小孔，容器内形成负压，水不再流出。壶式饮水器轻便实用，也易于清洗；缺点是容易污染，大鸡使用时容易翻倒。

（三）自动饮水装置

野外大面积的放养土鸡场，饮水易受污染，费工、费力、费水。最好采用大型的自动饮水装置。比较适用的自动饮水装置有真空式自动饮水装置和碗（乳头）式自动饮水装置。

1. 真空式自动饮水装置

根据真空原理，利用铁桶或塑料桶作为储水器，储水器离地 30～50 厘米。地面放置长形水槽（也可将直径 10～12 厘米的塑料管沿中间分隔开），根据鸡群的活动面积铺设水槽的网络和长度，见图 4-2。向储水器加水前关闭"水槽注水管"，加满水后关闭"加水管"，开启"水槽注水管"，"进气管"进气，水槽内液面升高，待水槽内液面升高至堵塞"进气管"口时，水桶内的气压形成负压，"水槽注水管"停止漏水；待鸡只饮用水槽内的水使液面降低露出进气口后，"进气管"进气，"水槽注水管"漏水，如此反复而达到为鸡群提供饮水的目的。本装置储水器一次储水为 250 升，可供 500 只鸡 1 天的饮水量，节省了人工，但是水槽连接要严密，水管放置要水平，否则容易漏水溢水。

图 4-2　真空式自动饮水装置

2. 碗（乳头）式自动饮水装置

将一个水桶放于离地 3 米高的支架上，用直径 2 厘米的塑料管向鸡群放养场区内布管提供水源。每隔一定长度在水管上安置一个碗（乳头）式自动饮水器，该自动饮水器安装了漏水压力开关（见图 4-3）。当水槽内没有水时，自重较轻，弹簧将水槽弹起，漏水压力开关开启，水流入水槽。当水槽里的水达到一定量时，压力使水槽往下移动，推动压力弹簧，将漏水开关关闭。本装置用封闭的水管导水，污染程度相对较小，节约人工，且不容易漏水。

放养土鸡的水槽尽量设置于树荫处，及时清除水槽内的污物，对堵塞进水口的水槽及时修理。

七、产蛋箱

山林果园放养产蛋鸡，在开产初期就要驯导在指定的产蛋窝内产蛋，不然易造成丢蛋，或因发现不及时而在野外时间长造成鸡蛋品质无法保证。驯导方法是在产蛋窝内铺设垫草，并预先放入 1 个

图 4-3 碗（乳头）式自动饮水装置

鸡蛋或空壳蛋，引导产蛋鸡在预置的产蛋窝产蛋。产蛋窝的材料和形状因地制宜，或根据饲养规模统一制作。简易的如竹篮、编筐、木箱等，统一制作可用砖瓦砌成统一规格的方形窝，离地面高度40～50厘米，一般设2～3层；窝内部空间，一般宽30～35厘米、深35～40厘米、高30～35厘米。每5只鸡设1个产蛋箱，并且要设置在安静避光处。

八、诱虫设备

诱虫设备主要有黑光灯、高压灭蛾灯、白炽灯、荧光灯、支竿、电线、性激素诱虫盒或以橡胶为载体的昆虫性外激素诱芯片等。

有虫季节在傍晚后于棚舍前活动场内，用支架将黑光灯或高压灭蛾灯悬挂于离地3米高的位置，每天开灯2～3小时。果园和农田每公顷放置15～30个性激素诱虫盒或昆虫性外激素诱芯片，30～40天更换1次。

在远离电网、具备风力发电条件的放养场可配备300～500瓦风力发电设备或汽（柴）油动力发电设备，用于照明及灯光诱虫。

没有电源的地方还需要300瓦的风力发电机和2个12伏的大

容量电瓶。在有沼气池的地方也可以用沼气灯进行傍晚灯光诱虫。

九、清洗消毒设施

1. 人员的清洗消毒设施

对本场人员和外来人员进行清洗消毒。一般在鸡场入口处设有人员脚踏消毒池，外来人员和本场人员在进入场区前都应经过消毒池对鞋进行消毒。

2. 车辆的清洗消毒设施

鸡场的入口处设置车辆消毒设施，主要包括车轮清洗消毒池和车身冲洗喷淋机。

3. 鸡舍清洗消毒设施

鸡舍常用的场内清洗消毒设施有高压冲洗机、喷雾器和火焰消毒器。

十、其他用具

包括滴管、连续注射器、气雾机等防疫用具以及自动断喙器和称重用具；清粪用的小车、铁钎等。

第五章

山林果园散养土鸡育雏期的饲养管理技术

育雏阶段，由于雏鸡体小质弱，觅食能力、适应能力和抗病能力都很差，不能适应外界环境变化，规模化育雏多在育雏舍内进行。

第一节　土鸡饲养阶段的划分

土鸡按生长发育不同，一般可以分为育雏期、育成期和产期三个生理阶段。各个阶段在生理特点、生长发育规律和生产性能上存在很大差异。根据不同的生理阶段，给以不同的饲养管理。

一、育雏期

0～6周龄的土鸡称作雏鸡，这一阶段称为育雏期。雏鸡体小质弱，对外界环境适应能力差，饲养要求条件高，稍有不慎就会引起发病死亡。雏鸡舍要求保温，并有加温设施，为雏鸡生长发育提供适宜的温度。雏鸡饲料的营养要求较高，需供给高能、高蛋白日粮，满足其快速生长的需要。育雏期还要对雏鸡频繁进行疫苗接种，增强对疫病的抵抗力。

二、育成期

从育雏结束，一直到开始产蛋的土鸡称为育成鸡，也叫后备鸡，这一阶段称为育成期。土鸡的性成熟较晚，育成期较长，早熟品种，如浦东鸡、萧山鸡、固始鸡、正阳鸡、惠阳鸡等开产周龄为

26～30 周龄；晚熟品种，如北京油鸡、河北柴鸡、寿光鸡等开产周龄为 32～34 周龄。为便于饲养管理，又把育成期细分为育成前期（7～12 周龄）和育成后期（13 周龄到产蛋）两个阶段。

1. 育成前期

这一阶段的土鸡对环境的适应性大大增强，食欲旺盛，是体重、肌肉、骨骼、内脏增长的重要时期。饲料中要有较高的代谢能水平和蛋白质水平，满足其生长需要。另外要保证优质钙、磷饲料的供给，使柴鸡的骨骼生长发育良好。

2. 育成后期

生长发育渐缓，体重增加速度放慢。这时的土鸡脂肪沉积加快，尤其是腹部脂肪增加较多，对光照反应敏感。这一阶段的饲养管理重点是降低饲料营养水平，保证适宜的体重，防止鸡体过肥而影响产蛋；加强光照管理，采用渐减或恒定的光照方案，控制土鸡适时开产。同时注意育成期末，如早熟品种在 24 周龄时，晚熟品种在 30 周时逐渐延长光照时数，促使性腺发育，促进全群开产。

三、产蛋期

育成结束到淘汰的土鸡叫产蛋鸡（或成鸡），这一阶段叫产蛋期。随着产蛋率的上升，蛋重逐渐增加，体重增加趋缓。为了节约饲料，提高种蛋合格率，产蛋期又分为产蛋前期（产蛋率 5%～80%）、产蛋高峰期（产蛋率 80%以上）和产蛋后期（产蛋率降到80%以下）三个阶段，三个阶段对饲料营养的要求各有不同。

第二节　土雏鸡的生理特点

一、生长发育迅速

土雏鸡正常出壳的体重为 37 克左右，2 周龄末体重可达到 140 克左右，6 周雏鸡体重可达 410 克左右，可见雏鸡代谢旺盛，生长发育迅速，需要较多的营养物质。因此，育雏期的日粮中营养物质的含量要全面、充足和平衡，并创造有利的采食条件，如光线充足，饲喂用具合理配置。由于雏鸡代谢旺盛，单位体重的耗氧量和废气排出量也大大高于成年鸡，必须保证充足的新鲜空气。

二、体温调节机能弱

初生的幼雏体小娇嫩，大脑的体温调节机能还没有发育完善（如刚出壳雏鸡体温低于成年鸡 $1\sim3℃$，只有待 3 周龄左右才达到成年体温），热调节能力弱。雏鸡体重愈小，表面积相对愈大，散热多。加之雏鸡绒毛稀而短（刚出壳无羽毛，在 $4\sim5$ 周龄、$7\sim8$ 周龄、$12\sim13$ 周龄、$18\sim20$ 周龄分别脱换 4 次羽毛，直到产蛋结束再进行换羽），机体保温能力差，所以对外界环境的适应能力很差，特别对低温的适应力极差，需要人工控制温度，为雏鸡创造温暖、干燥、卫生、安全的环境条件。

三、消化机能尚未健全

雏鸡代谢旺盛、生长发育快，但是消化器官容积小（消化道长度只是成年鸡的 2/3）、消化酶不充足、消化功能差。因此，雏鸡的日粮不仅要求营养浓度高，而且要易于消化吸收。要选择容易消化的饲料配制日粮，对棉籽粕、菜籽粕等一些非动物性蛋白饲料，雏鸡难以消化，适口性差，利用率较低，要适当控制添加比例，增加玉米、豆粕、鱼粉等优质饲料的用量。饲喂时还要注意少喂勤添。

四、抗病能力差

雏鸡体小质弱，对疾病抵抗力很弱，易感染疾病，如鸡白痢、大肠杆菌病、法氏囊病、球虫病、慢性呼吸道病等。育雏阶段要严格控制环境卫生，切实做好防疫隔离。

五、胆小怕惊

雏鸡比较敏感，胆小怕惊吓。雏鸡生活环境一定要保持安静，避免有噪声或突然惊吓。非工作人员应避免进入育雏舍。在雏鸡舍和运动场上应增加防护设备，以防鼠、蛇、猫、狗、老鹰等的袭击和侵害。雏鸡喜欢群居，便于大群饲养管理，有利于节省人力、物力和设备。

六、群居性强

雏鸡模仿能力强，喜欢大群生活，一起采食、活动和休息，因此可以大群高密度饲养。但雏鸡对一些恶癖，如啄斗也具有模仿性，生产中应加以严格管理，避免密度过高，光线过强，及时发现及时挑出，防止发生和蔓延。

了解掌握雏鸡生长发育特点，为雏鸡提供适宜的条件，满足雏鸡的各种需要，为育好雏打下良好基础。

第三节　育雏的方式

育雏方式有平面饲养和立体饲养，不同方式各有特点，根据实际情况进行选择。

一、平面饲养

平面饲养有更换垫料饲养、厚垫料饲养和网上饲养。

（一）更换垫料育雏

一般把雏鸡养在铺有垫料的地面上，垫料厚约 3～5 厘米，经常更换。育雏前期可在垫料上铺上黄纸，有利于饲喂和雏鸡活动。换上料槽后可去掉黄纸，根据垫料的潮湿程度更换或部分更换。垫料可重复利用。

对垫料的要求是：重量轻、吸湿性好、易干燥、柔软有弹性、廉价适于作肥料。常用的垫料有：稻壳、花生壳、松木刨花、锯屑、玉米芯、秸秆等。这种方式的优点是简单易行，农户容易做到，但缺点也较突出，雏鸡经常与粪便接触，容易感染疾病，饲养密度小，占地面积大，管理不够方便，劳动强度大。

（二）厚垫料育雏

厚垫料育雏指在地面上铺上 10～15 厘米厚的垫料，雏鸡生活在垫料上，以后经常用新鲜的垫料覆盖于原有垫料上，到育雏结束才一次性清理垫料和废弃物。这种方式的优点是劳动强度小，雏鸡感到舒适（由于原料本身能发热，雏鸡腹部受热良好），并能为雏鸡提供某些维生素（厚垫料中微生物的活动可以产生维生素 B_{12}，有利于促进雏鸡的食欲和新陈代谢，提高蛋白质利用率）。

二、网上育雏

现阶段，大多数商品蛋鸡场的育雏采用这一方式，就是将雏鸡养在离地面 80～100 厘米高的网上。网面的构成材料种类较多，有钢制的（钢板网、钢编网）、木制的和竹制的，现在常用的是竹制的，将多个竹片串起来，制成竹片间距为 1.2～1.5 厘米竹排，将多个竹排组合形成育雏网面，育雏前期再在上面铺上塑料网，可以避免别断雏鸡脚趾，雏鸡感到舒适。网上育雏的优点是粪便直接落入网下，雏鸡不与粪便接触，减少了病原感染的机会，尤其是大大减少了球虫病爆发的危险，同时，由于养在网上，提高了饲养密度，减少了鸡舍建筑面积，可减少投资，提高经济效益。

三、立体育雏（笼养）

就是把雏鸡养在多层笼内，这样可以增加饲养密度，减少建筑面积和占用土地面积，便于机械化饲养，管理定额高，适合于规模化饲养。育雏笼由笼架、笼体、料槽、水槽和托粪盘构成。规模不等，一般笼架长 100 厘米，宽 60～80 厘米，高 150 厘米。从离地 30 厘米起，每 40 厘米为一层，可设三层或四层，笼底与托粪盘相距 10 厘米。

第四节　育雏前的准备

准备工作做的好坏，关系到育雏期的成活率和育成鸡质量，直接影响培育效果。

一、制订育雏计划

育雏计划包括进雏时间、批次、数量以及饲料、设备用具和人力的配备安排等。育雏计划制订应考虑育雏舍大小、饲养方式及鸡群的整体周转安排等。原则是最好做到全进全出制，每批育雏后的空闲时间为1个月，这是防病和提高成活率的关键措施。首先应根据市场需求以及不同品种的生产性能、适应性等情况，确定饲养的品种。通过调查，选择非疫区、信誉好、正规的种鸡场，根据鸡舍面积、资金状况、饲养管理水平、放养场地的面积等确定进雏数量，然后根据市场供需、放养时间等确定进雏的时间。

二、育雏鸡舍准备

（一）育雏的面积和要求

1. 育雏舍的面积

育雏舍的面积根据育雏数量、育雏方式和育雏时间来确定。如饲养1000只鸡，饲养到6～8周龄，笼养，每平方米可饲养50只，需要20平方米的育雏舍；网上平养，每平方米容鸡量为18只左右，需要60平方米的育雏舍；地面平养的容量为15只左右，需要70平方米的育雏舍。根据笼和网床设备的规格、摆放形式以及场地状况确定育雏舍的长宽规格。

2. 育雏舍的要求

育雏舍不应靠近其他鸡舍，同其他鸡舍的间隔至少要有50米，鸡舍四周应有围墙隔离，出入围墙的大门应有消毒池，使车辆进出能经过此池消毒。育雏舍门口，设置消毒池，并保持有效的消毒药；舍内安装好光照系统，保证光线明亮和均匀；有良好的排水和供水系统。

（二）育雏舍的清洁消毒

按照鸡的数量要求准备好育雏舍，并对鸡舍进行消毒。进鸡前对鸡舍进行彻底的清洁消毒。清洁消毒的方法和步骤如下。

1. 清理、清扫、清洗

先清理鸡舍内的设备、用具和一切杂物，然后清扫鸡舍。清扫前在舍内喷洒消毒液，可以防止尘埃飞扬。把舍内墙壁、天花板、地面的角落清理清扫得干干净净。清扫后用高压水冲洗机清洗育雏舍。不能移动的设备用具也要清扫消毒。

2. 墙壁、地面消毒

育雏舍的墙壁可用 10% 石灰乳加 5% 火碱溶液抹白，新建育雏舍可用 5% 的火碱溶液或 5% 的福尔马林溶液喷洒。地面用 5% 的火碱溶液喷洒。

3. 设备用具消毒

把移出的设备、用具，如料盘、料桶、饮水器等清洗干净，然后用 5% 的福尔马林溶液喷洒或在消毒池内浸泡 3～5 小时，移入育雏舍。

4. 熏蒸消毒

把育雏使用的设备用具移入舍内后，封闭门窗进行熏蒸消毒。常用的药品是福尔马林和高锰酸钾。根据育雏舍的污浊程度，选用不同的熏蒸浓度，见表 5-1。熏蒸方法如下。

表 5-1　不同熏蒸浓度的药物使用量

药 品 名 称	Ⅰ	Ⅱ	Ⅲ
福尔马林/(毫升/米³)	14	28	42
高锰酸钾/(克/米³)	7	14	21

① 封闭育雏舍的窗和所有缝隙。根据育雏舍的空间分别计算好福尔马林和高锰酸钾的用量。

② 把高锰酸钾放入陶瓷或瓦制的容器内（育雏舍面积大时可以多放几个容器），将福尔马林溶液缓缓倒入，迅速撤离，封闭好门。

③ 熏蒸效果最佳的环境温度是 24℃ 以上，相对湿度 75%～80%，熏蒸时间 24～48 小时。熏蒸后打开门窗通风换气 1～2 天，使其中甲醛气体逸出。不急用的可以不打开门窗，使用前再打开门窗通风。

④ 熏蒸时注意：熏蒸时，两种药物反应剧烈，因此盛装药品的容器尽量大一些；熏蒸后可以检查药物反应情况。若残渣是一些微湿的褐色粉末，则表明反应良好。若残渣呈紫色，则表明福尔马林量不足或药效降低。若残渣太湿，则表明高锰酸钾量不足或药效降低。

5. 育雏舍周围环境消毒

用 10% 的甲醛或 5%～8% 的火碱溶液喷洒育雏舍周围和道路。

（三）育雏舍周围环境的清洁消毒

清除育雏舍外所有的垃圾废物、杂草。对路面和鸡舍周围 5 米以内的环境用酸或碱消毒剂冲洗消毒。进鸡前 1～2 周和进鸡前 2 天各进行消毒一次。

（四）育雏舍的温度调试和升温

安装好供温设备后要调试，观察温度能否上升到要求的温度，需要多长时间才能上升到。如果达不到要求，要采取措施尽早解决。育雏前 2 天，要使温度上升到育雏温度且保持稳定。根据供温设备情况提前升温，避免雏鸡入舍时温度达不到要求影响育雏效果。

三、其他准备

（一）人员准备

提前对饲养人员进行培训，以便掌握基本的饲养管理知识和技术。育雏人员在育雏前 1 周左右到位并着手工作。

（二）饲料准备

不同的饲养阶段需要不同的饲料。育雏料在雏鸡入舍前 1 天进入育雏舍，每次配制的饲料不要太多，能够饲喂 5～7 天即可，存放时间长饲料易变质或造成营养损失。

（三）药品准备

准备的药品包括：疫苗等生物制品；防治白痢、球虫的药物（如球痢灵、杜球、三字球虫粉等）；抗应激剂（如维生素 C、速溶多维）；营养剂（如糖、奶粉、多维电解质等）；消毒药（酸类、醛类、氯制剂等，准备 3～5 种消毒药交替使用）。

第五节 育 雏 条 件

环境条件影响雏鸡的生长发育和健康，只有根据雏鸡生理和行为特点提供适宜的环境条件，才能保证雏鸡正常的生长发育。

一、适宜的温度

温度是饲养土雏鸡的首要条件，温度不仅影响雏鸡的体温调节、运动、采食、饮水及饲料营养消化吸收和休息等生理环节，还影响机体的代谢、抗体产生、体质状况等。只有适宜的温度才有利于雏鸡的生长发育和成活率的提高。适宜的育雏温度见表5-2。

表5-2　育雏育成期适宜温度表

周龄	1～2天	1周	2周	3周	4周	5周	6周	7～20周
温度/℃	35～33	33～30	30～28	28～26	26～24	24～21	21～18	18～16

正确测定温度也很重要，如果温度计不准确或悬挂位置不当，导致测定的育雏温度不正确会直接影响育雏效果。温度计使用前要校对，其方法是：将一支标准温度计（体温计）和校对的温度计放入 35～38℃ 的温水中，观察其差值，如果与标准温度计一致，说明准确；如果低于标准温度计 A℃，可在校对的温度计上贴上白色胶布，并标注 ＋A℃；如果高于标准温度计 A℃，可在校对的温度计上贴上白色胶布，并标注 －A℃。温度计的位置也要正确，温度计位置过高测得的温度比要求的育雏温度低而影响育雏效果的情况生产中常有出现。使用保姆伞育雏，温度计挂在距伞边缘 15 厘米，高度与鸡背相平（大约距地面 5 厘米）处。暖房式加温，温度计挂在距地面、网面或笼底面 5 厘米高处。育雏期不仅要保证适宜的育雏温度，还要保证适宜的舍内温度。

二、适宜的湿度

适宜湿度雏鸡感到舒适，有利于健康和生长发育；育雏舍内过于干燥，雏鸡体内水分随着呼吸而大量散发，则腹腔内的剩余卵黄吸收困难，同时由于干燥饮水过多，易引起拉稀，脚爪发干，羽毛生长缓慢，体质瘦弱；育雏舍内过于潮湿，由于育雏温度较高，且育雏舍内水源多，容易造成高温高湿环境，在此环境中，雏鸡闷热不适，呼吸困难，羽毛凌乱污秽，易患呼吸道疾病，增加死亡率。一般育雏前期为防止雏鸡脱水，相对湿度较高，为 75%～70%，可采用在舍内火炉上放置水壶、在舍内喷热水等方法提高湿度；10～

20 日龄，相对湿度降到 65% 左右；20 日龄以后，由于雏鸡采食量、饮水量、排泄量增加，育雏舍易潮湿，所以要加强通风，更换潮湿的垫料和清理粪便，以保证舍内相对湿度在 55%～40% 之间。

三、适量的通风

新鲜的空气有利于雏鸡的生长发育和健康。鸡的体温高，呼吸快，代谢旺盛，呼出二氧化碳多。雏鸡日粮营养含量丰富，消化吸收率低，粪便中含有大量的有机物，有机物发酵分解产生的氨气（NH_3）和硫化氢（H_2S）多，加之人工供温燃料不完全燃烧产生的一氧化碳（CO），都会使舍内空气污浊，有害气体含量超标，危害鸡体健康，影响生长发育。加强通风换气可以驱除舍内污浊气体，换进新鲜空气。同时，通风换气还可以减少舍内的水汽、尘埃和微生物，调节舍内温度。

育雏舍既要保温，又要通风换气，保温与通气是一对矛盾，应在保持温度的前提下，进行适量通风换气。通风换气的方法有自然通风和机械通风两种，自然通风的具体做法是：在育雏室设通风窗，气温高时，尽量打开通风窗（或通气孔），气温低时把窗关好；机械通风多用于规模较大的养鸡场，可根据育雏舍的面积和所饲养雏鸡数量，选购和安装风机。育雏舍内空气以人进入舍内不刺激鼻、眼，不觉胸闷为适宜。通风时要切忌间隙风，以免雏鸡着凉感冒。

四、适宜的饲养密度

饲养密度过大，雏鸡发育不均匀，易发生疾病，死亡率高，所以保持适宜饲养密度是必要的。育雏期饲养密度要求见表 5-3。

表 5-3　育雏期不同饲养方式的饲养密度

方式 周龄	地面平养 /(只/米²)	网上平养 /(只/米²)	立体笼养 /(只/米²)[①]
1～2 周	40～35	50～40	60
3～4 周	35～25	40～30	40
5～6 周	25～20	25	35
7～8 周	20～15	20	30

① 指笼底面积。

五、光照

育雏前 3 天，采用 24 小时的连续光照制度，光线强度为 50 勒克司（相当于 1 平方米 15～20 瓦白炽灯），便于雏鸡熟悉环境，尽快学会采食，也有利于保温。4～7 日龄，每天光照 20 小时，8～14 日龄每天光照 16 小时，以后采用自然光照，光线强度逐渐减弱。

六、卫生

雏鸡体小质弱，对环境的适应力和抗病力都很差，容易发病，特别是传染病。所以入舍前要加强对育雏舍和育成舍的消毒，加强环境和出入人员、用具设备的消毒，经常带鸡消毒，并封闭育雏育成舍，做好隔离，减少污染和感染。

第六节 雏鸡的选择和运输

一、雏鸡的选择

由于种鸡的健康、营养和遗传等先天因素的影响，以及孵化、长途运输、出壳时间过长等后天因素的影响，初生雏中常出现弱雏、畸形雏和残雏等，对此需要淘汰，因此选择健康雏土鸡是育雏的首要工作，也是育雏成功的基础。

（一）健康雏鸡的标准

健康雏鸡表现活泼好动，无畸形和伤残，反应灵敏，叫声清脆响亮；绒毛光亮，长短适中；眼亮有神，反应敏感；两腿粗壮、腿脚结实，站立稳健；腹部平坦、柔软，卵黄吸收良好（不是大肚子鸡），羽毛覆盖整个腹部，肚脐干燥，愈合良好；肛门附近干净，没有白色粪便黏着；雏体大小一致，握在手中感到饱满有劲，挣扎有力。如脐部有出血痕迹或发红呈黑色、棕色，或为脐疗者，腿和喙、眼有残疾、畸形以及不符合品种要求的要淘汰。初生雏鸡的分级标准见表 5-4。

表 5-4　初生雏鸡的分级标准

级别	健　雏	弱　雏	残次雏
精神状态	活泼好动,眼亮有神	眼小细长,呆立嗜睡	不睁眼或单眼、瞎眼
体重	符合本品种要求	符合本品种要求或过小	过小、干瘪
腹部	大小适中,平坦柔软	过大或较小、肛门粘污	过大或软或硬、青色
脐部	收缩良好	收缩不良、大肚脐、潮湿等	蛋黄吸收不完全、血脐、疔脐
绒毛	长短适中、毛色光亮,符合品种标准	长或短、脆、色深或浅、粘污	火烧毛、卷毛无毛
下肢	两肢健壮、行动稳健	站立不稳、喜卧、行走蹒跚	弯趾跛腿、站不起来
畸形	无	无	有
脱水	无	有	严重
活力	挣脱有力	软绵无力似棉花状	无

种用雏鸡除符合上面要求以外，还要在订购或接雏前做细致的调查，要求符合如下标准：①品种纯正，外貌特征符合本品种要求；②血缘清楚，符合本品种的配套组合要求；③无垂直传染病和烈性传染病；④母源抗体水平高且整齐。

（二）选择方法

选择方法可归纳为"一看"、"二听"、"三摸"、"四问"。

"一看"，就是看雏鸡的精神状态。健雏活泼好动，眼亮有神，羽毛整洁光亮，腹部收缩良好。弱雏通常缩头闭眼，伏卧不动，羽毛蓬乱不洁，腹大松弛，腹部无毛且脐部愈合不好，有血迹、发红、发黑、疔脐、丝脐等。

"二听"，就是听雏鸡的叫声。用手轻敲雏鸡盒或其他响动发出响声，雏鸡受到惊吓会发出叫声，健雏叫声洪亮清脆。弱雏叫声微弱，嘶哑，或鸣叫不休，有气无力。

"三摸"，就是触摸雏鸡的体温、腹部等。随机抽取不同盒里的一些雏鸡，握于掌中，若感到温暖、体态匀称、腹部柔软平坦、挣扎有力的便是健雏；如感到鸡身较凉、瘦小、轻飘、挣扎无力、腹大或脐部愈合不良的是弱雏。

"四问"，询问种蛋来源，孵化情况以及马立克疫苗注射情况等。来源于高产健康适龄种鸡群的种蛋，孵化过程正常，出雏多且整齐的雏鸡一般质量较好。反之，雏鸡质量较差。

二、雏鸡的运输

雏鸡出壳后，经过一段时间绒毛干燥、进行挑选、雌雄鉴别、查数鸡数、注射马立克疫苗等处理后就可以接运了。接运的时间越早越好，即使是长途运输也不要超过48小时，最好在24小时内将雏鸡送入育雏舍内，时间过长对鸡的生长发育都有较大的影响。雏鸡的运输也是一项重要的技术工作，稍不留心就会造成较大的经济损失。

（一）装箱

运雏要使用专用雏鸡箱，现多采用的是长50～60厘米、宽40～50厘米、高18厘米的箱子，箱子四周有直径2厘米左右的通气孔若干；箱内分4个小格，每个小格放25只雏鸡，每箱100只雏鸡。所有运雏用具和物品都要经过严格消毒之后方可使用。

（二）运输工具

雏土鸡的运输工具多种多样，选用标准视数量、路程远近和季节而定。汽车运输时间安排比较自由，又可直接送达养鸡场，中途不必倒车。火车、飞机也是常用的运输方式，适合于长距离运输和夏冬季运输，安全快速，但不能直接到达目的地。选用的工具要快速、便捷、平稳安全。

（三）证件齐全

雏土鸡运输的押运人员应携带检疫证、身份证、合格证和种畜禽生产经营许可证、路单以及有关的行车手续。

（四）运雏人员选择

运雏人员必须具备一定的专业知识和运雏经验，还要有较强的责任心。最好是饲养者亲自押运雏鸡。

（五）运雏的适宜时间

初生雏鸡体内还有少量未被利用的蛋黄，可以作为初生阶段的营养来源，所以雏鸡在 48 小时内可以不饲喂。这是一段适宜运雏的时间。此外还应根据季节和天气确定启运时间。夏季运雏宜在日出前或傍晚凉快的时间进行。冬天和早春则宜在中午前后气温相对较高的时间启运。

(六) 运输中的管理

1. 保持适宜的温度

雏鸡的运输应防寒、防热、防闷、防压、防雨淋和防震动。运雏时盒之间温度应保持在 20～22℃，每摞盒子不要超过 5 个，这时盒内的温度应在 30℃ 以上。冬季和早春运雏要带棉被、毛毯用品。夏季要带遮阳、防雨用品。特别注意早春和晚秋季节，使用棉被或单子覆盖严密导致雏鸡出汗而引起感冒。

2. 注意通风

运雏过程中，不注意通风，会使雏鸡受闷缺氧，严重的还会导致窒息死亡。因此，装车时要将雏鸡箱错开摆。箱周围要留有通风空隙，重叠高度不要过高；气温低时不要盖得太严；要避免冷风直吹鸡体（一般运输工具的进风口留在后面），引起伤风感冒。

3. 定时检查

运输人员要经常检查雏鸡的情况，通常每隔 0.5～1 小时观察 1 次。如见雏鸡张嘴抬头，绒毛潮湿，说明温度太高，要掀盖通风，降低温度。如雏鸡挤在一起，吱吱鸣叫，说明温度偏低，要加盖保温。当因温度低或是车子震动而使雏鸡出现扎堆挤压时，还需要将上下层雏鸡箱互相调换位置，以防中间、下层雏鸡受闷而死。

4. 避免停车

装车后要立即启运，运输过程应尽量避免长时间停车。

(七) 雏鸡的入舍

先将雏鸡数盒一摞放在地上，最下层要垫 1 个空盒或是其他东西，静置 30 分钟，让雏鸡从运输的应激状态中缓解过来，同时适应一下鸡舍的温度环境。然后再入舍、分群或装笼。最好能根据雏鸡的强弱大小，分开安放。弱的雏鸡要安置在离热源最近、温度较高的地方。少数俯卧不起的弱雏，放在 35℃ 的温热环境中特别饲养。

第七节　雏鸡的饲养管理

一、饮水

水在鸡体内占有很高的比例，且是重要的营养素。鸡的消化吸收、废弃物的排泄、体温调节等都需要水，如果饮水不良，必然会影响生长发育，所以，育雏期必须保证供应充足饮水。

（一）开食前饮水

据研究，雏鸡出壳后 24 小时消耗体内水分的 8％，48 小时消耗 15％。加之运输、入舍等，体内水分容易消耗，所以，一般应在出壳 24～48 小时内让雏鸡饮到水。雏鸡入舍后先饮水，可以缓解运输途中给雏鸡造成的脱水和路途疲劳，提高雏鸡的适应力。出壳过久饮不到水会引起雏鸡脱水和虚弱，而脱水和虚弱又直接影响到雏鸡尽快学会饮水和采食。

为保证雏鸡入舍就能饮到水，雏鸡入舍前 1～3 小时将灌有水的饮水器放入舍内。为减轻路途疲劳和脱水，可让雏鸡饮营养水，即水中加入 5％～8％的糖（白糖、红糖或葡萄糖等），或 2％～3％的奶粉，或多维电解质营养液；为缓解应激，可在水中加入维生素 C 或其他抗应激剂。

如果雏鸡不知道或不愿意饮水，应采用人工诱导或驱赶的方法（把雏鸡的喙浸入水中几次，雏鸡知道水源后会饮水，其他雏鸡也会学着饮水）使雏鸡尽早学会饮水，对个别不饮水的雏鸡可以用滴管滴服。

（二）饮水器

小型鸡使用小号饮水器，中型或大型鸡用中号饮水器。保姆伞育雏，饮水器放在保姆伞边缘外的垫料上；暖房式育雏（整个育雏舍内温度达到育雏温度），饮水器放在网面上、地面上或育雏笼的底网上。饮水器的位置要温暖、明亮，靠近料盘（距料盘不超过 1米），摆放均匀（见图 5-1），边缘高度与鸡背相平，每 100 只雏鸡应有 2～3 个饮水器。

图 5-1　饮水器和料盘的摆放位置

（三）饮水温度

0～3 日龄雏鸡饮用温开水，水温为 16～20℃，以后可饮洁净的自来水或深井水。

（四）饮水量

见表 5-5。

表 5-5　雏鸡的正常饮水量/[毫升/（天·只）]

周龄/周	1～2	3	4	5	6	7	8
饮水量	自由饮水	40～50	45～55	55～65	65～75	75～85	85～90

（五）注意事项

1. 饮水器有水

保证饮水器中经常有水，发现饮水器中无水，立即加水，不要等所有饮水器无水时再加水（雏鸡有定位饮水习惯），避免鸡群缺水后的暴饮。

2. 饮水给药要适当

药水要现用现配以免失效，掌握准确药量，防止过高或过低，过高易引起中毒，过低无疗效。饮水免疫的前后 2 天，饮用水和饮水器不能含有消毒剂，否则会降低疫苗效果，甚至使疫苗失效。

3. 饮水器洁净

经常刷洗和消毒饮水器，保持干净卫生。

山林果园散养土鸡新技术

4. 注意观察雏鸡是否都能饮到水

发现饮不到水的要查找原因，立即解决。若饮水器少，要增加饮水器数量，若光线暗或不均匀，要增加光线强度，若温度不适宜，要调整温度。

5. 先饮水后给料

过去有些鸡场或饲养户在开食前不让雏鸡饮水，害怕饮水引起雏鸡拉稀的做法是没有科学道理。拉稀并不是饮水引起的，不让饮水容易引起脱水或影响雏鸡早期生长。

二、饲喂

（一）雏鸡的开食

雏鸡首次喂料叫开食。雏鸡开食要适时，原则上大约1/3的雏鸡有觅食行为时即可开食。一般是幼雏进入育雏舍，休息、饮水后就可开食。最重要的是保证雏鸡出壳后尽快学会采食和采食，学会采食时间越早，采食的饲料越多，越有利于早期生长和体重达标。

开食最合适的饲喂用具是大而扁平的容器或料盘。因其面积大，雏鸡容易接触到饲料和采食饲料。每个规格为40厘米×60厘米的开食盘可容纳100只雏鸡采食。有的鸡场在地面或网面上铺上厚实、粗糙并有高度吸湿性的黄纸。开食料过去常用小米、玉米，南方也有用大米。如将小米煮七成熟后，控控水即可。现在常用配合饲料，将全价配合饲料用温水拌湿（手握成块一松即散），撒在开食盘或黄纸上面让鸡采食。湿拌料可以提高适口性，又能保证雏鸡采食的营养物质全面（因许多微量物质都是粉状，雏鸡不愿采食或不易采食，拌湿后，粉可以粘在粒料上，雏鸡一并采食）。对不采食的雏鸡群要人工诱导其采食，即用食指轻敲纸面或食盘，发出小鸡啄食的声响，诱导雏鸡跟着手指啄食，有一部分小鸡啄食，很快会使全群采食。

开食后，第一天喂料要少撒勤添，每1～2小时添料一次，添料的过程也是诱导雏鸡采食的一种措施。

开食后要注意观察雏鸡的采食情况，保证每只雏鸡都吃到饲料，尽早学会采食。开食几小时后，雏鸡的嗉囊应是饱的，若不饱应检查其原因（如光线太弱或不均匀、食盘太少或撒料不匀、温度不适宜、体质弱或其他情况）并加以解决和纠正。开食好的鸡采食积极、速度快，采食量逐日增加。

（二）饲喂

1. 饲喂次数

在前两周每天喂六次，其中早晨 5 点和晚上 10 点各有一次；3～4 周每天喂 5 次；5 周以后每天喂 4 次。育成期一般每天饲喂1～2 次。

2. 饲喂方法

进雏前 3～5 天，饲料撒在黄纸或料盘上，让雏鸡采食，以后改用料桶或料槽。前两周每次饲喂不宜过饱。幼雏贪吃，容易采食过量，引起消化不良，一般每次采食九成饱即可，采食时间约 45分钟。三周以后可以自由采食。生产中要根据鸡的采食情况灵活掌握喂料量，下次添料时余料多或吃的不净，说明上次喂料量较多，可以适当减少一些，否则，应适当增加喂料量。既要保证雏鸡吃好，获得充足营养，又要避免饲料的浪费。

3. 料中加入药物

为了预防沙门菌病、球虫病的发生，可以在饲料中加入药物。料中加药时，剂量要准确、拌料要均匀，以防药物中毒。生产中痢特灵、球虫药中毒情况时有发生。

4. 定期饲喂沙砾

鸡无牙齿，食物靠肌胃蠕动和胃内沙砾研磨。4 周龄时，每100 只鸡喂 250 克中等大小的不溶性沙砾（不溶性是指不溶于盐酸，可以将沙砾放入盛有盐酸的烧杯中，如果有气泡说明是可溶性的）。8 周龄后，垫料平养每 100 只鸡每周补充 450～500 克，网上平养和笼养每 100 只鸡每 4～6 周补充 450～500 克不溶性沙砾，粒径为 3～4 毫米，一天用完。

三、断喙

舍内饲养，特别是笼养的鸡，由于种种原因，如饲养密度大、光照强、通气不良、饲料不平衡及机体自身因素等会引起鸡群之间相互叼啄，形成啄癖，包括啄羽、啄肛、啄翅、啄趾等，由于鸡的模仿性，一旦出现啄癖，轻则伤残，重者造成死亡，损失很大，所以生产中要对鸡进行断喙。同时，断喙可节省饲料，减少饲料浪费，使鸡群发育整齐。

山林果园放养土鸡的环境发生了很大变化，土鸡有充足的活动空间，饲养密度较小，可以自由地觅食青饲料和一些矿物元素，并且有丰富的嬉戏空间和"工具"，有利于减少恶癖。山林果园放养的土鸡断喙与否，可根据具体情况确定。如果饲养的是种鸡，母鸡可以断喙，而种公鸡则不可断喙；如果放养的密度小，可以不断喙，放养密度大，可以断喙；如果放养的产蛋鸡群有相互啄食的现象，可适当断喙。但放养鸡断喙的程度不应像舍内饲养或笼养鸡那样严重，适当浅断喙即可，以免影响鸡的啄食。

（一）时间和用具

断喙时间应严格掌握，一般在6～9日龄断喙。断喙对雏鸡来说是较大的应激，断喙时间晚，喙质硬，不好断；断喙过早，雏鸡体质弱，适应能力差，都会引起较严重的应激反应。

较好的用具是自动断喙器。在农村，可采用500瓦的电烙铁固定在椅子上代用，以烙代切，会对雏鸡造成较大的应激。

（二）标准和方法

用拇指捏住鸡头后部，食指捏住下喙咽喉部，将上下喙合拢，放入断喙器的小孔内，借助于灼热的刀片，将喙尖于鼻孔1/3处前端断掉（比笼养鸡断喙略轻），并烧烙2～3秒止血，防止感染。

（三）注意事项

1. 鸡群健康

断喙时要求鸡群健康状况良好，在鸡群发病前后，或接种疫苗前后，不宜断喙，以免因应激而致雏鸡发病死亡。

2. 刀片的温度适宜

以650～750℃为适宜（断喙器刀片成暗红色）。温度太高，会将喙烫软变形；温度低，起不到断喙的作用，即使断去喙，也会引起出血、感染。

3. 操作准确

断过的喙应上短下长才合要求。断喙不可过长，一则易出血不易止血，二则影响以后的采食，引起生长缓慢；刀不能接触鸡舌。

断喙时，用拇指按住雏鸡头的上部或侧面，食指轻压雏鸡咽部使其缩舌，可避免舌与热刀接触。

断喙时热刀接触喙的时间为 3 秒，可使切面完全止血，切面角端圆滑。注意热刀接触喙时间如果过短，不利于止血；接触喙的时间过长，不利于雏鸡今后生长。

4. 加强管理

断喙对鸡是一个较大应激，为减少应激，断喙前后 2 天内应在饮水或饲料中添加足量的抗应激剂；为防止断喙后出血，在断喙前后 3 天，料内加维生素 K 3 毫克/千克；断喙后食槽应有 1～2 厘米厚度的饲料，以避免雏鸡采食时与槽底接触引起喙痛影响以后采食；断喙后要细致观察，如有出血应立即用热刀烙切面止血。

5. 严格消毒

断喙器使用前要消毒，以防断喙时交叉感染（多场共用一个断喙器时，在断喙前要进行熏蒸消毒）。

四、日常管理

保持良好的环境温度、湿度、通风、光照、饲养密度等环境条件是育雏成功的基础，除了控制好环境条件外，还应注意如下管理。

（一）加强对弱雏的管理

随着日龄增加，雏鸡群内会出现体质瘦弱的个体，注意及时挑出小鸡、弱鸡和病鸡，隔离饲养，可在饲料中添加糖、奶粉等营养剂，或加入维生素 C 或速溶多维等抗应激剂，必要时可使用土霉素、链霉素、呋喃唑酮等抗菌药物等，并精心管理，使其赶上整个鸡群的发育。

（二）注意观察鸡群

观察鸡群能及时发现问题，把疾患消灭于萌芽状态，所以每天都要细致地观察鸡群。观察从以下几个方面进行。

1. 采食情况

正常的鸡群采食积极，食欲旺盛，触摸嗉囊饱满。个别鸡不食或采食不积极应隔离观察。有较多的鸡不食或不积极，应该引起高度重视，应找出原因。其原因一般如下。

① 突然更换饲料，如两种饲料的品质或饲料原料差异很大，突然更换，鸡只没有适应引起不食或少食。

② 饲料的腐败变质，如酸败、霉变等。

③ 环境条件不适宜，如育雏期温度过低或过高、温度不稳定，育成期温度过高等。

④ 疾病，如鸡群发生较为严重的疾病。

2. 精神状态

健康的鸡活泼好动；不健康的鸡会呆立一边或离群独卧、低头垂翅等。

3. 呼吸系统情况

观察有无咳嗽、流鼻涕、呼吸困难等症状，在晚上夜深人静时，蹲在鸡舍内静听雏鸡的呼吸音，正常的应该是安静，听不到异常声音。如有异常声音，应引起高度重视，做进一步的检查。

4. 粪便状态

粪便可以反应鸡群的健康状态，正常的粪便多为不干不湿黑色圆锥状顶端有少量尿酸盐沉着，发生疾病时粪便会有不同的表现。如鸡白痢排出的是白色带泡状的稀薄粪便；球虫病排出的是带血或肉状粪便；法氏囊排出的是稀薄的白色水样粪便。粪便观察可以在早上开灯后，因为晚上鸡只卧在笼内或网上排粪，鸡群没有活动前粪便的状态容易观察。

（三）调教

喂鸡时给固定信号，如吹哨、敲盆等，声音一定要轻，以防炸群，久而久之，鸡就建立起条件反射，每当鸡听到信号就会过来，为以后放养做准备。

（四）卫生管理

笼养和网上育雏时，每2～3天清1次粪，以保持育雏舍清洁卫生。厚垫料育雏时，及时清除粘污粪便的垫料，更换新垫料；搞好环境卫生及环境和用具的消毒，定期用百毒杀、新洁尔灭等带鸡消毒。

（五）疾病预防

严格执行免疫接种程序，预防传染病的发生。每天早上要通过观察粪便了解雏鸡的健康状况，主要看粪便的稀稠、形状及颜色等。2～7日龄，为防止肠道细菌性感染进行预防投药。20日龄后，要预防球虫病的发生，尤其是地面散养的鸡群，投喂抗球虫药物。

（六）记录和成本核算

认真做好各项记录。每天检查记录的项目如下。

1. 日常记录

主要有雏鸡的精神状态、环境条件（温度、湿度、光照、通风换气、卫生等）、死亡淘汰情况、采食情况（饲料、饲喂时间、采食量、采食速度等）以及外界气候变化。

2. 用药防疫记录

使用药物的名称、含量、剂量、用药期和用药效果；疫苗的种类、生产厂家、有效期、使用剂量、接种时间和方法等；消毒药物的名称、有效成分、配比浓度、消毒时间和方法等；添加剂的名称、有效成分、添加的剂量和使用时间等。

3. 财务记录

人员配备及费用；使用饲料、药物和其他物资的数量、价格和费用；出售的产品收入等。

4. 雏鸡成本

雏鸡成本＝育雏期的总成本(元)÷成活的雏鸡数(只)

＝(饲料费＋人工费＋医药费＋折旧费＋

其他费用－粪便等收入)÷成活的雏鸡数

第六章

山林果园散养土鸡放养期的饲养管理技术

当雏鸡养育到一定阶段，能够适应外界环境条件变化后，就可以在山林果园进行散放饲养，生产优质的商品鸡和土鸡蛋。放养的鸡类型按用途可划分为育成土鸡、商品土鸡和产蛋土鸡。放养土鸡，在饲养管理方面有些相同，但由于饲养土鸡的目的和日龄不同，饲养管理方面又有很多不同，应该注重共性，区别对待。

第一节　山林果园散养土鸡的活动规律

放养方式与笼养比较，差异很大。饲养方式和环境条件的改变，土鸡的活动规律和活动方式将发生一定变化。了解放养土鸡的活动规律，有利于确定鸡群放养密度、饲养规模和管理模式。

李英等，选择条件相近（山场坡度、草场植被、地理类型等）的中等山场 5 个，分别饲养产蛋期的河北柴鸡，放养密度每亩（667 米²）分别为 20 只、30 只、40 只、50 只、80 只。以鸡舍为圆心，分别以 50 米、100 米、150 米为半径画圆（设置明显标志），观察不同鸡群在不同区域内活动的数量及所占比例以及在不同方向或坡度和不同时间段的活动规律。活动半径采取直接观察法和粪便及活动痕迹（如爪印、扒痕、采食植物等）追踪法。经过 3 个月的观察，得出如下活动规律。

一、放养鸡的活动范围

（一）一般活动半径

一般活动半径指 80% 以上鸡的活动半径。研究观察发现，不同饲养密度条件下，鸡的活动半径不同。随饲养密度的增加，鸡的活动半径逐渐增加，但 80% 以上的鸡活动半径在 100 米以内。

（二）最大活动半径

最大活动半径指群体中少数生命力较强的鸡超出一般活动范围，达到离鸡舍最远的活动距离。低密度条件下，最大活动半径在 500 米以内，随着饲养密度的增加，最大活动半径增加。高密度饲养，最大半径可达到 1000 米。

（三）活动半径的差异

活动半径的差异包括个体差异、群体差异和品种差异。

1. 个体差异

活动半径有明显的个体差异。约 5% 的个体远远超出一般活动半径的范围，最大活动半径是它们创造的。这样的鸡体质健壮、抗病力强，活动范围广，产蛋性能高。而这种特性应该属于遗传因素造成的。

2. 群体差异

活动半径有群体差异。如果群体活动半径较大的个体数量较多，其对同群其他鸡有一定的影响和带动作用；在一个多群体的山场上，离饲养人员活动场地最近的群体的活动半径最小，离饲养人员较远的群体活动半径增加。这与饲养人员的频繁活动使鸡产生等、靠、要的依赖性有关。

3. 品种差异

活动半径具有品种差异。河北柴鸡的活动半径大于现代配套系，其一般活动半径相差 10% 左右，最大活动半径相差 30% 左右。河北柴鸡较大的活动半径是长期自然选择和人工选择的结果。

土鸡放养的活动半径（范围）还受其他因素影响。鸡的一般活动半径和最大活动半径与草场植被和地势有关。植被较好较多的植被山场，鸡的活动半径较小，而退化山场，可食牧草较少，植被覆盖率较低，鸡的活动半径增大；高低不平的地块，无论下行还是往上爬行，鸡的活动半径均缩小。而在平坦的地块，鸡的活动半径增大；活动半径还与鸡舍门口位置、朝向、补料和管理有关。一般往鸡舍门口方向前行的半径大，背离门口方向的半径小。大量补充饲料会使鸡产生依赖性，其活动半径缩小；经过调教后，一般活动半径增大，对最大活动半径没有明显影响。

二、放养鸡的活动规律

放养鸡一天中的活动规律：早出晚归是放养条件下鸡的一般生活习性。鸡的外出和归牧与太阳活动有密切关系。一般在日出前0.5～1小时离开鸡舍，日落后0.5～1小时归舍。一般季节，其采食的主动性以日落前后的食欲最强，早晨次之。中午多有休息的习惯。但冬季的中午活动比较活跃。

三、放养鸡的产蛋规律

放养鸡产蛋的时间分布：80％左右集中在中午以前，以9点钟至11点钟为产蛋高峰期。但其产蛋时间持续到全天，不如笼养鸡集中。这可能与放养条件下其营养获取不足有关。

▬ 第二节　山林果园散养土鸡散养前的准备 ▬

由舍内饲养突然转移到放牧地，环境发生了很大变化，饲养管理也发生变化，需要做好一些准备工作。

一、放养场地的选择

放养场地应符合产地环境质量标准 NY/T 391 的要求。

有土鸡可食的饲料资源，如昆虫、饲草、野菜等，可选用山地、林地、果园、农田、荒地、草场、草山及草坡等。地势平坦或缓坡，背风向阳。一般每公顷放养 100～400 只。

二、散养模式确定

散养模式，是指散养鸡的周期性安排，如什么时间进雏，什么时间放养，饲养周期多长，以产肉还是产蛋为主，何时出栏等。散养模式的确定，不仅影响环境资源和饲料资源的利用，而且影响产品的销售价格和养殖效益。

（一）散养模式确定的原则

1. 气候特点

外界气候的变化对土鸡的生长和产蛋都有较大影响。由于育雏期需要额外供温，生长期和产蛋期需要一定的温度，所以，把生长期和产蛋的高峰期尽量安排在气候最适宜的时候，以充分利用自然资源；把出栏期安排在自然气候条件不适宜的季节内，如冬季。

2. 资源特点

散养土鸡以自由采食野外自然饲草饲料为主，如野草、野菜、虫体、腐殖质等，而这些自然食物具有很强的季节性。从我国华北大多数地区的自然条件看，从每年的 4 月上旬至 10 月下旬，均可获得数量不等的饲料，而最佳时期是 6～10 月份。因此，应将土鸡生长和产蛋的高峰期安排在这一季节，以通过大量采食优质的自然饲料，提高产品质量，降低投入，提高效益。

3. 市场特点

鸡肉或鸡蛋，作为一种特殊商品，有特定的消费群体，产品的消费是不均衡的，其价格在一年四季是不断波动。应根据一般规律，将出栏时间或产蛋高峰期安排在需求量较大的节日或月份，以同样的产品产量获得较多的收益。

（二）合理的散养模式

北方地区，合理的放养模式见表 6-1。

三、搭建棚舍

根据放养场地的面积、放养土鸡的数量确定棚舍的面积和数量。每个棚舍能容纳 300～500 只的青年鸡或 200～300 只的产蛋鸡。多列棚舍要布列均匀，坐北朝南，间隔 150～200 米。

表 6-1　山林果园放养土鸡的放养模式

模式	产品	操作	效果
年生产两批模式	生产肉土鸡	第一批，3月中旬进雏，4月下旬放养，7月中旬出栏；第二批，6月中旬进雏，7月中旬放养，9月底至10月初出栏	一年在同一地块里出栏二批鸡。第一批在气候较温暖的4月上旬育雏。育雏结束后，野生饲料资源丰富，在整个放牧期以放牧为主，大量利用野生饲料，补充少量饲料，7月上旬后选择生长较快的公鸡先出栏，直至中旬全部出售。第一批全部出栏1个月前，开始育雏第二批雏鸡。第一批鸡出栏后，即可放养第二批鸡，使两批鸡放养有一定的时间间隔。由于此时气温很高，育雏只需要少量的供暖，1个月左右便可放养。出栏时间正值中秋和国庆节两大节日，无论公鸡还是母鸡，全部出栏，市场价格高。鸡全部出栏后，也正赶上农忙季节，即秋收秋种，这时可腾出时间用于农活
年生产一批模式	产蛋产肉	1月上旬进雏（冬季育雏），3月放养（春季育成），6月上中旬产蛋（牧草生产旺季产蛋），翌年1月份淘汰。生产周期1年	年饲养一批，使产蛋期有充足的自然饲料资源，生产优质鸡蛋，降低饲养成本；并使鸡蛋的出售赶上国庆节、中秋节和元旦等几个大的节日。在产蛋高峰过后，也就是元旦期间，停止饲养，全部作为肉鸡淘汰，获得较高的效益。但这一模式育雏期和育成期是在较寒冷的季节进行，需要的投入较多，也要求较高的技术支撑。在鸡全部淘汰的同时，又引进下一年度的雏鸡，形成1年1个生产周期
	肉土鸡	4月上旬进雏，5月上旬放养，到9月底至10月初出栏	年饲养一批，使放养期有充足的自然饲料资源，适宜的环境条件，生产优质土鸡，降低饲养成本，并使土鸡的出售在国庆节前后出售
500天散放模式	产蛋为主	4月下旬至5月上旬进雏，6月中旬放养，10月上旬产蛋，次年10月上旬作为肉用淘汰	育雏期安排在气候较温暖的5月份，由于外界温度较高，可以降低育雏成本；放养期在整个自然资源比较充足的季节，可降低饲养成本；产品供应正值供求紧张的中秋节、国庆节、元旦和春节，市场产品价格较高；产蛋1周年后淘汰，也是在供求矛盾突出的中秋节和国庆节期

棚舍跨度 4～5 米，高 2.5 米；棚舍内设置栖架，每只鸡所占栖架的位置不低于 17～20 厘米；产蛋棚舍要环境安静，防暑保温；每 5～6 只母鸡设 1 个产蛋窝，安静避光，窝内放入少许麦秸或稻草。

棚舍材料可以使用砖瓦、竹竿、木辊、角铁、钢管、油毡、石棉瓦以及篷布等搭建；棚舍四周要留通风口；对简易棚舍的主要支架要用铁丝从东南西北 4 个方向拉牢固定。

四、围网筑栏

山林果园放养土鸡，放养场地比较大，要用尼龙网或铁丝网将放养场地围栏封闭。围网筑栏对于成功放养土鸡具有重要意义。

（一）防止丢失

刚刚放牧的时候，通过围网，限制其活动范围，以防止丢失；以后逐渐放宽活动范围，直至自由活动。

（二）放牧均匀

当一个群体数量很大的时候，鸡有一定的群集性。由于鸡的活动半径较小（一般 100 米以内），众多的土鸡生活在较小的范围内容易形成鸡经常活动的区域出现过牧现象，形成"近处光秃秃，远处绿油油"。通过围栏筑网，将较大的鸡群隔离成若干小的鸡群，防止出现这种现象。

（三）限制活动区域

果园或农田，病虫害的发生是难免的。为了防治病虫害，需要使用农药。尽管目前推广的均为高效低毒农药，但为了保证安全，需要在喷农药期间停止放牧 1 周以上。可在果园或农田围栏筑网，喷施农药有计划地进行，使鸡放牧经常位于没有喷施农药或喷施一周以上的地块。

在农区或山区，农田、果园、山场或林地由家庭承包。在多数情况下，农民承包的面积有限。在有限的地块养鸡，如果不限制鸡的活动，往往鸡的活动范围超出自家。为了安全，同时为了防止鸡群对周围作物的破坏，减少邻里摩擦，往往采取围网的方式。

（四）分区轮牧

放养鸡，让鸡充分采食自然饲料，包括青草、昆虫和腐殖质等。但是，多数情况下，青草的生长速度往往低于鸡的采食速度，很容易出现过牧现象。为了防止过牧现象的发生，将一个地块用围网分成若干小区（一般 3 个左右），使鸡轮流在 3 个区域内采食，即分区轮牧，每个小区放牧 1～2 周，使土地生息结合，可以有利资源开发和提高资源利用效率。

五、设备用具准备

在放养场地安装好自动饮水装置，配备足够数量的饮水器，满足土鸡放养时的饮水需求。舍内安装晒架，产蛋舍安装产蛋箱。在鸡舍一侧可专门设置一个补料区，放置饲槽等用具。

六、免疫接种

按照制定的免疫程序，进行确切的免疫接种，为放养期提供良好的健康保证。

第三节　山林果园放养土鸡的分群管理

根据放牧条件和土鸡的具体情况，将不同品种、不同性别、不同年龄和不同体重的鸡分开饲养，以便于有针对性地采取有效管理措施，即分群。规模化放养，放养的数量大，通过科学的分群管理，可以提高成活率、提高生长速度和饲料效率，充分利用自然资源，最大限度地提高劳动效率，获得较好的经济效益。

一、分群的时间

分群可在从育雏室转到放养场地时进行。要在晚上进行，已减少应激发生。

二、分群方法

可以根据不同日龄、不同体重和不同生理阶段将土鸡分为不同的群体，避免大小混养。不同日龄、不同体重和不同生理阶段的鸡，其营养需要、饲料类型、管理方式和疾病发生的种类及特点都不一样。如果将它们混养在一起，无法有针对性地饲养和管理。例如，产蛋鸡和大雏鸡混养，饲料无法配制和提供。如果按照产蛋鸡补料，其含钙、磷过高，大雏鸡采食过多会造成疾病；相反，按照大雏鸡的营养需要补料，产蛋鸡则明显钙、磷摄入不足而严重影响产蛋率和鸡蛋品质。特别是疾病预防，难以按照防疫程序执行，相互传染，导致疾病不断而无法控制。

一般同一批放养的鸡分群应与育雏阶段的分群相一致，即育雏室内每个小区内的雏鸡最好分在1个鸡舍内。根据放养场地每个简易鸡舍容纳鸡的数量，一次性放进足量的小鸡。如果放养场地简易鸡舍的面积较大，安排的土鸡数量较多，应将鸡舍分割成若干单元，每个单元容纳的鸡数最好小于500只。

三、群体大小

确定群体大小的依据是品种、周龄、性别和放牧地的可食植被状况及鸡舍之间的距离、鸡舍大小确定。一般而言，土鸡活泼爱动，体质健康，适应性强，活动面积大，群体可适当大些；小鸡阶段采食量小，饲养密度和群体适当大些；而大鸡的采食量较大，在有限的活动场地放养的数量适当小些；植被状况良好，群体适当大些；植被较差，饲养密度和群体都不应过大，否则容易产生过牧现象；公、母鸡混养，公鸡的活动量大，生长速度快，可提前作为肉鸡出栏，群体可适当大些；若饲养鉴别母雏，一直饲养到整个生产周期结束，群体不宜过大。

群体大小要适宜。如根据植被状况、鸡的日龄和活动范围、鸡舍之间的距离和鸡舍的大小来确定的话，一般平原地区的草场、农田和果园等，以鸡舍为圆心，70%以上的鸡在半径50米以内活动，90%以上在半径100米以内活动。因此，群体大小应以50～100米为半径的圆面积为1个活动单元，根据牧草的情况，确定单位面积放养鸡的数量。如一般草地每亩容纳鸡的数量为20～30只，好的草场可达到40～50只，最高不宜超过80只。以这样计算，1个饲养单元的面积应控制在7000～18000平方米，这样，一般群体应控

山林果园散养土鸡新技术

制在 300～500 只。

　　群体过小，管理不方便，资源浪费；群体过大，饲养效果差。①群体大，在较小的放牧面积内饲养过多的鸡，容易造成草地的过牧现象而使草地退化。②由于过牧，草生长受到严重影响，鸡在野外获取的营养较少，主要依靠人工饲喂。因此，更多的鸡在鸡舍附近活动，形成了采食依赖性，不仅增加了饲养成本，而且鸡的生长发育和产品品质都受到影响。③在较小的范围内有较多的鸡活动，饲养密度过大，疾病的发生率较高。④密度大，营养供应不足或营养单调，容易发生恶癖，如啄肛、啄羽和打斗等。

第四节　山林果园散养土鸡的调教

　　调教是指在特定环境下给予特殊信号或指令，使之逐渐形成条件反射或产生习惯性行为。调教是放养鸡饲养管理工作不可缺少的技术环节。早上放鸡、晚上收鸡以及饲喂、饮水等，必须有统一的集体行动，特别是遇到不良天气和野生动物侵入时，如刮风、下雨、冰雹、老鹰或黄鼠狼侵害等，应在统一的指挥下进行规避。同时，也可避免相邻鸡群之间的混杂。鸡尽管具有顽固性，但也具有可塑性和学习的本能，通过调教，可以建立其一定的条件反射，对土鸡的调教应该从小进行。调教包括喂食饮水的调节、放牧的调教、归巢的调教、上栖架的调教和紧急避险的调教等。

一、喂食和饮水的调教

　　放养鸡每天的补料量是有限的，因此，保证每只鸡都获得应获数量的饲料，应在补充饲料时同一个时间段共同采食。在野外饮水条件有限时，为了保证饮水的卫生，尽量减少开放式饮水器暴露在外的时间，需要定时饮水，也需要统一同时进行。

　　喂食和饮水的调教应在育雏时开始，在放养时进一步强化，并形成条件反射。一般以一种特殊的声音作为信号。这种声音应该柔和而响亮，不可使用爆破声和模仿野兽的叫声，持续时间可长可短。生产中多用吹口哨和敲击金属物品。

以喂食为例，调教前应使其有一定的饥饿时间，然后，一边给予信号（如吹口哨），一边喂料，喂料的动作尽量使鸡看得到，以便听觉和视觉双重感应，加速条件反射的形成。每天反复如此动作，一般3天以后即可建立条件反射。

二、放牧的调教

很多鸡的活动范围很窄，远处尽管有丰富的饲草资源，但其宁可饥饿，也不远行一步。为使牧草得到有效利用，应当对鸡群进行调教。调教的方法是：一人在前面引导，即一边慢步前行，一边按照一定的节奏给予一定的语言口令（如不停地叫：走……），一边撒扬少量的食物（作为诱饵）；后面一人手拿一定的驱赶工具，一边发出驱赶的语言口令，一边缓慢舞动驱赶工具前行，直至到达牧草丰富的草地。这样连续几日后，这群鸡即可逐渐习惯往远处采食。

三、归巢的调教

土鸡具有晨出暮归的特性。每天日出前便离巢采食，出走越早、越远的鸡，采食越多，生长越快，抗病力越强。而日落前多数鸡从远处向鸡舍集中。但是个别鸡不能按时归巢，有的是由于外出过远，有的是由于迷失了方向，也有的个别鸡在外面找到了适于自己夜宿的场所。当然，少数土鸡被别人捕捉。如果这样的鸡不及时返回，以后不归的鸡可能越来越多，遭遇不测而造成损失。因此，应于傍晚前，在放牧地的远处查看，是否有仍在采食的鸡，并用信号引导其往鸡舍方向返回。如果发现个别鸡在舍外的远处夜宿，应将其抓回鸡舍圈起来，将其营造的窝破坏。第二天早晨晚些时间将其放出采食，傍晚再检查其是否在外宿窝。如此几次后，便可按时归巢。

四、上栖架的调教

鸡具有栖居的特性，善于在高处过夜。但在野外放养条件下，有时由于鸡舍面积小，比较拥挤，有些鸡抢不到有利位置而不在栖架上过夜。野外鸡舍地面比较潮湿．加之粪便的堆积，长期卧地容易诱发疾病。因此，在开始转群时，每天晚上打开手电筒，查看是否有卧地的鸡，有卧地的应及时将其抓到栖架上。经过几次调教之后，形成固定的位次关系，也就按时按次序上栖架了。

第五节　山林果园放养土鸡的补料、补草、供水和诱虫

一、补料

补料是指野外放养条件下人工补充精饲料。山林果园放养的鸡，仅仅靠野外自由觅食天然饲料是不能满足其生长发育需要的。无论是大雏鸡（生长期）、后备期，还是产蛋期，都必须补充饲料。但应根据鸡的日龄、生长发育、草地类型和天气情况，决定补料次数、时间、类型、营养浓度和补料数量。

（一）补料次数

补料次数多少对养好鸡非常重要。研究发现，补料次数越多，饲养效果越差。有的鸡场每天补料3次，甚至更多，这样使鸡养成了等、靠、要的懒惰恶习，不到远处采食，每天在鸡舍周围等主人喂料。越是在鸡舍周围的鸡，尽管它获得的补充饲料数量较多，但生长发育最慢，疾病发生率也高。凡是不依赖喂食的鸡，生长反而更快，抗病力更强。李英等试验，在相似地块不同的鸡群（均为同批孵化的80日龄生长鸡），下午5时左右1次补料（每日每只喂料数量为27克）、中午和傍晚2次补料（每日每只喂料数量为30克）和早、中、晚3次补料（每日每只喂料数量分别33克），饲喂1个月后发现，无论是生长速度，还是成活率，喂料3次的不如喂料2次的，喂料2次的不如喂料1次的。所以，放养土鸡每天补料1次最为适宜。如下雨、刮风、冰雹等不良天气或野生饲料严重不足，难以保证鸡在外面的采食量时，可临时增加补料次数。但一旦天气好转或野生饲料充足，立即恢复每天一次。

（二）补料时间

补料的时间安排在傍晚效果最好。其原因：①早晨和傍晚是鸡

食欲最旺盛的时候。如果早晨补料，鸡采食后就不愿意到远处采食，影响全天的野外采食量。鸡的食欲中午最低，中午是鸡的休息时间，应让其得到充分的休息。②傍晚鸡的食欲旺盛，可在较短的时间内将补充的饲料采食干净，防止撒落在地面的饲料被污染或浪费。③鸡在傍晚补料，可根据一天的采食情况（看嗉囊的鼓胀程度和鸡的食欲）便于确定补料量。如果在其他时间补料，难以准确判断补料数量是否合理。④鸡在傍晚补料后便上栖架休息，经过一夜的静卧歇息，肠道对饲料的利用率高。⑤傍晚补料可配合信号的调教，诱导鸡回巢，减少窝外鸡。

（三）补料形态

饲料形态可大体分为粒料（原粮）、粉料和颗粒料。粒料即未经加工破碎的谷物，如玉米、小麦、高粱、谷子、稻子等；粉料即经过加工粉碎的（单一、配合的或混合）原粮；颗粒料是将配合的粉料经颗粒饲料机压制后形成的颗粒饲料。

从鸡采食的习性来看，粒状是理想的饲料形态。粒料容易饲喂，鸡喜欢采食，消化慢，故耐饥饿，适于傍晚投喂。其最大缺点是营养不完善，不宜单独饲喂。

粉料的优点是加工费用较低，经过配合后营养较全面，鸡采食的速度慢，所有的鸡都能均匀采食，其适于各种日龄的鸡。但其缺点更为突出：①鸡不喜欢粉状饲料，采食速度慢，不利于促进其消化液的分泌。尤其是放牧条件下，每天傍晚补料1次，如果在较长时间内不能将饲料吃完，日落后不方便采食。如果在傍晚前提前补料，将影响鸡在野外的采食。②粉料容易造成鸡的挑食，使鸡的营养不平衡。③投喂粉料必须增加料槽或垫布等饲具。大面积野外养鸡，饲具有时难以解决。④野外投喂粉料容易被风吹飞扬散失，也容易采食不净而造成一定浪费。如果投喂粉料，细度应在1～2.5毫米。如果太细，鸡不容易下咽，适口性更差。

颗粒饲料的适口性好，鸡采食快，不易剩料和浪费，可避免挑食，保证了饲料的全价性。在制作颗粒饲料过程中，短期的高温使部分抗营养因子灭活，破坏了部分有毒成分，杀死了一些病原微生物，饲料比较卫生。但其也有一些缺点，如加工成本高，一部分营养（如维生素）受到一定程度的破坏等。但从总体来说，颗粒料饲养效果比较好。

（四）补料注意的问题

1. 补料工具

为了防止饲料的浪费和饲料的污染，有条件的地方可在特定地方补料，不要到处乱撒料，浪费非常严重。

2. 信号

每次补料应与信号相结合，尤其是在放养前期更应强化信号。一般是先给予明确的信号（吹哨或敲击金属），使在较远地方采食的鸡能听到声音，促使其返回吃料。

3. 补料数量

每次补料量应根据鸡采食情况而定。在每次撒料时，不要一次撒完，要分几次撒，看多数鸡已经满足，采食不急时，记录补料量，作为下次补料量的参考数据。一般是次日较前日稍微增加补料量。也可以定期测定鸡的生长速度，即每周的周末，随机抽测一定数量的鸡的体重，看与标准体重的符合度。如果体重严重低于标准，应该逐渐增加补料量，否则，体重超标，可适当减少补料量。

4. 采食均匀度

补料时应观察整个鸡群的采食情况，防止胆子小的鸡不敢靠近采食。据此，可将部分饲料撒向补料场的外围，也可以延长补料时间，使每只鸡都能采食足够的饲料，以便发育整齐。

二、补草

一般情况下，在放养期间让鸡自由采食野草野菜。但是，当经常放牧的场地青草或青菜生长不良，不能满足采食需要时，为减少对牧地生态的破坏，同时也为降低饲养成本，提高养殖效益（通过投喂青草减少精饲料的喂量）和效果（经常采食野草野菜的鸡，其产品无论是鸡蛋还是鸡肉，质量高于精料喂养的同类产品），往往在其他地方采集青草喂鸡。

人工采集青草喂鸡有三种方法。①直接投喂法，即将采集到的野草野菜直接投放在鸡的放牧场地或集中采食场地，让其自由采食。这种方法简便，省工省力，但有一定浪费。②剁碎投喂法，即将青草或青菜用菜刀剁碎后饲喂。这种方法一般投放在饲料槽里，其虽然花费了一定劳动，但浪费较少。③打浆饲喂法，即将青草青菜用打浆机打成浆，然后与一定的精饲料搅拌均匀饲喂。这种方式适合规模较大的鸡场，同时配备一定的人工牧草种植。虽然这种方式投入较大，但可有效利用青草，减少饲料浪费，增加鸡的采食量，饲养效果最好。

三、供水

尽管鸡在野外放养可以采食大量的青绿饲料，但是水的供应也是必不可少的。没有充足的饮水，就不能保证鸡快速的生长、较高的产蛋率和健康的体质以及饲料的有效利用，尤其是在植被状况不好、风吹日晒严重的牧地更应重视水的供应。

饮水以自动饮水器最佳，以减少饮水污染，保证水的随时供应。自动饮水应设置完整的供水系统，包括水源、水塔、输水管道、供水器（饮水器）等。输水管道最好在地下埋置，而终端饮水器应设在放牧地块，根据面积大小设置一定的饮水区域，最好与补料区域结合，以便鸡采食后饮水。饮水器的数量应根据鸡的多少设置足够的数量。

但更多的鸡场不具备饮水系统，特别是水源（水井）的问题难解决，一般采取异地拉水。对于这种情况，可制作土饮水器，即利用铁桶作为水罐，利用负压原理，将水输送到开放的饮水管或饮水槽。

四、诱虫

诱虫的目的有两个：①通过诱虫，为鸡提供一定的动物蛋白，降低养殖成本，提高养殖效果。昆虫虫体不仅富含蛋白质和各种必需氨基酸，还含有抗菌肽及多种未知生长因子。②消灭虫害，降低作物和果园的农药使用量，实现生态种植与养殖的有机结合。实践表明，若是鸡采食一定量的昆虫饲料，则生长发育速度快，发病率降低，成活率提高。可能由于昆虫体内存在的特殊抗菌物质，经常采食昆虫的鸡，对于一些特殊的疾病（如病毒性的马立克病）有一定的抵抗力，发病率较低。

诱虫一般采用3种方法，即黑光灯诱虫、高压电弧灭虫灯诱虫和性激素诱虫。

（一）黑光灯诱虫

黑光灯诱虫是生产中最常见的，一般使用两种光源诱虫，一种是高压自镇汞灯泡，一种是黑光灯泡。夏季既是放养鸡的最佳季节，也是昆虫大量滋生的季节。利用昆虫的趋光性，使用黑光灯可大量诱虫。黑光灯发出的光波波长为 3800 纳米，大多数昆虫如飞蛾、蝗虫、螳螂、蚊蝇等，对波长为 3000～4000 纳米的光波极为敏感。黑光灯诱虫需要有 220 伏交流电源（50 赫兹），规格有 20 瓦、30 瓦、40 瓦及高功率灯具等多种。安装时应在其上设 1 个防雨的塑料罩，或 3 块挡虫玻璃板，尺寸为 690 毫米×140 毫米×3 毫米（长×宽×厚）。可将黑光灯安装在果园一定高度的杆子上，或吊在离地面 1.5～2 米高的地方。安装要牢固，不要左右摇摆。一般每隔 200～300 米安装 1 个。黑光灯的诱虫采取傍晚开灯，昆虫飞向黑光灯，碰到灯即撞昏落入地面，被鸡直接采食，或落入安装在灯管下面的虫体袋内。次日将收集在袋内的虫体喂鸡。黑光灯的诱虫效果受天气影响较大，高温、无风的夜间虫子较多，而大风、雨天和降温的天气昆虫较少。因此，遇有不良天气时不必开灯。雨后 1 小时也不要开灯。灯具的周围不要使用其他强光灯具，以免影响应用效果。使用黑光灯一定要注意用电安全，灯具工作时不要用手触摸。

新乡辉县一个鸡场使用 9YH-20 型黑光灯，1 盏 20 瓦的灯在 6～9 月份，平均每夜诱捕昆虫量在 20 千克左右。

内蒙古根河林业局森林病虫害防治站 1995 年对于诱虫进行了较系统的研究，该站的经验可以借鉴。该站在林场使用两种灯泡（450 瓦高压自镇汞灯和 150 瓦黑光灯），按林地、地势划分为 33.3 平方千米、66.7 平方千米、150 平方千米，根据试验林地大小分别设单灯、灯组、灯群 3 种布灯方式。将灯设在林缘、山坳、路边开阔地带，距林地 3000 米、2000 米、1500 米不等，用木杆搭架将灯支起，距地面 1.5 米，自开灯之日起，设专人观察诱杀害虫（以舞毒蛾为主）。

试验表明，不论采取何种布灯方式，均可诱杀到大量森林害虫。3 个区共设灯 6 台，开灯 18 小时，诱杀昆虫种类 20 余种，数量达1098390头。不同布灯方式，诱杀效果有所差异，反映出的规律是多灯组诱蛾量大于少灯组。不同布灯方式诱蛾结果见表6-2。

表6-2　不同布灯方式诱蛾结果

时间	布灯方式	灯泡类型	试验面积 /平方千米	虫头密度 /(头/株)	开灯时间 /小时	诱虫数量 /头
8月2日	单灯	400瓦汞灯	33.33	230	6	186960
	2组灯	400瓦汞灯	33.33	230	6	373920
	3组灯	400瓦汞灯	33.33	230	6	537510

注：表格来源于李英、谷子林《规模化生态放养鸡》。

　　试验表明，不同灯具诱蛾的效果也不同。450瓦汞灯虽然诱蛾的数量比150瓦的黑光灯多了一点，但如果两种灯具的瓦数相同，黑光灯诱蛾数量可能会超出汞灯的诱蛾数量，因此，在使用灯具上最好采用黑光灯源（试验时没有相同瓦数的两种灯具）。不同灯具诱蛾结果见表6-3。

表6-3　不同灯具诱蛾结果

时间	布灯方式	灯泡类型	试验面积 /平方千米	虫头密度 /(头/株)	开灯时间 /小时	诱虫数量 /头
8月	单灯	400瓦汞灯	33.33	230	6	186960
8月	单灯	150瓦黑灯	33.33	230	6	175275

注：表格来源于李英、谷子林《规模化生态放养鸡》。

　　从不同时间诱虫效果看，从当日20点钟至翌日2点钟均可诱到一定的成虫，但出现的高峰在当日21~22点钟，从20~0点钟诱虫的效率均较高。因此，利用高压电网黑光灯诱杀成虫，其时间在20~0点钟为佳。通过不同天气诱虫数量的观察发现，晴朗无风天气诱蛾效果最好。雨后阴天仅为晴天的12%，而且雨后地面和空气潮湿易导电，因此，雨后不宜开灯。

（二）高压电弧灭虫灯诱虫

　　利用昆虫趋光性的原理，以高压电弧灯（一般为500瓦）发出的强光，诱集昆虫集中于灯下，然后被鸡捕捉采食。将高压电弧灯悬吊于宽敞的放牧地上方，高度可调整。每天傍晚开灯。由于此灯的光线极强，可将周围 2000 米的昆虫吸引过来。资料显示，每盏灯每天晚上开启 4 小时，1500 只鸡每天的补料量可减少 30％。

（三）性激素诱虫

利用性激素诱虫也是农田和果园诱杀虫子的一种方法。不过相对于光线诱虫而言，其主要应用于作物或果树的虫情测报和降低虫害发生率（多数是捕杀雄性成虫，使雌性成虫失去交配机会而降低虫害的发生率）。性激素与传统杀虫剂的区别见表 6-4。

表 6-4　性激素与传统杀虫剂的区别

项　目	性激素	传统杀虫剂
对天敌的影响	天敌能生存	常引起次生害虫发生
环境污染	易被微生物降解	污染比较严重,不可忽视
抗药性	至今未见报道	一般引起抗药性
施用次数	每年 142 次	每年多次
种群密度	高密度时无效	高密度时有效
处理区面积	较大的处理面积更有效	小面积亦有效
处理时间	前世代蛾的整个飞翔期	仅在损失上升之前有效
气候	无风和较大的风速受到影响	雨中无效
选择性	仅对靶子虫种有效	一种药能控制多种虫害

生产中使用的性激素是人工合成的。利用现代分析化学的方法，将不同虫子的性激素成分进行解密，然后人工合成，其诱虫效果较自然激素还要高。

李英等报道，用人工方法制成了多种害虫的雌性激素信息剂，每逢害虫成虫盛发期，在放牧地块里扎上高约 1 米的三脚架，架上搁 1 个盛大半盆水的诱杀盆，中央悬挂 1 个由性激素剂制成的信息球，此球发出的雌性信息比真雌虫还强，影响距离更远。当雄性成虫嗅到雌性信息后便从四面八方飞来，撞入水盆被淹死，然后作为鸡的饲料。

性激素诱虫的效果受到多种因素的制约。例如，性激素的专一性、种群密度、靶子害虫的飞行距离（即搜寻面积的大小）、性诱器周围的环境及气象条件，尤其是温度和风速。性诱器周围的植被也影响诱捕效率。

第六节　山林果园放养土鸡的兽害控制

老鼠、老鹰、黄鼠狼和蛇等动物会伤害放养鸡群，必须采取措施防治兽害。

一、防鼠

老鼠对放牧初期的小鸡有较大的危害性。因为此时的小鸡防御能力差，躲避能力低，很容易受到老鼠的侵袭，即便大一些的鸡，夜间受到老鼠的干扰也会造成惊群。预防老鼠的危害可采用鼠夹法、毒饵法、灌水法及养鹅驱鼠。

（一）毒饵法

在放牧前2周，在放牧地投放一定的毒饵。一般每亩地块投放2～3处，记住投放位置，设置明显的标志。每天在放牧地块检查被毒死的老鼠，及时捡出并深埋。连续投放1周后，将剩余的毒饵全部取走，一个不剩。然后继续观察1周，将死掉的老鼠全部清除。

（二）鼠夹法

在放牧前7天，在放牧地块里投放鼠夹等捕鼠工具。一般每亩投放2～3个捕鼠工具，每天傍晚投放，次日早晨观察。凡是捕捉到老鼠的鼠夹，应经过处理（如清洗）后再重新投放（曾经夹住老鼠的鼠夹，带有老鼠的气味，使其他老鼠产生躲避行为）。但在放牧期间不可投放鼠夹。

（三）灌水法

在放牧前，将经过训练的猫或狗牵到放牧地，让其寻找鼠洞，然后往洞内灌水，迫使其从洞内逃出，然后捕捉。注意防备部分老鼠一洞多口而从其他洞口逃出。

（四）养鹅驱鼠

以生物方法驱鼠、避鼠是值得提倡的。实践中，鸡鹅结合、生态相克，防治天敌的生物防范兽害技术可以取得良好效果。

鹅是由灰雁驯化而来，脚上有蹼，具有在水中游泳的本领，喜在水中觅食水草、水藻，在水中嬉戏、求偶、交配。鹅经人类长期驯化，大部分时间在陆地上活动、觅食。因此，其不但具有水陆两栖性。还具有群居性和可调教性，很容易与饲养人员建立友好关系。

利用鹅的警觉性、攻击性、合群性、草食性、节律性等特点，进行以鹅护鸡，可收到较好的效果。李英等试验，将鹅圈养在鸡舍周围，平时同样放牧，单独补饲，以吃饱为度。试验设置 4 组，鸡、鹅比例分别为 100：1、100：2、100：3 和 100：0（对照组）。结果表明对照组的兽害伤亡率为 2.45%，3 个试验组的兽害伤亡率分别比对照组低 1.45%、2.15% 和 2.45%。可见，养鹅防范放养土鸡的兽害伤亡效果明显。鸡、鹅比以 100：(2～3) 为宜。

二、防鹰类

鹰类是益鸟，具有敏锐的双眼、飞翔的翅膀和锋利强壮的双爪，可以灭鼠、捕兔。它们在高空中俯视大地上的目标，一旦发现猎物，直冲而下，速度之快、声音之小、攻击目标之准确，非其他动物能比。因此，人们将老鹰称为草原的保护神，其对于农作物和草场的鼠害和兔害的控制，维护生态平衡起到非常重要的作用。但是，它们对于放养鸡（特别是草场放养鸡）具有一定的威胁。

鹰类总的活动规律基本上与鼠类活动规律相同，即初春和秋季多，盛夏和冬季相对较少；早晨（9 点钟至 11 点钟）、下午（16 点钟至 18 点钟）多，中午少；晴天多，大风天少。鼠类活动盛期，也是鹰类捕鼠高峰期。鼠密度大的地方，鹰类出现的次数和频率也高。鹰类在山区和草原出现较多，平原较少。无论在山区，还是平原，老鹰活动都会对鸡群造成一定伤害。由于鹰类是益鸟，不能捕杀，因此，在放养鸡的过程中，对它们只能采取驱避的措施。

（一）鸣枪放炮法

放牧过程中有专人看管，注意观察老鹰的行踪。发现老鹰袭来，立即向老鹰方向的空中鸣枪，或向空中放两响鞭炮，使老鹰受到惊吓而逃跑。连续几次之后，老鹰不敢再接近放牧地。

（二）稻草人法

在放牧地里，布置几个稻草人，尽量将稻草人扎得高一些，上部捆一些彩色布条，最上面安装1个可以旋转、带有声音的风向标，其声音和颜色及风吹的晃动，对老鹰产生威慑作用而不敢凑近。

（三）人工驱赶法

放牧时有专人看管，手持长柄扫帚或其他工具，发现老鹰接近，立即边跑、边挥舞工具、边高声驱赶。如果配备牧羊犬效果更好。

（四）罩网法

如果放养地是草地，没有遮挡物，可以在放养地架起一个大网，离地面2.8～3米，并将鸡围起来，在特定的范围放牧。老鹰发现目标后直冲而下，接触网后，其爪被网线缠绕，此时饲养人员舞动工具，高声驱赶，老鹰夺路而逃（山林果园放养鸡不适宜用）。

一般而言，老鹰有相对固定的领域，即在一定的范围内只有特定几个老鹰活动，其他老鹰不能侵入这一区域，否则将被驱赶。只要老鹰经过几次驱赶惊吓，以后就不敢轻易闯入了。

三、防黄鼠狼

黄鼠狼又名黄狼、黄鼬，身体细长，四肢短，尾毛蓬松，全身棕黄色，鼻尖周围、下唇有时连到颊部有白色，雄体体重平均在0.5千克以上。是我国分布较广的野生动物之一。

黄鼠狼生性狡猾，一般昼伏夜出，黄昏前后活动最为频繁。除繁殖季节外，多独栖生活；喜欢在道路旁的隐蔽处行窜捕食，行动线路一经习惯则很少改变。黄鼠狼性情凶悍，生活力强，警觉性很高；夏天常在田野里活动，冬季迁居村庄内；洞穴常设在岩石下、树洞中、沟岸边和废墟堆里；习惯穴居，定居后习惯从一条路出入；主食野兔、鸟类、蛙、鱼、泥鳅、家鼠及地老虎等。其在野生食物采食不足时，对养鸡形成威胁，尤其是在野外放养鸡，经常会遭到黄鼠狼的侵袭，因此，应引起高度重视。

黄鼠狼喜欢穴居，特别喜居干燥的土洞、石洞或树洞，亦经常出入并借住鼠洞。其洞口较光滑，周围多有刮落的绒毛和粪便。黄鼠狼有固定的越冬巢穴，巢穴有多个洞口。为了抗寒防雪，巢穴多设在向阳、背风、静僻处，如闲屋、墟堆、仓库、草垛等地。洞口常因黄鼠狼呼吸而形成一触即落的块状霜。巢穴附近及通向觅食场所和水源的途径，就是捕捉黄鼠狼的最佳位置。对于黄鼠狼，可采取多种方法进行捕捉或驱赶。

（一）竹筒捕捉法

选择较黄鼠狼稍长的竹筒（60～70厘米），里口直径7厘米，筒内光滑无节。把竹筒斜埋于土中，上口与地面平齐或稍低于地面。筒底放诱饵如小鼠、青蛙、小鱼、泥鳅等，也可放昆虫等活动物（用网罩住）或火烤过的鸡骨。黄鼠狼觅食钻进竹筒后，无法退出而被活捉。

（二）木箱捕捉法

制作长100厘米、高16厘米、宽20厘米的木箱，两头为活闸门。闸门背面中间各钻1个小浅眼，箱体上盖中间钻1个小孔。闸门升起，浅眼与上盖面平齐。用与箱体等长细绳，两头各拴1根小钉插入闸门眼中，将闸门定住。细绳中间拴1条7～10厘米短绳，穿入箱内；底端拴1个小钩，挂上诱饵。黄鼠狼拉食饵料，即带动小钉脱离闸门，闸门降下将其关住，遂被活捉。

（三）夹猎法

将踩板夹置于黄鼠狼的洞口或经常活动的地方，黄鼠狼一触即被夹获。还可在夹子旁放上鼠、蛙、鱼、家禽或其内脏等诱饵，待黄鼠狼觅食时将其夹住。

（四）猎狗追踪捕捉法

猎狗追踪黄鼠狼到洞口，如黄鼠狼在洞内，狗会不断摇尾巴或吠叫，这时在洞口设置网具，然后用猎杆从洞的另一端将其赶出洞，将其活捉。

（五）灌水、烟熏捕捉法

利用狗寻找黄鼠狼洞口，随后用网封住洞口，然后往洞内灌水，或往洞内吹烟，迫使其出洞而被活捉。采取这种办法时应注意黄鼠狼的巢穴有多个洞口，防止其从其他洞口逃窜。

此外，养鹅护鸡对黄鼠狼也有较好的驱避效果。

四、防蛇

蛇隶属于爬行纲、蛇目。按照其毒性有无分为有毒蛇（如眼镜蛇、金环蛇、银环蛇、眼镜王蛇、蝮蛇、尖吻蝮、竹叶青、烙铁头等）和无毒蛇（各种游蛇）。

（一）蛇的主要特性

1. 昼夜性

有的蛇昼伏夜行，如金环蛇、银环蛇；有的蛇与之相反，如眼镜蛇；也有的蛇早晚活动，如尖吻蝮、蝮蛇；还有的蛇昼夜活动，如竹叶青、烙铁头等。但遇大风和大雨天，蛇基本不出来。

2. 变温性

蛇属于变温动物，对环境温度变化非常敏感，其生存活动呈现季节性。每年3月中旬（惊蛰至清明），气温回升到15℃以上，蛇冬眠初醒；4～5月份（清明至小满），气温20℃左右，蛇四处觅食、蜕皮、交配，在小范围活动。6月份（小满）以后，气温20～30℃时，蛇多数离开冬眠之地，迁至隐蔽的水边，饮水洗澡、觅食，活动频繁。若温度过高，蛇躲在较阴凉的地方夏眠，以度过干热的天气；9～10月份（白露至霜降）蛇又在四处觅食，积累养分，准备冬眠越冬；11月份（降霜）以后，气温降至15℃以下，蛇类陆续冬眠。

冬眠的先后顺序与蛇的种类、性别、年龄等有关。一般是无毒蛇比毒蛇、雌蛇比雄蛇、成年蛇比幼年蛇先冬眠。常见多数蛇群居冬眠于1米以下的干燥洞穴中，这样能保持体温恒定甚至升高1～2℃，减少水的蒸发，有利于越冬。也有少数独居越冬。

3. 脱皮性

当蛇长到一定程度，要把已角质化的皮肤蜕掉、重新长出新皮肤，同时更换鳞片。蛇每年脱皮3～4次。蜕皮先从嘴唇开始，头部皮肤松开反转向外，借助粗糙的地面或岩石、树口等脱掉旧皮。通常幼蛇生长速度快，蜕皮次数多于成年蛇。食物丰富的蛇，蜕皮次数较多。

山林果园散养土鸡新技术

4. 食性

蛇类的食性很广，主要以活体小型动物为主，如黄鳝、泥鳅、蛙类、鸟类、鼠类、蚯蚓等。不同蛇种对食物喜食程度不同。如银环蛇喜食黄鳝、泥鳅；眼镜蛇喜食青蛙和其他小蛇；蝮蛇喜食青蛙、蟾蜍、鸟类和鼠类。蛇不食死的、腐败的动物。蛇类的食量较大，一次可吞食比其身体重2～3倍的食物。蛇的耐饥性很强，一次饱餐后，十天半个月可以不吃食物。蛇的消化能力也很强，除羽毛、兽毛不能消化外，连动物的骨头都能消化。

蛇是捕鼠的能手，对于保护草场生态起到重要作用。但是野外放养土鸡，蛇也是天敌之一，尤其以我国南部省份为甚，其主要对育雏期和放养初期的小鸡危害大。对付蛇害，我国劳动人民积累了丰富的经验，一般采取两种途径：一是捕捉法；二是驱避法。

（二）捕捉方法

1. 徒手捕捉法

发现蛇后，要胆大心细，做到眼尖、脚轻、手快，切忌用力过猛或临阵畏缩。民间流传捕蛇的口诀：一顿二叉三踏尾，扬手七寸莫迟疑，顺手松动脊椎骨，捆成缆把挑着回。这就是说，当发现蛇时，先悄悄地接近它，然后脚一顿造成震动，使蛇突然受惊不动，然后趁势下蹲迅速抓住蛇颈，立即踏住蛇尾用力拉直蛇身，松动其脊椎骨，使蛇暂时失去缠绕能力并处于半瘫痪状态，再将蛇体卷好，用绳扎牢蛇颈和蛇体，然后放入容器中或用棍棒挑起来。这种方法是捕蛇老手的经验总结。

2. 引蛇出洞麻醉捕捉法

诱饵配制：咖啡50克，胡椒25克，鸡蛋清1.5千克，面粉50克。混合搅成糊团，放在有蛇的地方，能引诱到大量蛇群出洞。或在蛇经常出入的地方，将狗血洒在地上，人即远离。约过30分钟后，方圆200米内大小蛇类，不论毒蛇还是无毒蛇，凡闻到腥味都向狗血处聚集。捕蛇前先用云香精配雄黄擦手，然后用云香精、雄黄水向蛇身上喷洒，蛇立即浑身发软乏力、不能行动，软瘫在地任人捕捉。切记：捕蛇时，人接近蛇群既要隐蔽又要迅速。

3. 捕蛇工具捕捉法

一种是圈套法。一条打通的竹竿，用一根绳穿过其中，一边套成圈。看到蛇时，把圈套迅速套入蛇颈，立即拉紧绳子，这样蛇即被套住。另一种是钩压法。工具是一头装有较尖锐的铁制蛇钩，用蛇钩把毒蛇的头部钩住压在地面上，再用另一只手去抓蛇的颈部。

（三）驱避方法

1. 凤仙花驱避法

凤仙花又称花梗，凤仙花科，是观赏、药用和食用多用途植物。据药理学研究，凤仙对藓菌、金黄色葡萄球菌、溶血性链球菌、伤寒、痢疾杆菌等有不同程度的抑制作用。其茎和种子可入药。茎在中药中称为凤仙透骨草，有祛风湿、活血、止痛的功效，用于治疗风湿性关节痛、屈伸不利等症。种子称为急性子，有软坚、消积的作用，用于治疗噎膈、骨鲠咽喉、腹部肿块、闭经等。在民间，凤仙花常被用来治疗风湿疼痛、四肢麻木、月经不调、风湿性关节炎、跌打损伤、恶疮毒痈、毒蛇咬伤等。蛇对此花有忌讳，不愿靠近。在放养的地边种植一些凤仙花。可有效地预防蛇的进入和对鸡的伤害。

2. 其他植物驱避法

据资料介绍，七叶一枝花、一点红、万年青、半边莲、八角莲、观音竹等，均对蛇有驱避作用；还可在鸡场隔离区种些芋艿，不仅能避阴，而且，芋艿汁碰到蛇身上就会让它蜕一层皮，所以蛇也不敢靠近芋艿地。

有报道，用亚胺硫磷（果树农药）0.5千克加水拌匀喷洒在放养的牧地周围，蛇类闻到药味也会逃之夭夭，唯恐避之不及，以后则极少在此间出没活动，效果非常显著。

养鹅是预防蛇害非常有效的手段。无论是大蛇、还是小蛇，毒蛇或是菜蛇，鹅均不惧怕或将其吃掉，或将其驱出境。

第七节　山林果园放养土鸡的应激控制

"应激"是外界不利因素影响所引起的非特发性生物现象的总称，包括伤害和防卫（指各种不良因素对鸡体的刺激而产生的不良反应）。如严寒酷暑的刺激、暴风骤雨的袭击、雷声的惊吓、噪声、营养失调、饲喂方法突变、捕捉、驱虫、接种疫苗等对鸡体的影响，鸡体被迫做出某些生理的反应等都可引起应激反应。

山林果园放养的土鸡，受到外界气候、野生动物、饲料结构和环境条件等多种因素的变化影响较大，容易产生应激而影响到健康和生产，必须加强应激的控制。

一、应激的主要因素

引起应激反应的因素多种多样，有些因素的单独应激作用虽然不大，但多种因素合在一起就会造成大的应激，使鸡达不到理想的生产水平。引起鸡出现应激反应的因素主要有如下方面。

1. 气候因素

强风侵袭，雨淋日晒，严寒酷暑，雷鸣闪电等。

2. 环境因素

高温、低温及气温突变（夏季超过 28℃，冬季低于 5℃，以及日温差 10℃以上）；冬季和夏季环境湿度过高等；舍内换气不良；饲养密度过大；突发性噪声恐吓；光照的不适宜。

3. 饲养管理因素

饲料品质不良（饲料营养含量过低或霉变等），断料断水；长途运输、转群和移舍；断喙、捉鸡、注射疫苗；野兽的侵袭；药物或农药使用不当，如磺胺类、呋喃类、灭鼠药、农药等。

二、防止应激的措施

（一）防止气候突变

山林果园放养土鸡，气候变化对鸡群的影响最大，包括突然降温、突然升温、大雨、大风、雷电和冰雹。突然降温造成的危害是鸡在鸡舍内容易扎堆，相互挤压在一起，发现不及时容易造成底部的鸡被压死和窒息。高温造成的危害是容易中暑。风雨交加或冰雹的出现，往往造成大批死亡。在几年生态放养鸡的实践中，我们对不同鸡场的鸡放养期死亡情况进行了分析，因疾病死亡占据非常小的比例，而气候条件的变化所造成的死亡占据 50%左右。

在放牧期间，突遇大雨和大风，鸡来不及躲避，被雨水淋透。大雨必然伴随降温，受到雨水侵袭的鸡饥寒交迫，抗病力减退，如不及时发现，很容易继发感冒和其他疾病而死亡。若及时发现，应将其放入温暖的环境下，使其羽毛快速干燥，可避免死亡。

放牧期间，雷电对鸡群的影响也很大。尽管很少有发生雷击现象，打雷的剧烈响声和闪电的强烈光亮的刺激，往往出现惊群现象，大批的鸡拥挤在一起，造成底部被压的鸡窒息而死。没有被挤压的鸡，由于受到强烈的刺激，几天才能逐渐恢复。因此，若遇到这样的情况，必须观察鸡群，发现炸群，及时将挤压的鸡群拨开。所以，放养土鸡，必须注意当地的天气预报。遇有不良天气，提前采取措施。

（二）创造适宜的生活环境

尽可能设法维持鸡舍内良好的环境。做好夏季防暑降温和冬季防寒保暖工作，尽量保持鸡舍最佳温度；鸡舍相对湿度保持在 $50\%\sim60\%$；鸡舍通风良好，舍内空气新鲜；经常清除粪便，防止氨气含量超标；保持舍内安静，防止出现突然声响或噪声过大；保持适宜的光照，产蛋期实行 16 小时光照，光照强度以每平方米 3～5 瓦为宜，光照制度要稳定；保持合适的饲养密度，产蛋鸡地面散养或网上平养密度以每平方米 6～8 只为宜。

（三）科学饲养管理

1. 稳定饲喂制度

饲喂制度，如饲喂时间、饮水时间、放牧时间或归牧时间等的改变都会对土鸡造成一定的应激，影响土鸡的生长和产蛋，所以要保持饲喂制度的稳定，不应轻易变更。

2. 避免饲养人员更换

在长期的接触中，鸡对饲养人员形成了认可的关系。如果饲养人员突然被更换，对鸡群是一种无形的应激。因此，应尽量避免人员的更换。如果更换饲养人员，应该在更换前让两个人共同饲养一段时间，使鸡对新的主人产生感情，确认其主人地位。

3. 固定鸡舍和设备位置

由于在某一地点和环境中放牧一段时间，鸡群对其生活周围的环境比较熟悉，也逐渐适应，如果更换鸡舍（鸡棚）、饲喂和饮水用具的位置等，对鸡都有不良影响。比如说，将鸡舍拆掉，在其他地方建筑 1 个非常漂亮的鸡舍，但这群鸡宁可在原来鸡舍的位置上暴露过夜，承受恶劣的环境条件，也决不到新建的鸡舍里过舒适生活。

4. 科学捕捉

山林果园放养土鸡，转群移舍、免疫接种等许多操作环节都要捕捉鸡只，容易产生应激和伤亡（引起鸡骨折、挫伤甚至死亡）。只有科学捕捉，才能减少应激和伤亡。

① 要尽量选在早、晚，光线较暗、温度较低时捉鸡。因为昏暗环境下鸡的活动减少，便于捕捉。

② 捉鸡前要将地面或网上所有的设备，如料桶、饮水器等升高或移走，以免鸡在跑动过程中发生碰撞而致皮下出血或骨折，如果是鸡出栏，应在屠宰前 12 小时停食，以减少屠宰污染；但至抓鸡装笼时都不能停水，以防长时间缺水造成鸡体重下降。

③ 捉鸡前用隔网将鸡群分成小群，以减少惊吓、拥挤造成的死亡，用隔网围起的鸡群大小应视鸡舍温度、鸡体重和捕捉人手多少而定。

④ 捕捉动作要轻柔、快捷。对于较小的鸡，可用手直接抓住其整个身体，但不可抓得太紧；对较大的鸡，可从后面握住其双腿，倒提起轻轻放入筐内，严禁抓翅膀和提一条腿，以免导致骨折。鸡出栏时，每筐装的鸡不可过多，以每只鸡都能卧下为度。

5. 严禁动物闯入

在放牧期间，家养动物的闯入（以狗和猫为甚），对鸡群有较大的影响。特别是在植被覆盖较差的地块放牧，鸡和其他闯入动物均充分暴露，动物的奔跑、吠叫，对鸡群造成较强的应激。应避免其他动物进入放牧区。有条件的鸡场，可将放牧区用网围住。

（四）添加饲喂抗应激添加剂

1. 维生素

遇到应激（如转群、免疫、放养和气候突变）的前后几天，在饲料或饮水中加入 100 毫克的维生素 C 或复合维生素等预防应激；发生应激时可加倍添加饲喂。日粮中添加维生素 C 有助于热应激条件下的鸡维持正常体温。给热应激的鸡按 0.02%～0.04% 的比例添加维生素 C，可以使血浆中的钠、蛋白质和皮质醇的浓度恢复正常。维生素 E 有保护细胞膜和防止氧化的作用，高水平的维生素 E 可降低细胞膜的通透性，减少应激时肌肉细胞中肌醇激酶的释放，从而防止过多的钙离子内流而造成对正常细胞代谢的干扰。维生素 E 还可缓解由于高温时肾上腺激素释放而引起的免疫抑制，提高抗病力。

2. 微量元素

应激能造成鸡体内某些微量元素的相对缺乏或需要量增加，适当补充饲喂锌、碘、铬等元素可减轻应激反应。

3. 药物

安定药有较强的镇静作用，能降低中枢系统机能的紧张度，使动物镇定和安宁，有抗应激效果。在鸡转群、断喙、接种疫苗前 1～1.5 小时，在每千克饲料中加入氯丙嗪 30 毫克，可降低鸡对应激的反应；某些天然中草药有抗应激效果，投喂抗惊镇静药，钩藤、菖蒲、延胡索酸、枣仁等，能使鸡群避免骚动，保持安静；投清热泻火、清热燥湿、清热凉血的中草药，如石膏、黄芩、柴胡、板蓝根、蒲公英、生地、白头翁等，可缓解热应激；投喂开胃消食中药，如山楂、麦芽、神曲等，可维持正常食欲，提高机体抵抗力。

4. 其他添加剂

某些饲料添加剂能促进营养物质的消化吸收，增强畜禽抗病能力，有抗应激作用，如杆菌肽锌、阿散酸、酶制剂、黄霉素等。

（五）做好疫病防治

保持鸡舍清洁，定期进行消毒，严格执行免疫程序，防止疾病发生。适时在饲料中投放驱虫药，预防寄生虫病发生。在鸡群转群、断喙、免疫接种或天气突变等强应激情况下，饲喂抗菌药物，防止细菌感染。

第八节　山林果园放养土鸡育成期的饲养管理要点

一、土鸡育成期的培育目标

育成鸡的培育目标是通过精心的饲养管理，培育出个体质量和群体质量都优良的育成新母鸡（18～22周龄的母鸡），为以后高产奠定基础。

1. 个体质量

个体质量就是每一只鸡的质量。要求鸡群中每只鸡都健康无病。健康的鸡应活蹦乱跳，反应灵敏，食欲旺盛，采食有力，体型良好，羽毛紧凑光洁；鸡冠、脸、肉髯颜色鲜红，眼睛突出，鼻孔洁净，肛门羽毛清洁，粪便正常；鸡挣扎有力，胸骨平直，肌肉和脂肪配比良好等。否则，就不健康。

2. 群体质量

群体质量就是整个鸡群质量。

（1）品种优质　雏鸡应来源于持有生产许可证场家的优质土鸡品种。

（2）体重发育好　体重发育符合标准，鸡群均匀整齐，大小一致。

（3）抗体水平符合要求　鸡群抗体水平的高低反映鸡群对疾病的抵抗力和健康状况，优质育成土鸡群的抗体结果应符合安全指标。

二、土鸡育成期的生理特点

育成阶段羽毛已经丰满，换羽已经长出成羽，体温调节能力健全，对外界适应能力强。

消化能力增强，采食多，鸡体容易过肥；钙、磷的吸收能力不断提高，骨骼发育处于旺盛时期，此时肌肉生长最快。适当降低饲粮的蛋白质水平，保持微量元素和维生素的供给，育成后期增加钙的补充。

小母鸡从第11周龄起，卵巢滤泡逐渐积累营养物质，滤泡渐渐增大；小公鸡12周龄后睾丸及附性腺发育加快，精子细胞开始出现。18周龄以后性器官发育更为迅速，由于12周龄以后鸡的性器官发育很快，对光照时间长短的反应非常敏感，应注意控制光照。

三、放养前的准备

育雏一般是在舍内饲养，舍内的环境与放养环境有巨大的差异，不做好准备而突然进行山林果园放养，鸡群会不适应而引起不必要的损失。所以，放养前要做好一些准备工作。

（一）加强训练

1. 消化机能训练

育雏期根据室外气温和青草生长情况而定，一般为4～8周。为了适应放养期大量采食青绿饲料和采食一定的虫体饲料的特点，应在育雏期进行消化机能适应性训练，即在放牧前1～3周，可在育雏料中添加一定的青草和青菜，有条件的鸡场还可加入一定的动物性饲料，特别是虫体饲料（如蝇蛆、蚯蚓、黄粉虫等），使土鸡的消化机能得到应有的训练，减少放养后的饲料应激。青绿饲料的添加量，要由少到多逐渐添加，防止一次性增加过多而造成消化不良或腹泻。在放牧前，青绿饲料的添加量应占到雏鸡饲喂量的50%以上。

2. 适应外界温度的训练

放牧对于雏鸡而言，环境发生了很大的变化。特别是由室内转移到室外，由温度相对稳定的育雏舍转移到气温多变的野外，温度容易发生剧烈变化而对土鸡产生应激。放养最初2周是否适应放养环境的温度条件，在很大程度上都取决于放牧前温度的适应性锻炼。在育雏后期（放养前1～2周），应逐渐降低育雏室的温度，使舍内温度与外界气温一致，也可适当进行较低温度和小范围变温的训练，使小土鸡具有一定的抗外界环境温度变化的能力，以便适应室外放养的气候条件，将有利于提高放养初期的成活率。

3. 活动的训练

育雏期雏鸡仅仅在育雏室内有限的地面上活动，活动范围小，活动量少，而放入山林果园后，活动范围突然扩大，活动量成倍增加，很容易造成短期内的不适应而出现因活动量过大造成的疲劳和诱发疾病。因此，在育雏后期，应逐渐扩大雏鸡的活动范围和增加运动量（必要时可以驱赶鸡群，加强运动），增强其体质，以适应空旷的放养环境。

（二）管理转变

舍内育雏，为了保证雏鸡成活率和良好的生长发育，必须进行精细的饲养管理，提供适宜的环境条件，科学地配制饲料和合理地饲喂等。在育雏后期，为了提高土鸡适应野外生活的能力，在管理上要有所转变，逐渐由精细管理过渡到粗放管理。如在饲喂制度、饮水方式、管理形式、环境条件等方面接近放养下的状态，特别是注意调教，形成条件反射，为放养奠定良好的基础。

（三）减少应激

放牧前和放牧的最初几天，由于转群、脱温、环境变化等影响，出现一定的应激，免疫力下降。为避免放养后出现应激性疾病，可在补饲饲料或饮水中加入适量维生素 C 或复合维生素，以预防应激。

四、育成期的饲养管理要点

山林果园放养土鸡育成期除了做好前面的一般饲养管理外，还要注意做好如下管理。

（一）放牧过渡期的管理

由育雏室转移到野外放牧的最初 1～2 周是放养成功与否的关键时期。如果前期准备工作做得较好，过渡期管理得当，小鸡很快适应放牧环境，不会因为饲养环境的改变而影响生长发育。

选择在天气暖和的晴天转群。转群时间安排在晚上，当育雏舍灯光关闭后，鸡群稍微安静后可以开始转群。为减少鸡群的骚动和便于转群，可以使用手电筒，在手电筒头部蒙上红色布，或在舍内留一个功率较小的光源，用红色布或红纸包裹，使之放出黯淡的红色光，有利于鸡群保持安静。转群人员应抓住鸡脚，轻轻将鸡放到运输笼，然后装车。按照分群计划，一次性放入鸡舍，使鸡在放养地的舍内过夜，第二天早晨不要马上放鸡，要让鸡在鸡舍内停留较长的时间，以便熟悉其新居。待到 9 点钟至 10 点钟以后放出喂料，饲槽放在离鸡舍 1～5 米远，让鸡自由觅食，切忌惊吓鸡群。转群时动作要轻，避免粗暴而引起鸡的伤残。

转群后的饲料与育雏期相同，不要突然改变。开始几天，每天放鸡的时间可以短些，以后逐日增加放养时间。为了防止个别小鸡乱跑而不会自行返回，可设围栏限制，并不断扩大放养面积。1～5

天内仍按舍饲喂量给料，日喂 3 次；5 天后要限制饲料喂量。分两步递减饲料：首先是 5～10 天内饲料喂平常舍饲日粮的 70%；其次是 10 天后直到育成或出栏，饲料喂量减少 1/2，只喂平常各生长阶段舍饲日粮的 30%～50%，日喂 1～2 次（天气好时喂一次，天气不好时喂 2 次），饲喂的次数越多效果越差，因为鸡有懒惰和依赖性。

（二）补料和饮水

饲料的补充量不足，或者投料工具的实际有效采食面积小，会严重影响鸡的采食，使那些体小、体弱、胆小的鸡永远处于竞争的不利地位而影响生长发育。根据鸡在野外获得的饲料情况，满足其营养要求，合理补充饲料，并集中补料，增加采食面积，保证每一只鸡在相同时间内获得需要的饲料量。使用自动饮水装置饮水，饮水碗或水槽应靠近饲喂区，数量充足。育成期间一般不限制饮水，特别在夏季，要保证充足供水。料槽和饮水器每周要清洗消毒 2～3 次。

（三）饲养规模和密度

群体规模适中，过大的群体规模易造成群体参差不齐（规模过大，个体过小的和过弱的个体不易获得饲料营养，并且容易受到践踏，导致群体的差距越来越大）。一般来说，群体规模控制在 500只左右，最多也不应超过 1000 只。对于数万只的鸡场，可以分成若干个小区隔离饲养。

放养密度是一个动态指标，它因地而异、因鸡而异、因季节而异。首先放养地的植被情况决定了放养密度，植被情况（品种和数量）良好，放养密度可大一些。根据经验，一般每 100 平方米草场面积可放养 5 只左右，稍好点的草场可放养 8 只左右，最好的草场也不能超过 12 只，某些次一点草场也就放养 3 只，有些植被很差的草场仅能放养 1 只，荒漠化草场连 1 只也做不到。

在刚刚开始的放养初期，因鸡的体重很小，采食量也不是很大，放养密度可高一些；随着鸡体重的增加，采食量加大，鸡自主觅食半径增加，放养密度也要随之下降。确定放养密度还要考虑季节因素，早春与初冬季节，地表上绿色植被很少，这时的放养密度要降下来；反之在夏秋季节，植被丰富，昆虫也处于生长繁殖的旺季，这时的放养密度可相应提高。

（四）体重控制

育成新母鸡的体重与以后的产蛋关系密切，所以，育成期加强体重控制，保证育成结束时体重达标，为产蛋奠定良好基础。

1. 体重测定

从育雏期开始至育成末期基本结束，每周或每2周抽测体重一次。测定体重的时间应安排在周末夜间同一时间进行。晚上关灯鸡群安静以后，手持手电筒，蒙上红色布料，使之发出较弱的红色光线。随机轻轻抓取鸡，使用电子秤逐只称重，并记录。设计固定记录表格，每次将测定数据记录在同一表格内，并长期保存。最后将体重绘制成完整的鸡群生长发育曲线。

测定体重抽取的样品应具有代表性，做到随机取样。在鸡舍的不同区域、栖架的不同层次，均要取样，防止取样偏差。每次抽测的数量依据群体大小而定。一般为群体数量的5%，大规模养鸡不低于群体数量的2%，小规模养鸡每次测定数不小于50只。

2. 体重的调整

测定体重并计算平均数后，根据体重大小进行必要的调整。如果育成期发育缓慢，没有达到标准体重，分析原因。如果营养不足，应根据体重的变化与标准值比较，酌情补料。育成期阶段，是生长发育最快的时期，仅靠采食一些植物性青饲料，很难满足鸡自身快速生长的需要，不能满足能量和蛋白质总量的需求，必然影响生长发育。根据每周称测的体重情况，调整补充的饲料量，既满足育成鸡的营养，又避免饲料的浪费，获得体重符合要求的新母鸡。

同时要注意及时淘汰体重过小的鸡（有叫"拉腿鸡"）和体质过弱的鸡。这些鸡开产期非常晚，产蛋性能也差。

（五）减少放养丢失

一些鸡场在放牧过程中鸡只数量越来越少，但没有发现死亡和兽害。说明放牧过程中不断丢失。这是由于没有进行有效地信号调教，也没有采取先近后远、逐步扩大放养范围的放养方法。

（六）注意观察

1. 观察环境变化

注意观察气候变化，遇到气候的突然变化，要提前采取防范措施。如下大雨前要及早收鸡或不放土鸡出舍等，防止鸡被雨淋；注意观察有没有野生动物的入侵，可以借助摄像头、音响报警器等设备，避免鸡受到野兽侵害等；及时观察和了解放养场地状况，如有没有喷洒农药以及一些人为破坏的迹象，减少对鸡的伤害。

2. 观察鸡群状况

对鸡群进行细致的观察是日常管理中的重要一环，通过观察能随时掌握鸡群的健康情况，发现问题，及早处置，把问题处理在萌芽状态。

（1）精神状态　健康鸡羽毛整洁，精神饱满，鸡冠与肉髯鲜红，而病弱鸡羽毛不整，凌乱不堪，冠髯苍白，低头垂翅，精神萎靡。

（2）采食情况　食欲旺盛，说明鸡生理状况正常，健康无病。减食，一般是因饲料突然改变、饲养员更换、鸡群受惊以及有病等因素所致；不食，表明鸡处于重病状态；异食，说明饲料营养不全，特别是矿物质与微量元素不足；挑食，是由于饲料搭配不当、适口性差所致。

（3）粪便状态　灰色干粪是正常粪便，通常灰色粪便上覆盖有点状白色粪，其量的多少可以衡量饲料中蛋白质含量的高低及吸收水平。如果有 1/5 的鸡排酱色便，这是盲肠粪便属正常。病弱鸡排便稀且不成型，颜色也不正常。

① 褐色稠粪也属于正常粪便，其恶臭的气味是由于鸡粪在直肠内停留时间较长所致。

② 红色、棕红色稀粪，说明肠道内有血，可能是患有白痢杆菌病或球虫病。

③ 黄绿色或黄白色并附有黏液、血液等的恶臭稀粪，说明胆汁排到肠道内，多见于新城疫、霍乱、伤寒等急性传染病，发现后应立即隔离，全面诊断予以淘汰。

④ 白色糊状或石灰浆样的稀粪，多见于雏鸡白痢杆菌病、传染性法氏囊病等，发现后立即隔离，全面诊断予以淘汰。

（4）呼吸系统状况　呼吸系统异常就一定有问题要出现。晚上关灯后，细听鸡的呼吸声，若有呼啦呼啦等异常声音，说明有呼吸道疾患。

（七）卫生管理

鸡栖息的棚舍及附近场地要坚持每天打扫、消毒；定期清洗消毒料槽、水槽，保持清洁卫生；定期驱虫，8～9周，每只鸡0.5片鸡虫净，研磨拌料，一次投服，或0.03%～0.04%呋喃唑酮拌料使用5天。17～18周龄，每只鸡1片左旋咪唑，一次投服，连用两次。注意驱虫后要清理粪便进行堆积发酵处理。

第九节　山林果园放养商品
土鸡的饲养管理要点

一、饲养管理要点

山林果园放养商品土鸡的饲养管理除了按照前面放养鸡的一般技术以外，还要注意如下几点。

1. 精选良种

选养皮薄骨细、肌肉丰满、肉质鲜美、抗逆性强、体型中小有色羽的著名地方品种，根据当地的饲养习惯及市场消费需求，选育适合当地饲养的优良土鸡品种。如在南方市场销售，可以选择饲养农村土杂鸡所产的蛋孵化的雏鸡，价格高，好销售；如果在北方市场销售，可以饲养芦花鸡、固始鸡以及麻鸡品种。

2. 适时放养

放养的商品土鸡，在育雏室内育雏5周。一般夏季30日龄、春季45日龄、寒冬50～65日龄可以开始放养。竹园、果园、茶园、桑园等放养场地要求地势高燥、避风向阳、环境安静、饮水方便、无污染、无兽害。鸡只既可吃害虫及杂草，还可积（施）肥。放养场地可设沙坑，让鸡沙浴。放养密度为40～60只/亩，每群规模约为500只为宜。放养场可设置围栏，放一批鸡换一个地方，既有利于防病，又有利于鸡只觅食。

3. 科学饲喂

优质土鸡育雏期应饲喂易消化、营养全面的雏鸡全价饲料。饲养中粗蛋白含量为 16%～17%。放养期要多喂青饲料、农副产品、土杂粮，以改善肉质，降低饲料成本；一般仅晚归后补喂配合饲料。要保证育肥土鸡有充足的饮水，可给育成鸡添喂占饲料量 10%～20% 的青饲料。中后期配合饲料中不要添加人工合成色素、化学合成的非营养添加剂及药物等，应加入适量的橘皮粉、松针粉、大蒜、生姜、茴香、八角、桂皮等自然物质以改变肉色，改善肉质和增加鲜味。

4. 适当催肥

育成土鸡在 13～14 周龄时，生长速度较快，容易沉积脂肪，在饲养管理上应采取适当的催肥措施。采用原粮饲喂的，可适当增加玉米、高粱等能量饲料的比例；饲喂鸡饲料的，可购买肉鸡生长料。出售前 3～4 周，如鸡体较瘦，可增加配合饲料喂量，限制放养进行适度催肥。

5. 严格防疫及驱虫

一般情况下，放养土鸡抗病力强，较圈养的大型肉鸡发病少。但因其放养于野外，接触病原体机会多，因此，要特别注意防治球虫病（一般在 20 日龄到 35 日龄预防一次为好）、卡氏白细胞虫病及消化道寄生虫病。每月进行一次驱虫为佳。肉鸡中后期，防治疾病时尽可能不用人工合成药物，多用中药及采取生物防治，以减少和控制鸡肉中的药物残留，以便于上市。

6. 适时销售

饲养期太短，鸡肉中水分含量多，营养成分积累不够，鲜味素及芳香物质含量少，达不到优质土鸡的标准；饲养期过长，肌纤维过老，饲养成本太大，不合算。

因此，小型公鸡 100 天，母鸡 120 天上市；中型公鸡 110 天，母鸡 130 天上市。此时上市鸡的体重、鸡肉中营养成分、鲜味素、芳香物质的积累基本达到成鸡的含量标准，肉质又较嫩，是体重、质量、成本三者的较佳结合点。

二、提高鸡肉风味的措施

肌肉的风味影响人们的食欲和消费欲望。影响鸡肉风味的主要因素有遗传、饲料营养和环境等。遗传因素主要有品种、日龄、性别，营养因素主要是饲料，环境因素包括饲养管理和小气候因素等。在土鸡饲养过程中可以通过添加一些物质来提高肌肉风味，见表 6-5。

表 6-5　提高肌肉风味的物质

物质名称	效　　果
绿茶粉或废茶粉	饲料中添加 3%，可显著增加鸡脯肉中维生素 A 和维生素 E 的含量，同时还可以增加鸡肉的鲜美味
党参、丁香、川芎、沙姜、辣椒、八角以及合成调味剂；鲜味剂(主要含谷氨酸钠、肌苷酸、核苷酸、鸟苷酸等)	饲喂后期肉鸡，结果肌肉中氨基酸及肌苷酸含量明显提高，从而增进其肌肉风味(韦凤英等报道)
杜仲、黄芪、白术等中药	按等量比例配伍饲喂鸡，结果提高肉鸡肌肉中粗蛋白含量与肌肉脂肪的沉积能力，提高肌肉的营养价值和风味，改善肉品质(宁康健报道)
生姜、大蒜、辣椒叶、艾叶、陈皮、茴香、花椒、桑叶、车前草、黄芪、甘草、神曲和萑草等 13 味中草药制成中草药饲料添加	并与益生菌添加剂结合配制成益生中草药合剂饲喂鸡，实验结果表明，鸡肉风味具有天然调味料的浓郁香味，口感良好，味道纯正，综合效益良好(黄亚东等报道)
女贞子水提物	添加 0.4%，显著改善鸡肉的嫩度(郭晓秋报道)
大蒜、辣椒、肉豆蔻、丁香和生姜等	饲喂肉鸡，改善鸡肉品质，使鸡肉香味变浓(聂国兴报道)
沙棘嫩枝叶	添加日粮中，提高鸡肉中氨基酸和蛋白质的含量，改善鸡肉品质，并能增强动物机体免疫能力(邵淑丽等报道)
大蒜	饲料中添加 10%～20%捣烂大蒜或 0.2%大蒜素，鸡肉的香味变得更浓，脚胫皮肤着色较黄(郑诚等报道)
芦荟和蜂胶	作为饲料添加剂，具有提高蛋白质的代谢率、胸肌率、腿肌率和降低腹脂率的作用，从而改善了鸡肉品质(杨雪娇报道)
桑叶粉	出栏前 4 周的肉鸡在饲料中添加 3%桑叶粉，能大幅度提高肉鸡的品质，使肉质香味更浓。口感好，降低氨气含量
添加维生素(维生素 E、维生素 D 等)、矿物质(钙、镁、硒等)	能够缓解动物应激，增强机体抗氧化能力，减少脂质氧化，改善肉的嫩度，减少滴水损失等(De 等报道)

第十节　山林果园散养土鸡产蛋期的饲养管理要点

影响山林果园散养土鸡产蛋期产蛋率高低的因素主要取决于两个方面：一方面是育成新母鸡的质量；另一方面就是产蛋期的饲养管理。在培育优质育成新母鸡的基础上，做好产蛋期的饲养管理工作，就可以获得良好的饲养效果。

一、土鸡产蛋规律

土鸡开产后产蛋率和蛋重的变化具有一定的规律性，饲养管理中应注意观察这一规律性，采取相应措施，增加产蛋量和提高蛋的质量。

（一）始产期

在农村少量散养时，由于营养水平偏低，土鸡的开产日龄较晚，而且各群差别明显。在规模饲养下，配合饲料和人工光照的应用，土鸡一般在 22～23 周龄即可达到 5％的产蛋率，到 28 周龄时，产蛋率可达到 50％。我们把 22～28 周龄，产蛋率为 5％～50％，这一时期称为始产期。始产期内产蛋规律性不强，各种畸形蛋比例较大，蛋重较小。

（二）主产期

从 28 周龄开始，产蛋率稳步上升，在 31～33 周龄时可达到最高产蛋率 80％以上，维持 80％以上产蛋率 2～3 个月后，产蛋率缓慢下降，在 55 周龄时，下降到 60％左右。把 28～55 周龄这一阶段称为土鸡主产期。主产期内，产蛋周期已经形成，蛋的重量逐渐达到最大。主产期产蛋的多少，直接关系到整个产蛋期的产蛋量。

（三）终产期

55 周龄以后，随着产蛋率的下降，蛋重逐渐增大，到 68 周龄时，产蛋率下降到 45％～50％，一个产蛋年结束。这时种鸡可以淘汰或再利用 1 年。一般土鸡第 2 个产蛋年的产蛋率为第 1 年的

80％左右。

二、土鸡产蛋期的饲养管理要点

土鸡产蛋期的饲养管理除了做好前面的放养准备、分群、调教、诱虫补草、兽害和应激控制外，还要做好如下方面的饲养管理工作。

（一）做好开产前的准备

开始产蛋的前一周，将产蛋箱准备好，让土鸡适应环境。每4～5只鸡准备1个产蛋箱，产蛋箱放置在较暗的地方，产蛋箱中铺些垫草，并放上假蛋；并根据鸡群的免疫程序要求和抗体水平接种疫苗；安装好产蛋期需要的各种设备；进行全面彻底的消毒。

（二）科学补料

由于山林果园的野生饲料资源有限，不能完全满足土鸡产蛋的营养需要，为避免影响产蛋性能发挥，需要补充饲喂。

1. 影响补料量的因素

影响山林果园散养土鸡产蛋期精料补充量的因素主要有鸡种、产蛋阶段和产蛋率、草地状况和饲养密度。

（1）品种　不同品种的鸡适用能力和觅食能力不同，采食的野生饲料资源种类和数量不同，需要补充的饲料量也不同。土鸡的觅食力较强，觅食的范围较广，产蛋性能较低，补料量可以少一些。而培育的高产杂交品种鸡对野外生存环境的适应性较差，自我寻找食物的能力，加之生产性能较高，因此，饲料补充量需要多一些。

（2）产蛋阶段和产蛋率　土鸡产蛋前期产蛋率不断提高，体重和蛋重不断增加，需要的营养物质多，补充的饲料量也多；产蛋后期产蛋率不断下降，体重不再增加，需要的营养物质比较稳定，可以适当减少补充饲料量；产蛋高峰期，为保证产蛋率的稳定，要维持适宜的补料量。生产中发现，同样的鸡种、同一产蛋日龄，但产蛋率差异很大。有的高峰期产蛋率80％左右，需要较多的补料量，而有的仅仅40％，补料量就应该少。所以，应根据鸡群的具体情况而灵活掌握补料量，对于不同的鸡群饲料的补充量不能千篇一律。

（3）自然饲料资源状况和饲养密度　山林果园放养鸡主要依靠其自身在山林果园采食自然饲料，补充饲料仅是营养的补充，而采食自然饲料的多少，主要受到自然饲料资源状况和饲养密度的影响。若草地的自然饲料资源充足（可食牧草很多，虫体很多），同样的放养密度下，补饲的精料数量就可以少一些，否则，补饲的精料数量就多。一定的自然饲料资源状况，如果饲养密度较低，自然饲料资源基本可以满足鸡的营养要求时，每天仅少量补充饲料即可；否则，饲养密度较大，山林果园可供采食的植物性饲料和虫体饲料较少，那么主要营养的提供需人工补料，在这种情况下，必须增加补料量。

2. 补料量确定

由于放养鸡采食的饲料种类和数量难以确定，所以，很难给出一个绝对的补充饲料数量。在生产中，具体补充饲料数量的确定可根据如下情况灵活控制。

（1）体重变化　开产前通过科学饲养、分群等措施使体重达到标准，而且均匀整齐。如果体重不达标，要增加饲喂量，促进增重；刚开产，土鸡的体重应该有所增加，在40～45周体重达到最大，以后体重保持稳定。开产时应在夜间抽测鸡的体重。45周龄以前，土鸡体重稍有增加，说明管理恰当，补料适宜。体重降低或不变，说明营养不足，需要增加补料量；45周龄以后，体重应保持稳定，如果增重过多，说明营养过剩，减少饲料补充量（在山林果园放养条件下，除了停产以外，很少出现鸡体过肥现象）。如鸡体重下降，说明营养不足，应提高补料质量和增加补料数量，以保持良好的体况。

（2）蛋重变化　初产蛋较小，随着日龄增加，蛋重不断增加。如土鸡初产的蛋一般只有35克左右，2个月后蛋增重达到42～44克，基本达到土鸡蛋标准。开产后蛋重在不断增加，每千克鸡蛋平均23～24个，说明鸡营养适当。营养不足时鸡蛋的重量小，如果每个鸡蛋不足40克，这说明土鸡的营养不平衡或不足，或管理不当，需要增加补料量。

（3）蛋形变化　正常的蛋，蛋形圆满，大小端分明。若蛋大端偏小，大小两头没有明显差异，这是营养不足的表现。这样的鸡蛋往往重量小，需要增加补料量。

（4）产蛋率变化　开产后产蛋上升很快，在2个多月、最迟3个月达到产蛋高峰期（柴鸡60％以上），说明营养和饲料补充得当。如果产蛋率上升较慢、波动较大，甚至出现下降，可能在饲料的补充和饲养管理上出现了问题。

（5）产蛋时间分布　大多数鸡产蛋在中午以前，上午10点钟左右产蛋比较集中，12点钟之前产蛋占全天产蛋率的77％以上。如果产蛋率不集中，下午产蛋的较多，说明饲料补充不足。

（6）食欲情况　每天傍晚喂鸡时，鸡来得慢，不聚拢、争食、抢食，说明食欲差或已觅食吃饱，应少喂些。如果很快围聚争食，说明食欲旺盛，鸡对营养的需求量大，可以适当多喂些。

（7）行为表现　如果鸡群正常，没有发现相互啄食现象，说明饲料配合合理，营养补充满足。如果出现啄羽、啄肛等异常情况，说明饲料搭配不合理，必需氨基酸比例不合适，或饲料的补充不足，应查明原因，及时治疗。

李英、谷子林等选择健康状况良好、产蛋末期的河北柴鸡300只，分为3个不同补饲组（Ⅰ组补料50克，Ⅱ组补料70克，Ⅲ组补料90克；营养含量相同，其成分为：粗蛋白14.79％，粗脂肪2.97％，粗纤维3.57％，钙2.39％，磷0.61％，代谢能11.30兆焦/千克），在人工草场（苜蓿地＋果园）上放养试验，结果产蛋性能和经济效益以补充70克精饲料的Ⅱ组为最优，见表6-6。

表6-6　不同补料量对河北柴鸡产蛋性能和效益的影响

组别	产蛋率/%	料蛋比/%	总产蛋量/千克	蛋清中蛋白/%	蛋黄中蛋白/%	蛋黄中卵磷脂/%	毛利润/元
Ⅰ	30.01	3.94	4.44	12.05	15.43	13.18	163.97
Ⅱ	43.65	3.85	6.37	11.64	17.08	13.17	245.92
Ⅲ	44.60	4.76	6.62	11.46	16.62	13.20	152.95

3. 饲料的更换

不同阶段饲喂不同的饲料，既可以降低饲料成本，又能满足营养需要。开产前要调整饲料中的钙含量。产蛋鸡对钙的需要量比生长鸡多 3～4 倍。笼养条件下，产蛋鸡饲料中一般含钙 3%～3.5%，不超过 4%。而放养鸡的产蛋率低于笼养鸡，此外，在放养场地鸡可获得较多的矿物质。因此，放养鸡的钙补充量低于笼养鸡。散养情况下，19 周龄以后，饲料中钙的水平提高到 1.75%，20～21 周龄提高到 3%。

散养土鸡产蛋鸡补钙要适量，如果产蛋鸡喂过多的钙，不但抑制其食欲，也会影响磷、铁、铜、钴、镁、锌等矿物质的吸收。同时也不能过早补钙，补早了反而不利于钙在骨骼中的沉积。这是因为生长后期如饲料中含钙量少时，小母鸡体内保留钙的能力就较高，此时需要的钙量不多。生产中，散养土鸡产蛋鸡补钙的方法一般是：鸡群见第一枚蛋时，或开产前两周在饲料中加一贝壳或碳酸钙颗粒，也可加一些矿物质于料槽中，任开产鸡自由采食，直到鸡群产蛋率达 5%，再将生长饲料改为产蛋饲料。

当产蛋率达到 25% 以上时，应该将生长料更换为蛋鸡料。开产时增加光照时间要与改换日粮相配合，如只增加光照，不改换饲料，易造成生殖系统与整个鸡体发育的不协调。如只改换日粮不增加光照，又会使鸡体积聚脂肪，故一般在增加光照 1 周后改换饲粮。

4. 补充饲料的营养浓度和参考配方

见第三章饲养标准和参考配方。

（三）环境控制

1. 温湿度的控制

蛋鸡产蛋需要适宜的温湿度。舍外散养，注意气温低时晚放鸡，早收鸡；气温高时早放鸡，晚收鸡。夏季充分利用树木、植物遮阳，冬季由于外界气温低，可以舍内饲养。

2. 光照的控制

光照是影响蛋鸡生产性能的重要因素。蛋鸡每日的光照时数和光照强度对其生产性能有决定性的作用，即对蛋鸡的性成熟、排卵和产蛋等均有影响。其作用机理：一般认为，禽类有两个光感受器，一个为视网膜感受器即眼睛，另一个位于下丘脑。光线的刺激经视神经叶的神经到达下丘脑。另外，光线也可以直接通过颅骨作用于松果体及下丘脑。下丘脑接受刺激后分泌促性腺素释放激素。

这种激素通过垂体门脉系统到达垂体前叶，引起卵泡刺激素和排卵激素的分泌，促使卵泡的发育和排卵。发育的卵泡产生雌激素，促使母鸡输卵管发育和第二性征显现。排卵激素则引起母鸡的排卵。

规模化山林果园散养土鸡，应该做好土鸡产蛋期的光照控制，提高其产蛋性能。

（1）土鸡的光照原则　光照时间的基本原则是育成期光照时间渐减或恒定，不能增加；产蛋期光照时间保持恒定或渐增，不能缩短。一般产蛋高峰期光照时间应控制在15～16小时，如果日自然光照时间不足时需要人工光照补足。产蛋期的光照强度要达到10～20勒克斯。

（2）土鸡的补光方法　土鸡的补光可以采取两头补光，即早晨和傍晚两次将光照时间补充到设计程序规定的时数。生产中，采取晚上补光比较好，这样可以配合喂料和进行光照诱虫，一举多得。

（3）光照程序的制定　见表6-7。

表6-7　山林果园放养土鸡产蛋期的光照程序

	顺季出雏时间/月份						逆季出雏时间/月份					
北半球	9	10	11	12	1	2	3	4	5	6	7	8
南半球	3	4	5	6	7	8	9	10	11	12	1	2
日龄	光　照　时　数											
1～2	辅助自然光照补充到23小时						辅助自然光照补充到23小时					
3	辅助自然光照补充到19小时						辅助自然光照补充到19小时					
4～35	逐渐减少到自然光照						逐渐减少到自然光照					
36～140	保持14小时						自然光照					
141～147	增加0.5小时						增加0.5小时					
148～154	增加0.5小时						增加0.5小时					
155～161	增加0.5小时						增加0.5小时					
162以后	保持16～17小时（光照强度20～30勒克斯）						保持16～17小时（光照强度20～30勒克斯）					

（4）光照注意事项

① 熟悉当地自然光照情况。我国大部分地区自然光照情况是

冬至到夏至期间日照时间由短逐渐变长，称为渐长期。从夏至到冬至期间由长逐渐缩短，称为渐短期。应从当地气象部门获取当地每日光照时间资料，以便制订每日的光照计划。

②人工补充光照。应尽量使光照基本稳定，促进产蛋性能相应提高。增加光照时间不要突然增加，应逐渐完成补光程序，一经固定下来，就不要轻易改变。

③增加光照逐渐增加。21周龄开始逐渐增加光照。正如上面所述，增加光照与改换饲料相配合。

3. 保持环境稳定、安静

产蛋高峰期最忌讳应激，特别是惊吓，如陌生人的进入、野生动物的侵入、剧烈的爆炸声和其他噪声等造成的惊群。

(四) 注意观察鸡群

平时要认真观察鸡群的状况，发现个别鸡出现异常，及时分析和处理，防止传染性疾病的发生和流行。

1. 观察精神状态

观察鸡群的精神状态，可及时发现病鸡，及时治疗和隔离，以免疫情传播。每天早晨放鸡时观察鸡群活动情况。健康鸡总是争先恐后向外飞跑，弱者常常落在后边，病鸡则不愿离舍或留在栖架上；每天补料时观察鸡的精神状态。健康鸡特别敏感，往往显示迫不及待感。病弱鸡不吃食或被挤到一边，或吃食动作迟缓，反应迟钝或无反应。病重鸡表现精神沉郁、两眼闭合、低头缩颈、翅膀下垂、呆立不动等。

2. 观察粪便变化

粪便变化能够反应出土鸡的健康状况，粪便异常鸡群就可能出现问题。正常的鸡粪便是软硬适中的堆状或条状物，上面覆有少量的白色尿酸盐沉积物。若粪过稀，则为摄入水分过多或消化不良。如为浅黄色泡沫粪便，大部分是由肠炎引起的。白色稀便则多为白痢病。排泄深红色血便，则为鸡球虫病。白绿色稀便可能是新城疫等。

3. 观察呼吸系统状况

每天晚上观察鸡群的呼吸状况。晚上关灯后倾听鸡的呼吸是否正常，如果带有咯咯声，说明鸡群呼吸道有疾病。

4. 观察产蛋情况

观察蛋的数量、蛋壳的质量和颜色等有无异常。

5. 观察其他情况

（1）啄癖　产蛋高峰期，由于光照、环境或营养不足，可能出现个别鸡互啄（啄肛、啄羽等）现象。如果发现不及时，被啄的鸡很快被啄死。因此，应认真观察，及时隔离被啄鸡，并予以治疗。如果发生啄癖的鸡比例较高，应查明原因，尽快纠正。

（2）羽毛情况　如果鸡周身掉毛，但鸡舍内未见羽毛，说明已被其他鸡吃掉，这是鸡体内缺硫所致，应采取补硫措施。鸡在换羽结束、开产前及开产前期羽毛是光亮的，如果此期羽毛不光亮是由于缺乏胆固醇的缘故，要补喂一些含胆固醇高的饲料。产蛋后期羽毛不光亮、污浊或背部掉毛的为高产鸡。

（3）肛门污浊情况　鸡在产蛋期，肛门周围大都有粪便污染的痕迹。停产期及不产蛋鸡的肛门清洁，腹部羽毛丰满光滑。若肛门周围有黄色、绿芒粪便或有黏液附着，并伴有其他异常表现，则表明鸡患有疾病（有黏液状的鸡患有卵巢炎、腹膜炎，已没有生产价值，应尽快淘汰）。

（五）集蛋管理

山林果园养殖土鸡，虽然鸡蛋的内在品质提高，但如果管理不善，处理不当，也会带来一些问题，影响放养土鸡所产鸡蛋的外在品质，如出现窝外蛋多，蛋壳脏，污染严重，极大地影响鸡蛋的外观和保存期。所以，要了解放养土鸡的产蛋习性，提供适宜的条件，加强集蛋管理，减少窝外蛋，提高土鸡蛋的内外品种。

1. 产蛋习性

（1）喜暗性　鸡喜欢在光线较暗的地方产蛋，所以，产蛋箱要避开光源直射，应背光放置，放置在光线较暗的地方或遮掩，使土鸡能够安静地进入产蛋箱产蛋。

（2）定巢性　鸡的第一个蛋产在什么地方，以后仍到此产蛋。如果这个地方被别的鸡占用，宁可在巢门口等候也不愿进入旁边的空巢，在等不及时往往几只鸡同时挤在一个产蛋箱内，这样就发生等窝、争窝现象，相互争斗和踩破鸡蛋，斗败的鸡就另寻去处或将蛋产在箱外。另外，等待时间过长会抑制排卵，推迟下次排卵而减少产蛋量。所以，要设置充足的产蛋箱。

（3）色敏性　禽类的视觉较发达，能迅速识别目标，但对颜色的区别能力较差，只对红、黄、绿光敏感。有研究认为，母鸡喜欢在深黄色或绿色的产蛋箱内产蛋，如果产蛋箱颜色能与此一致，则效果较好。

（4）隐蔽性　鸡喜欢到安静、隐蔽的地方产蛋，这样有安全感，产蛋也较顺利。因此，产蛋箱的设置要有一定的高度和深度，鸡进入其中隐蔽性较好，能免受其他鸡的骚扰。饲养员在操作中要轻、稳，以免弄出突然的响声惊吓正在产蛋的鸡，而产生双黄蛋等异常现象。

（5）探究性　母鸡在产第一个蛋之前，往往表现出不安，寻找合适的产蛋地点。在临产前爱在蛋箱前来回走动，伸颈凝视箱内。认好窝后，轻踏脚步试探入箱，卧下后左右铺开垫料成窝形。离窝回顾，发出产蛋后特有的鸣叫声。因此，土鸡蛋箱的踏步高度应不超过 40 厘米。

2. 产蛋箱放置

产蛋箱的数量、位置、高度以及箱内垫料情况等，对鸡的产蛋行为和鸡蛋的外在质量影响较大。

（1）产蛋箱放置时间　开始产蛋的前 1 周（土鸡在 20 周龄左右），将产蛋箱准备好，让其适应环境。

（2）产蛋箱的数量　产蛋箱数量少，容易造成争窝现象，久而久之使争斗的弱者离开而到窝外寻找产蛋处。因此，配备足够数量的产蛋窝很有必要。由于放养土鸡的产蛋率较低，产蛋时间较分散，一般每 5 只母鸡配备 1 个产蛋窝。

产蛋箱要安置稳定，底板结实，维护良好，母鸡进出产蛋箱时不应摇晃或活动。进出产蛋箱的板条应有足够的强度，能同时承受几只鸡的重量。产蛋是鸡繁衍后代的行为，它喜欢在最安全的地方产蛋或将蛋产在最安全的地方，否则，将影响其在窝内产蛋。

（3）产蛋箱摆放　产蛋箱放置应与鸡舍纵向垂直，均匀分布，即产蛋箱的开口面向鸡舍中央。蛋箱应尽可能置于避光幽暗的地方。要遮盖好蛋箱的前上部和后上部。开产前将产蛋箱放在地面上，鸡很容易熟悉和适应产蛋环境，避免了部分母鸡在产蛋箱下较暗的地方做窝产蛋。产蛋高峰期再将蛋箱逐渐提高，此时鸡已经形成了就巢产蛋习惯，便不再产地面蛋。

（4）产蛋箱中的垫料　产蛋箱中的垫料不仅影响土鸡窝外蛋的数量，而且影响蛋的外在质量。垫料包括垫料的颜色、垫料卫生和垫料厚度等。

① 垫料颜色对窝外蛋的影响。垫料颜色会影响鸡的窝外蛋百分率。资料显示，产蛋鸡对垫料的颜色有选择性，褐色的垫料比橘黄色、白色和黑色的同种垫料更受鸡的喜欢，而灰色垫料明显地受母鸡偏爱。国外的有关科学家进行了较细致的研究，专门比较了褐色和灰色两种垫料的窝外蛋的百分率。结果是开产时在灰色垫料产蛋箱中下蛋的母鸡产较少的窝外蛋，而褐色垫料组表现出较高的窝外蛋百分率。另外，灰色垫料产蛋箱中产蛋的母鸡产蛋总数增加（窝内蛋与窝外蛋总和），并且表现出较好的饲料转化率（整个 40 周龄）。分析认为，这种增加可能有两个原因：一种是由于窝外蛋的减少，将所有的鸡蛋全部收集，没有遗漏损失；还有一种可能是母鸡找到了更适宜自己的产蛋环境而产较多的蛋。

② 垫料卫生和厚度对蛋品质的影响。鸡产出的蛋首先接触的便是产蛋窝内的垫料，如果垫料污浊和厚度不够，可引起蛋壳的污染和破裂，影响蛋品质量。由于刚产出的蛋表面有一层胶质层，比较湿润，容易沾附一些污浊物质，刚产出蛋的本身温度（鸡的体温是 41℃，蛋内温度应该等于体温）与室温温差较大，表面细菌极易侵入，因此，要保证产蛋箱内垫料干燥、清洁，无鸡粪，及时清除窝内垫料中的异物、粪便或潮湿的垫料，经常更换新的、经消毒过的疏松垫料；垫料的厚度大约为产蛋窝深度的 1/3，带鸡消毒时对产蛋箱一并喷雾消毒。防止舍内垫料潮湿和饮水器具的跑冒滴漏现象，降低舍内湿度。

3. 诱导窝内产蛋

鸡具有学习的本能，山林果园散养土鸡时要做好训练母鸡进入产蛋箱产蛋的工作。为了诱导母鸡进入产蛋箱，可在里面提前放入鸡蛋或鸡蛋样物——引蛋（如空壳鸡蛋、乒乓球等）。鸡进入产蛋期后，饲养人员应经常在棚架区域内走动。早晨是母鸡寻找产蛋地点的关键时期，饲养员在舍内走动时密切关注母鸡的就巢情况。较暗的墙边、角落、台阶边、棚架边、钟形饮水器下方和产蛋箱下方比较容易吸引母鸡去就巢。饲养员应小心地将在这些地点筑窝的母鸡放到产蛋箱内，最好关闭产蛋箱，使其熟悉和适应这个产蛋环境，不再到其他地点筑窝。如果母鸡继续在其他地点筑窝，必要时可以用铁丝网进行隔开。通过几次干预，母鸡就会寻找比较安静的产蛋箱内产蛋。发现地面或其他非产蛋箱处有蛋，应及时捡起。

4. 捡蛋

检蛋次数影响蛋的破损率和污染程度，检蛋次数越多，蛋的破损率和污染程度越低。最好是刚产下时即捡走，但生产中捡蛋不可能如此频繁，这就要求捡蛋时间、次数要制度化。大多数鸡在上午产蛋，第一次和第二次的捡蛋时间要调节好，尽量减少蛋在窝内的停留时间。一般要求每天捡蛋 3～4 次，捡蛋前用 0.1% 的新洁尔灭洗手消毒，持经消毒的清洁蛋盘捡蛋。捡蛋时要净、污蛋分开，薄厚蛋分开，完好蛋和破损蛋分开，将那些表面有垫料、鸡粪、血污的蛋和地面蛋以及薄壳蛋、破蛋单独放置。在最后 1 次收集蛋后要将窝内鸡只抱出。

5. 蛋的处理

检蛋后，将脏蛋、破壳蛋、沙壳蛋、钢皮蛋、皱纹蛋、畸形蛋，以及过大、过小、过扁、过圆、双黄和碎蛋挑出，单独放置。对有一定污染的鸡蛋（脏蛋），可先用细纱布将污物轻轻拭去，并对污染处用 0.1% 百毒杀进行消毒处理（不能用湿毛巾擦洗，这样做破坏了鸡蛋的表面保护膜，使鸡蛋更难以保存）。

6. 优质蛋品的鉴别

（1）外在质量　优质蛋外表洁净光滑，无沙壳、裂纹、畸形等。

（2）新鲜度　山林果园放养鸡生产的高品质蛋，多是鲜蛋销售，要求必须新鲜。鸡蛋新鲜度的鉴别有如下方法。

① 外观鉴别。观察蛋的外观形状、色泽、清洁程度，蛋壳干净、无光泽，壳上有一层白霜，色泽鲜明的蛋是新鲜鸡蛋；蛋壳表面的粉霜脱落，壳色油亮，呈乌灰色或暗黑色，有油样浸出，可能有较多霉斑的是陈旧蛋。

② 耳听鉴别。相互碰击声音清脆，手握蛋摇动无声的是新鲜

蛋；蛋与蛋相互碰击发出嘎嘎声（孵化蛋）、空空声（水花蛋），手握蛋摇动时是晃荡声的是陈旧蛋。

③ 照蛋鉴别。在光线下观察钝端气室部位，如果只是一点阴影，气室很小，是新鲜蛋；如果气室明显，则是时间长的蛋。也可用专门的照蛋器（或用一箱子，上面挖一个小洞，箱子里放一盏灯泡，将需要检验的鸡蛋放在小洞上），通过从下射出的灯光观察鸡蛋内的结构和轮廓。新鲜鸡蛋一般里面是实的，没有气室形成，而陈旧鸡蛋气室已经形成，放的时间越长，气室越大。新鲜的鸡蛋呈微红色、半透明、蛋黄轮廓清晰，而陈旧的鸡蛋发污，较浑浊，蛋黄轮廓模糊。

（六）抱性催醒

抱性即就巢性，属禽类繁殖后代的一种正常生理现象。就巢性的强弱与品种类型有直接关系。高产杂交蛋鸡由于长期的选育，几乎没有抱性，而土鸡仍具有较强的抱性。就巢的发生与鸡体内激素变化有关，是下丘脑 5-羟色胺活性增强和腺垂体催乳素分泌增加的结果，这些激素的产生会抑制排卵，所以就巢性严重影响鸡群体的产蛋水平。

一般来说，母鸡就巢与季节和气温有关。也就是说，有利于鸡孵化即繁衍后代的气候条件，就容易发生抱窝现象。抱窝多发生在春末夏秋。同时，环境因素也会诱发就巢性。幽暗环境和产蛋窝内积蛋不取，可诱发母鸡就巢性。一旦一只鸡出现抱窝，其声音和行为对其他鸡有诱导作用。如果发生抱性，可以进行催醒。见表 6-8。

表 6-8　催醒方法

方法	操　作
丙酸睾丸素法	肌内注射丙酸睾丸素 5～10 毫克/只，用药后 2～3 天就醒抱，1～2 周后即可恢复产蛋。丙酸睾丸素可抑制和中和催乳素，使体内激素趋于平衡而醒抱
异烟肼法	按就巢母鸡每千克体重 0.08 克口服异烟肼，一般 1 次投药可醒抱 55%左右；对没有醒抱的母鸡次日按每千克体重 0.05 克再投药 1 次。第二次投药后醒抱可达到 90%，剩下的就巢母鸡第三天再投药 1 次，药量也为每千克体重 0.05 克，可完全消除就巢现象（当出现异烟肼急性中毒时，可内服大剂量维生素 B，以解毒，并配合其他对症治疗）

方法	操　　作
三合激素法	三合激素(即丙酸睾丸素、黄体酮和苯甲酸雌二醇的油溶液),对抱窝母鸡进行处理,按1毫升/只肌内注射,一般1～2天即可醒抱
水浸法	将抱窝母鸡用竹笼装好或用竹栏围好,放入冷水中,以水浸过脚高度。如此2～3天,母鸡便可醒抱。其原理在于鸡在水中加速降温和增加环境应激,抑制催乳素的分泌
悬挂法	将抱窝母鸡放入笼中,悬吊在树上,并使鸡笼不断地左右摇摆,很快促使其醒抱
易地法	将抱窝母鸡放入另一鸡群中,改变生活环境。由于环境陌生,并受到其他鸡的追逐,可促使母鸡醒抱
解热镇痛法	服用安乃近或APC(复方阿司匹林),取0.5克安乃近或0.42克APC,每只鸡1片喂服,同时喂给3～5毫升水,10小时内不醒抱者再增喂1次,一般15天后即可恢复产蛋
硫酸铜法	每只鸡注射20%硫酸铜水溶液1毫升,促使其脑垂体前叶分泌激素,增强卵巢活动而离巢
针刺法	用缝衣针在其冠点穴,脚底深刺2厘米一般轻抱鸡3天后可下窝觅食,很快恢复产蛋,若第三天仍没有醒抱,按上法继续进行3次就可见效
酒醉法	每只抱窝鸡灌服40°～50°白酒3汤匙,促其醉眠,醒酒后即可醒抱
灌醋法	趁早晨空肚时喂抱窝鸡1汤匙醋,到晚上再喂1次,连续3～4天即可
清凉解热法	早晚各喂人丹13粒左右,连用3～5天
盐酸麻黄素法	每只抱窝鸡每次服用0.025克盐酸麻黄素片,兴奋其中枢神经,若效果不明显,第三天再喂1次,效果很好
剪毛法	把抱窝鸡大腿、腹部、颈部、背部的长羽毛剪掉,翅膀及尾部羽毛不剪。这样,鸡很快停止抱性,且对鸡的行动没有影响,1周内可恢复产蛋
复合药物法	将冰片5克、己烯雌酚2毫克、咖啡因1.8克、大黄苏打片10克、氨基比林2克、麻黄素0.05克,共研细末,加面粉5克、白酒适量,搓成20粒丸,每日每只喂服1粒,连喂3～5天
感冒胶囊法	发现抱窝母鸡,立即分早、晚2次口服速效感冒胶囊,每次1粒,连服2天便可醒抱。醒抱后的母鸡5～7天就可产蛋
磷酸氯喹片法	每日1次,每次0.5片(每片0.25克),连服2天,催醒效果在95%以上。用1～2粒盐酸喹宁丸有同样效果
清凉降温法	用清凉油在母鸡脸上擦抹,注意不要抹入眼内;热天还可以将鸡用冷水喷淋或每天直接浸浴3～4次,以降低体温,促其醒抱

(七) 淘汰低产鸡

鸡群中产蛋性能和健康状况有很大差别，特别是本地土鸡，缺乏系统选育，无论是体型外貌，还是生产性能，相差悬殊。如果将低产鸡、停产鸡、僵鸡以及软脚、有病的鸡及早淘汰，将高产健康的鸡选留后继续饲养，不仅生产性能进一步提高，而且可以消耗较少的饲料，增加抗风险能力，获得更大的效益。

1. 低产、停产鸡形成的原因

品种质量差；育成的新母鸡体重小、群体不均匀；培育阶段光照时间增长或在自然光照渐增的季节内育成，使性成熟过早，开产早而造成产蛋疲劳和早衰；产蛋期环境应激，如突然停止光照、炎热、大风或雷鸣闪电等；疾病影响，如患卵黄性腹膜炎、马立克病、传染性支气管炎、血液原虫病及其他寄生虫病等，造成停产或低产，或因难产脱肛或被其他鸡啄肛，失去正常产蛋能力。

2. 淘汰低产鸡的时间

除了随时淘汰发现的低产鸡和停产鸡外，在生产周期内，应集中安排淘汰 2～3 次。第一次淘汰时间可安排在产蛋高峰初期（即30～32 周龄）。此时可将一些因生理缺陷或发育差未开产的鸡进行淘汰，特别是在青年鸡阶段一些患过某些疾病的鸡，其生殖器官严重受损（如患支气管炎后，输卵管萎缩、肿胀等）而发育不良，其终生将不能产蛋（有的叫"石鸡"）；第二次淘汰时间可安排在产蛋高峰过后（43～45 周龄）。高产鸡经过产蛋高峰之后产蛋率逐渐下降，但其产蛋曲线并非陡降，而是稳中有降。而低产鸡产蛋率下降严重，也有一些鸡已经停产；第三次淘汰可在第二个产蛋年，即产蛋 1 周年左右进行（72～73 周龄）。此期结合人工强制换羽，将没有饲养价值的鸡淘汰，选留部分优良鸡经过强制换羽后，继续饲养一段时间，挖掘其遗传潜力。

3. 产蛋高低的鉴别

淘汰低产鸡首要的问题是怎样鉴别高产和低产或停产鸡、健康与患病鸡。我国养鸡工作者在生产实践中积累了丰富的经验，可根据表型与生产性能的相关性，鉴别高产与低产、优与劣，见表6-9。

表 6-9　高产与低产鸡的鉴定

项目	高产鸡	低产鸡或停产鸡
头部	眼睛明亮有神、鸡冠、肉髯大而红润、富有弹力，用手触之有温暖的感觉	眼神迟钝，鸡冠小而萎缩，苍白无光泽，以手触之有凉的感觉
羽毛	羽毛蓬松稀疏，比较粗糙、干燥；换羽晚，但换羽速度快	羽毛光滑，覆盖较严密，富有光泽、丰满；换羽早但换羽速度慢
肛门	宽大、湿润、扩张	肛门干燥而收小，无弹性
腹部	容积大，触摸皮肤细致、柔软有弹性，两耻骨末端柔软、有弹性	腹部容积小，触摸皮肤粗糙、发硬、无弹性，两耻骨末端坚硬
耻骨	耻骨之间分开有伸缩性，间距大	低产鸡耻骨之间间距小；停产鸡耻骨固定紧贴
色素	白色鸡种开产以后皮肤的黄色素从肛门、眼睑、耳朵、喙、脚（从脚前到脚后）、膝关节依次褪色	褪色较慢或仍为黄色（停产约 3 周的鸡喙呈黄色，停产约 10 天的鸡喙的基部是黄色）
反应	较温驯，活动不多，易捕捉	活动异常灵活、快捷而不易捕捉
出入窝	出窝早，归窝晚，采食勤奋	出窝晚，归窝早，食位置不固定，常来回走动，随意性较大
粪便	早晨粪便松软成堆、量多	早晨粪便干、成细条状（不产蛋鸡消化慢，消化道变形）
其他		可能出现啼鸣、趴窝不下蛋等

4. 淘汰方法

根据外形可以选择淘汰比较明显的低产鸡和停产鸡。淘汰要在夜间进行，2 人配合，一个人持手电筒并进行捉鸡，另一个人观察淘汰。鸡看到灯光就会抬起头来，通过观察其鸡冠、羽毛、触摸其耻骨等，或根据腿部标记的布条，将被淘汰的鸡轻轻捕捉，放在专用鸡笼内，集中运走；如果外形鉴别比较困难，可以在早上 4～5 点种，手持手电筒，触摸鸡的子宫，凡是子宫内有蛋的鸡在其腿部系 1 根布条。经过 3 天的检测，凡是有 2～3 根布条的鸡全部保留，没有布条的鸡全部淘汰，只有 1 根布条的酌情处理。这种方法尽管笨了些，但是非常可靠。

淘汰鸡的工作一定要细致，操作动作要轻，小心谨慎，防止惊群。在淘汰鸡的前后 2 天，在饮水中添加电解多维素，以降低淘汰过程对鸡群的影响。一般来说，淘汰鸡后的 1～2 天，鸡群的产蛋率略有下降，但很快恢复，并且产蛋率有个新的高峰（淘汰低产鸡和停产鸡的缘故）。

（八）土鸡羽毛脱落及处理

山林果园散养土鸡容易出现脱毛，影响销售和产蛋。羽毛脱落的原因和处理措施如下。

1. 自然脱毛

脱毛是一个生理现象，包括现有羽毛的脱落、被新羽毛生长的替代，通常伴随着蛋产量的减少甚至完全停产。自然脱毛先于成年羽毛之前，鸡的生命过程要经历新旧羽毛交替的几次脱毛阶段。第一次换毛，绒毛被第一新羽替代，发生在 6~8 日龄至 4 周龄结束；第二次换毛，第一新羽被第二新羽替代，发生在 7~12 周龄间；第二次换毛，发生在 16~18 周龄间，这次换毛对生产是很重要的。产蛋母鸡自然换毛发生在每年白昼变短的时期，如我国阳历冬至前后（约 12 月 20 日前后），此时甲状腺的激素分泌决定了换毛过程。脱毛的程度取决于家禽品种和家禽个体。脱毛持续的时间长短是可变的，较差的蛋鸡在 6~8 周龄间重新长出羽毛，而优良的蛋鸡则短暂停顿后（2~4 周）较快地完成换毛过程。从生理上讲，产蛋停止使更多的日粮用于羽毛生长（自身合成的主要蛋白质）。雌激素是产蛋过程中释放的一种激素，起阻碍羽毛形成的作用，产蛋的停止减少了雌激素水平。因此，羽毛形成加快。

2. 啄羽

严重的啄羽往往是由于过度拥挤、光照问题和营养不平衡的日粮所致，且会伤及鸡只。啄羽导致的受伤伴随着出血，会吸引更进一步的同类相残的啄食。为了防止同类相残，最好的办法是隔离病弱的或受害的鸡只。受伤的鸡只应在伤口上撒消炎杀菌粉处理，伤口用深暗色的食品颜料或焦油涂抹，以减少进一步被其他鸡只啄食攻击，也可以撒些难闻的粉末于受伤的鸡身上。修喙或者已断喙的鸡群将会减少啄羽或自相残杀的可能性，特别是与光线、饲养密度和营养有关的问题得到改进后。另外，也发现某些品种的鸡群更易发生啄羽现象（遗传特异性）。啄羽的恶习一旦形成很难控制。因此，最好的治疗措施就是预防。

3. 摩擦

脱羽也可能由于其他鸡只或环境摩擦所致，特别是鸡只在密闭的环境中。为了减少脱羽，鸡群密度应该降低，消除所有鸡舍内尖锐、粗糙的表面。

4. 交配

如果是放养的种鸡，或将部分公鸡放入母鸡群，交配时，公鸡踩踏母鸡，母鸡的背部羽毛被公鸡的爪子撕扯掉。为了降低由此引起的羽毛脱落，雏鸡出壳后应该对公雏进行剪趾，即用剪刀将公雏鸡的内侧趾剪掉。

（九）强制换羽

自然换羽时间需要3～4个月，为了缩短换羽时间，可以采用人工强制换羽。

1. 强制换羽前的准备工作

（1）合理确定强制换羽的时间　是否强制换羽，应根据实际情况确定。一般有下列情况时，可考虑实行强制换羽。①当土鸡群产蛋率低于30%或约有10%的鸡开始自然换羽，该鸡群还准备继续饲养时，可考虑强制换羽；②根据当地市场行情和养禽情况，目前蛋类价格太低（没有利润或利润太少），而预测一段时间后蛋类价格升高时，可考虑进行人工强制换羽；③鸡群由于某些原因（如饲料更换、发生疾病、光照不足或欠规律、各种应激等）造成群体产蛋量突然下降，数日不能回升时，可考虑强制换羽。

（2）制订强制换羽的方案　根据鸡群的产蛋情况、季节，制订强制换羽方案，在方案实施过程中，非特殊情况，不要随便改变计划。

（3）整顿鸡群　强制换羽前，要对鸡群详细认真挑选整群。应选择健壮无病、生产性能好、躯体发育良好的鸡。淘汰老、弱、病、残等无培养和无利用价值的鸡。这样的鸡在强制换羽过程中多数死亡，即便没有死亡，强制换羽后也没有多大的生产潜力。

（4）防疫注射　强制换羽开始前一周，要给予免疫注射，并进行驱虫、除虱，以保证鸡只适应强制换羽所造成的刺激，也可避免在下一个产蛋周期期间进行免疫注射和驱虫等而造成对鸡群的应激。

（5）称重　在强制换羽前1天，要对鸡群称重，随机抽测3%～5%鸡只的体重，并算出体重平均值，以便了解强制换羽过程中，鸡的失重率和体重的损失情况。

2. 强制换羽的方法

强制换羽的方法有化学法、畜牧学法和综合法。

（1）化学法 化学法是在饲料中加入 2.5％的氧化锌或 3％的硫酸锌，连续饲喂 5～7 天后改用常规饲料饲喂；开始喂含锌饲料时光照保持 8 小时或自然光照，喂常规饲料时逐渐恢复光照到 16 小时。此法换羽时间短，但不彻底，第二个产蛋年产蛋高峰不高。

（2）畜牧学法（饥饿法） 畜牧学法就是停水、停料、减少光照，引起鸡群换羽。方法如下。

第 1～3 天，停水，停料，光照减为 8 小时。

第 4～10 天，供水，停料，光照减为 8 小时。

第 11 天以后，供水，供料，给料量为正常采食量的 1/5，逐日递增至自由采食，用育成料，光照每周递增 1 小时至 16 小时恒定，产蛋时，改为蛋鸡料。

（3）综合法 综合法是将化学法和畜牧学法结合起来的一种强换方法。方法如下。

第 1～3 天，停水，停料，光照减为 8 小时。

第 4～10 天，供水，喂给含 2.5％硫酸锌饲料，光照减为 8 小时。以后恢复正常蛋鸡料和光照。

此法应激量小，换羽彻底。

3. 衡量强制换羽效果的指标

（1）死亡率 强制换羽过程中鸡群的死亡率不超过 3％，强制换羽结束时，死亡率应控制在 5％范围内。

（2）体重失重率 强制换羽方法越严厉，鸡群失重越快，失重率越高，死亡率越高，鸡群的失重一般为 25％左右，不应超过 30％。

（3）再开产时间 强制换羽后，新的开产日龄过早或过晚都影响第二个产蛋期的产蛋情况，一般从强制换羽开始到结束（产蛋率恢复至 50％）的时间以 50～60 天为适宜。

（4）主翼羽的脱换 强制换羽结束时，即产蛋率恢复至 50％时，查一下主翼脱换根数，如果 10 根主翼羽有 5 根以上已脱换，说明强制换羽的方案是合理的，也是成功的，如果少于 5 根，表明换羽不完全，方案不合理。

4. 强制换羽的注意事项

（1）注意观察 强制换羽期间，密切观察鸡群，根据实际情况，必要时调整或中止强制换羽方案。如果遇到鸡群患病或疫情，应停止强制换羽，改为自由采食。

（2）定期称重 强换开始后5～6天第一次称重，以后每天称重，掌握鸡群失重率，确定最佳的结束时间。

（3）逐渐增料 在高度饥饿和紧张状态时，鸡群的适应能力和消化机能降低。强制换羽后开始恢复喂料时，要注意由少到多，先粗后精，少量多次，均匀供给，以保证鸡消化系统逐渐适应饲料更换和药液的刺激，避免因暴食暴饮而造成消化不良或死亡。

（4）加强管理 强制换羽期间，鸡的体重明显下降，体质弱，抗病能力低，易发生疾病。因此，除注意加强环境消毒，保持圈舍清洁干燥、温度适宜和环境安静外，在强制换羽后期可在饮水中增加免疫增效剂（如电解多维素）或添加某些中草药等，以增强其扶正去邪、抗毒抗病能力，保证鸡群安全。

（5）后期营养 为确保强制换羽效果，迅速恢复产蛋性能，强制换羽后期可在日粮中加大微量元素的添加，添加量为正常标准的1～2倍，连用5～7天；同时，还应注意钙质和复合维生素的补充。通过上述综合保护性措施，鸡群死亡率可控制在3%以内，产蛋性能恢复更快。

（十）卫生管理

山林果园放养土鸡，由于阳光中的紫外线作用，微生物分解和环境的自净作用强，除非发生传染性疾病，一般放养地不进行消毒。但是，必须注意鸡舍内的消毒。鸡舍地面、补料场所每天打扫，定期消毒。水槽、料槽每天刷洗，清除槽内的鸡粪和其他杂物，让水槽、料槽保持清洁卫生，放养场进出口设消毒带或消毒池。栖架定期清理和消毒。鸡场谢绝参观。放养地应实行全进全出制。每批鸡放养完后，应对鸡棚彻底清扫、消毒，对所用器具、盆槽等熏蒸1次。同时，放养场地安排1～2周的净化期。

（十一）沙浴

鸡吃饱以后，喜欢在阳光的沐浴下，在沙土里翻滚。这是在用沙洗澡（沙浴）。通过沙浴，驱除身体上附着的一些鸡虱，翅膀羽毛上附着的羽虱、羽虫（这些鸡虱会吸食鸡身上的血，羽虱、羽虫会吃鸡翅膀上的毛）等。

鸡在泥沙中乱滚，摩擦自己的皮肤，并且把翅膀的羽毛竖起来，让沙土进入羽毛间有空隙的地方，这时附着在身上、翅膀上的鸡虱、羽虫、羽虱都会随着沙子一起被抖动下来。因此，在鸡场要准备一些沙土让鸡沙浴，既可以为它洗澡驱除害虫，也可以让其吞食沙砾而帮助食物的消化。

（十二）记录管理

放养期间，要做好各项记录，记录主要包括生产性能、饲料消耗量、死亡淘汰、环境条件以及气候变化、免疫接种、用药、消毒及其他各种消耗等，有利于进行经济核算和总结经验教训。

三、提高蛋品品质

山林果园散养土鸡，为优质蛋生产创造良好条件，然后采取一些措施，可以极大提高蛋品质量。

（一）提高蛋壳质量

蛋壳质量主要指蛋壳的厚度、蛋壳硬度和蛋壳的破损率，如果蛋壳质量差，必然影响到土鸡蛋的价值。提高蛋壳质量的措施如下。

1. 注意品种选择

不同品种或品系，对钙磷的利用能力不同，沉积钙的能力不同，影响蛋壳质量。一般土鸡蛋比高产杂交蛋鸡的蛋的超微结构好，蛋壳厚度和蛋壳强度高，破蛋率低。

2. 保证营养全面平衡

饲料中的营养含量对蛋壳质量有重大影响。

① 饲料中钙的含量、品种、钙源的颗粒度和溶解度影响着蛋壳质量。钙是蛋壳的主要成分，占蛋壳重量的 $38\%\sim40\%$，蛋壳质量的好坏，取决于产蛋鸡饲料中钙的供应水平和吸收利用率，还与产蛋鸡髓骨中钙动员机制和蛋壳腺转运机制是否完善密切相关。土鸡在临近产蛋时，沉积钙的能力增强，血钙水平稳定升高，大量

的钙沉积在骨髓中，可备日粮钙不足时动用（在母鸡开产前15天提高日粮含钙量，对于提高蛋壳质量、降低破损率、瘫痪率和死亡率具有显著效果）；可在傍晚单独补饲小颗粒钙。这些钙被吸收到血液中直接用于形成蛋壳，不必先沉积于骨髓中。因此利用率高，利于改善蛋壳质量。

② 磷是蛋壳形成的重要成分，钙决定蛋壳的脆性，磷则决定蛋壳的韧性和弹性。一枚蛋含磷160毫克左右，其中蛋壳含磷约为20毫克。每只蛋鸡日需有效磷约为400毫克，考虑到植物性饲料中磷以植酸磷形式存在，计算日粮配方时，总磷和有效磷应分别维持在0.6%和0.4%。磷与蛋壳弹性有关，钙的代谢与磷密切相关。磷过高或过低均影响饲料中钙、磷比例，导致钙的吸收障碍，使鸡蛋壳变薄、变软。微量元素锰、镁、锌等对蛋壳质量都有不同程度的影响，保证微量元素的供给和平衡。

③ 维生素 D_3 为合成钙结合蛋白、活化骨钙代谢、加强肠内磷吸收和肾内磷代谢所必需，是决定蛋壳质量最重要的营养因素之一。如果不足，也会影响钙、磷的吸收和平衡，但过量的维生素 D_3 对蛋壳的钙含量和机体内钙质的贮存都没有好处；土鸡体内能合成维生素 C，故一般不需添加维生素 C。但在热应激条件下，土鸡体内维生素 C 的合成能力明显降低，不能满足需要，使产蛋和蛋壳质量降低。

④ 饲料的电解质平衡对蛋壳品质有重要意义。饲料中添加小苏打能提高蛋壳强度，减少蛋壳破损率。特别是在夏季，鸡通过喘气散热使二氧化碳排出过多，血液中碳酸氢根离子含量降低，碳酸钙水平降低，使软壳、薄壳蛋比例明显上升，在这种情况下，单纯补钙无效，通过添加小苏打来补充碳酸氢根离子可使蛋壳质量明显改善。补充小苏打时，应减少食盐用量，防止钠离子过量。

⑤ 饲料中粗蛋白质水平能显著影响蛋壳质量。产蛋后期，适当降低饲料粗蛋白质水平，可使蛋重减轻，蛋壳厚度相对提高，从而明显改善蛋壳质量。

⑥ 饲料的霉变、黄曲霉毒素、农药及杀虫剂残留等均对蛋壳质量有不同程度的影响。

3. 保证充足的饮水

据报道，断水当天破蛋率为 3.9％，第 2 天为 32.7％，第 3 天为 10.9％。

4. 环境条件适宜

环境条件不适宜，也会影响蛋壳质量。环境温度过高，蛋壳变薄变脆，破蛋率高。每逢夏天高温季节，蛋壳颜色变浅较为普遍，砂壳、软壳较多，同时产量下降。特别是夏季连续高温，鸡群发生中暑时，鸡的采食量减少，肠道对钙的吸收率降低，而且鸡的呼吸加快，排出的二氧化碳增多，使血液中钙离子与碳酸氢根离子浓度均下降，蛋壳质量更差。因此，要注意防暑降温。秋冬之际，当气温突然下降，使鸡只体温调节一时不能适应，影响钙、磷代谢，也会导致蛋壳颜色变浅；强烈的突然光照会使鸡只受到刺激，产破损蛋的比例增加。产蛋鸡所需的光照时间不能少于 12 小时，最长不能超过 16～17 小时，且光照时间和强度应保持恒定。产蛋期的鸡群对光照要求是比较敏感的，凡是光照不足或光照不规律，都会对产蛋造成不良影响，导致白蛋壳的出现。噪声超过 50 分贝，鸡蛋破损率增加，90 分贝噪声持续 3 分钟，破损率达 3.5％。因此要保持鸡舍周围环境安静，避免各种惊吓刺激。

5. 避免疾病发生

许多疾病都可以影响蛋壳质量，如鸡群发生慢性新城疫、减蛋综合征、住白细胞原虫病、大肠杆菌病、巴氏杆菌病等，都会明显使蛋壳颜色变淡发白，蛋壳变薄变脆。病理性白蛋壳发生的原因，除一部分由于病原直接侵害生殖系统而产生白蛋壳外，还因为鸡群患病，引起消化功能紊乱，而使钙、磷吸收受阻，造成蛋壳营养缺乏，从而色泽变浅，蛋壳变薄。

6. 加强产蛋后期的饲养管理

鸡随日龄增长对钙的吸收和存留能力降低，影响蛋壳质量。蛋壳薄脆，壳色变浅，破蛋率高。加强产蛋鸡后期的饲养管理对提高产蛋率和降低破损率十分重要。在饲料中添加 0.01％～0.015％的维生素 AD 粉，对促进产蛋鸡钙的吸收很有必要。

7. 加强捡蛋管理

捡蛋次数影响破蛋率。据调查，每天拣蛋 2 次，破蛋率为

$5\%\sim5.5\%$，拣蛋 4 次破蛋率降至 $1.11\%\sim1.33\%$，所以每天要勤检蛋，检蛋 $3\sim4$ 次，在夏季和对年龄大的鸡群，更应增加拣蛋次数。拣蛋时要轻拿轻放，将完整的和质量好的蛋放在蛋筐的下边，将质量不好的蛋，如薄壳蛋、沙壳蛋、浅壳蛋等和破蛋放在蛋筐的上面，将脏蛋另放，可以减少人为破蛋。同时运输过程中也要注意防止蛋的破损。

（二）提高蛋的内在品质

1. 提高蛋内常规品质

提高蛋黄颜色。蛋黄颜色是评价蛋内在质量的一个最直观指标。评判标准目前多以罗氏公司（Roche）制造的罗氏比色扇进行评判。该比色扇是按照黄颜色的深浅分成 15 个等级，分别由长条状面板表示，并由浅到深依次排列，一端固定，另一端游离，打开后好似我国传统的扇子，故而得名。

① 测定方法。收集鲜蛋（生鸡蛋），统一编号；然后打破蛋壳，倒出蛋清，留下蛋黄；使用罗氏比色扇在日光灯下测定蛋黄颜色指数。将比色扇打开，使鸡蛋黄位于扇叶之间，反复比较颜色的深浅，最后将最接近比色扇的颜色定位为该鸡蛋黄的色度。

为了防止由于不同测定者测定的误差，一般由 3 个人分别测定，取其平均数作为该鸡蛋蛋黄颜色的色度。蛋黄颜色指数读数准确到整数位，平均值保留小数点后 1 位（有时候为了防止在鸡饲料中添加人工合成色素，可采取测定熟鸡蛋的方法。每批鸡蛋取 30 枚以上，煮沸 10 秒，取出置于凉水中降温后连壳从中间纵向切开，由不同的测定者使用上述比色扇测定 3 次，取其平均数）。

② 标准要求。国家规定，出口鸡蛋的蛋黄颜色不低于 8。放养条件下土鸡生产的鸡蛋，一般蛋黄色度在 10 左右。

③ 方法。鸡蛋蛋黄是由类胡萝卜素（叶黄素）的物质形成。该类物质在蛋鸡体内不能自己合成，只能从饲料中得到补充。蛋鸡通过从体外摄取类胡萝卜素后，将其贮存于体内脂肪，产蛋时再将贮存于脂肪中的类胡萝卜素转移至输卵管以形成蛋黄。在饲料中补充富含类胡萝卜素的添加剂，则可实现增加蛋黄颜色和营养的目的。添加的物质见表 6-10。

表 6-10 提高蛋内常规品质的方法

名称	添加量	效果
万寿菊	采集万寿菊花瓣,风干后研成细末,加入饲料中喂鸡	使蛋黄呈深橙色,可使肉鸡皮肤呈金黄色
橘皮粉	将橘皮晾干磨成粉,在鸡饲料中添加 2%～5%	使蛋黄颜色加深,可明显提高产蛋量
三叶草	将鲜三叶草切碎,在鸡饲料中添加 5%～10%	蛋黄增色显著,可节省部分精饲料
海带或其他海藻	含有较高的类胡萝卜素和碘,粉碎后在鸡饲料中添加 2%～6%	蛋黄色泽可增加 2～3 个等级,且可产下高碘蛋
万年菊花瓣	含有丰富的叶黄素,在开花时采集花瓣,烘干后粉碎(通过 2 毫米筛孔),按 0.3%的比例添加饲喂	使蛋黄增色
松针叶粉	将松树嫩枝叶晾干粉碎成细颗粒,饲料中添加 3%～5%	良好的增色效果,可提高产蛋率
胡萝卜	含有丰富的叶黄素,取鲜胡萝卜洗净捣烂,按 20%的添加量饲喂	使蛋黄增色
栀子	将栀子研成粉,饲料中添加 0.5%～1%	使蛋黄呈深黄色,提高产蛋率
苋菜	将苋菜切碎,饲料中添加 8%～10%	使蛋黄呈橘黄色,节省饲料和提高产蛋量
南瓜	将老南瓜剁碎,饲料中掺入 10%	增加蛋黄色泽
玉米花粉	取鲜玉米花粉晒干,饲料中添加 0.5%	增强蛋黄色泽
红辣椒粉	红辣椒粉碎,饲料中添加 0.3%～0.6%	可提高蛋黄,皮肤和皮下脂肪的色泽,能增进食欲;提高产蛋量
聚合草	刈割风干后粉碎成粉,在饲料中添加 5%	可使蛋黄的颜色从 1 级提高到 6 级;鸡皮肤及脂肪呈金黄色

2. 提高蛋白质量

(1)蛋清黏稠度 蛋清的黏稠度与卵黏蛋白(稠蛋白)含量有关,蛋清的黏稠度可用哈夫单位来表示。

蛋清稀薄,且有鱼腥气味,多为饲料中菜籽饼或鱼粉配合比例过大。菜籽饼含有毒物质硫葡萄糖苷,在饲料中如超过 8%～

10%，就有可能使褐壳鸡蛋产生鱼腥气味（白壳鸡蛋例外）。饲料中的鱼粉特别是劣质鱼粉超过 10% 时，褐、白壳蛋都有可能产生鱼腥味，故在蛋鸡饲料中应当限制菜籽饼和鱼粉的使用量，前者应在 6% 以内，后者在 10% 以下；去毒处理后的菜籽饼则可加大配合比例。若蛋清稀薄且浓蛋白层与稀蛋白层界限不清，则为饲料中的蛋白质或维生素 B_2、维生素 D 等不足，应按实际缺少的营养物质加以补充。

（2）蛋清颜色　鸡蛋冷藏后蛋清呈现粉红色，卵黄体积膨大，质地变硬而有弹性，俗称"橡皮蛋"；有的呈现淡绿色、黑褐色，有的出现红色斑点。这些与棉籽饼的质量和配合比例有关。棉籽饼中的环丙烯脂肪酸可使蛋清变成粉红色，游离态棉酚可与卵黄中的铁质生成较深色的复合体物质，促使卵黄发生色变。配合蛋鸡饲料应选用脱毒后的棉籽饼，配合比例应在 7% 以内。

（3）蛋中异样血斑　若鸡蛋中有芝麻或黄豆大小的血斑、血块，或蛋清中有淡红色的鲜血，除因卵巢或输卵管微细血管破裂外，多为饲料中缺乏维生素 K。在饲料中适量添加维生素 K，则可消除这种现象。

3. 提高鸡蛋中微量元素含量

在一定范围内，蛋中一些微量成分的含量受饲料影响比较明显。随着食物疗法的兴起，采用在饲料中添加一些特殊的药物、微量元素、控制饮水、水质等措施，就能生产出各种类型的保健蛋。鸡蛋的铁、铜、碘、锰和钙等矿物元素的含量也因其在饲粮中的含量变化而有相应改变，尤其是铁，从饲料进入禽蛋的能力特别强。鸡蛋中的维生素和矿物元素含量，对于商品蛋影响其食用价值，对种蛋则影响其孵化性能和雏禽健康及生长发育。

（1）高蛋铁　铁是人和动物机体营养代谢、生长发育及繁衍后代所必需的元素之一。缺铁性贫血不仅影响儿童的生长发育，还造成机体的免疫功能和智力开发的障碍。防治本病的方法就是提高膳食中铁的摄入量。在饲料中添加 0.5% 的硫酸亚铁或 525 毫克/千克的蛋氨酸铁，饲喂蛋鸡、蛋鸭，经 7～12 天后可生产出高铁蛋。高铁蛋中含铁量可达 1500～2000 毫克/枚，比普通鸡蛋（800～1000 毫克/枚）高 0.5～1 倍。食用高铁蛋可防治缺铁性贫血症，并对失血过多患者有滋补作用。

（2）高锌蛋　高锌鸡蛋可防治儿童缺锌综合征、伤口久治不愈，成人性功能减退或不育症。在饲料中添加 1%～2% 的碳酸锌或硫酸锌，饲喂 20 天后，即可产出高锌蛋，蛋中含锌量为 1500～2000 毫克/枚，比普通蛋（400～800 毫克/枚）高 2～4 倍。也有报道说添加 1% 的锌盐 20 天后可以产出高 15 倍的高锌蛋。

（3）高碘蛋　碘是人体必需的微量元素，缺碘会引起人单纯甲状腺黏液性水肿、粗脖子病、呆小病等。鸡蛋中碘主要沉积在蛋黄中，蛋黄中的碘直接与饲料中碘含量有关。高碘蛋提高了碘的生物学效价，不仅能预防缺碘病的发生，还可提高人体脂蛋白脂肪酶的活性，降低血液中胆固醇与甘油三酯的含量。据试验，日食 2～3 枚高碘蛋，40～60 天为一个疗程，对缺碘甲状腺肿大症、甲状腺机能亢进、侏儒症、中老年心血管病、呆傻症、脂肪肝、糖尿病都有一定疗效。在蛋鸡、蛋鸭饲料中添加海藻粉 4%～10% 或海带粉 4%～6%，或在每 100 千克饲料中添加 50 克碘化钾或碘化钙，连喂 15～21 天，即可产出高碘蛋，同时还可提高产蛋率并增加蛋黄色泽。生产的高碘蛋中含碘量 300～1000 毫克/枚，而普通蛋为 3～30 毫克/枚。高碘蛋不仅大幅度提高了蛋中碘含量，同时降低胆固醇 50% 左右，提高维生素总量达 30%，也是低胆固醇蛋（需要强调的是，用超量 300～1000 倍的碘饲喂母鸡，可导致暂时性停止产蛋，并且蛋的孵化率降低）。

（4）高硒蛋　硒是人体必需的微量元素，硒缺乏会引起多种疾病。目前防治与缺硒有关疾病的方法主要是使用亚硒酸钠和含硒酵母。鸡蛋中的硒是一种有机硒，吸收率高达 80%，比无机硒（亚硒酸钠）吸收率高 1.6 倍。人食用高硒蛋每天 1～2 枚，连用 30～40 天，可抗癌，防治心绞痛、心肌梗死、脑血栓、风湿性关节炎、大骨节病，对某些毒物（镉、汞、砷）等有解毒作用，还有清除自由基、刺激免疫球蛋白、保护淋巴细胞、增强免疫功能、延缓衰老和促进儿童生长发育的作用。蛋的硒含量约为 0.20 毫克/千克。硒是剧毒元素，日粮添加 2 毫克/千克时引起产蛋量下降。添加有机硒比添加无机硒更易在蛋中沉积。饲料中添加硒酸钠或亚硒酸钠 0.5 毫克/千克，或硒酵母 10 毫克/千克，连续饲喂 15 天后即可得到富硒蛋，含硒可达到 30～50 毫克/枚，而普通鸡蛋为 4～12 毫克/枚。需要注意，饲料中硒含量不能超过 3 毫克/千克，以免发生鸡中毒。

（5）高铁高碘鸡蛋　据报道，日粮添加 9％沸石，鸡蛋黄铁含量显著增加。日粮中添加碘化钾、蛋氨酸铁，含碘 50 毫克/千克、铁 525 毫克/千克或含碘 100 毫克/千克、铁 1025 毫克/千克，引起产蛋鸡生产性能下降，蛋黄和蛋白的含水量、蛋白质含量及蛋黄磷脂含量均无明显变化，蛋黄碘含量增加 13.95～17.62 倍，蛋白碘含量增加 1.21～1.87 倍，蛋黄铁含量提高 76.49％～124.34％，蛋白铁含量略有上升。表明日粮碘和铁能有效地向蛋中转移，且不影响蛋的其他养分。

高碘高铁日粮会引起蛋鸡生产性能下降。曹盛丰等曾用含铁 525 毫克/千克日粮饲喂罗曼蛋鸡，未发现生产性能变化，而 Arring-ton 等报道，日粮中碘过高会导致产蛋率降低，这是因为生长中的卵对碘有显著的聚集能力，当卵内碘蓄集达到阈值时，导致卵发育停止而发生退化。

（6）高复合微量元素蛋　在蛋鸡饲料中加入 0.4％的锌、铁、碘等微量元素，即可产出含锌、铁、碘较高的蛋。

4. 降低鸡蛋中的胆固醇含量

人类摄入胆固醇含量过高会诱发一系列的心血管疾病，因此，降低鸡蛋中的胆固醇含量成为提高鸡蛋品质的重要标准之一。在饲料中使用添加剂可以降低土鸡蛋中的胆固醇含量，见表 6-11。

5. 改善鸡蛋风味

风味是指食品特有的味道和风格。绿色的食品具有良好的风味，不仅有助于人体健康，而且可提高食欲，使消费者感觉是一种美的享受。

鸡蛋有其固有的风味。若在饲料或饮水中添加一定的物质（对鸡体和人类健康无害），可以增加其风味，或改变其风味，使之成为特色鲜明、风味独特的食品。郭福存等利用沙棘果渣等组成的复方添加剂饲喂蛋鸡，能明显增加蛋黄颜色，且可以改善鸡蛋风味；李蠱等在 54 周龄商品代蛋鸡饲料中添加 1％中草药添加剂（芝麻、蜂蜜、植物油、益母草；淫羊藿、熟地、神曲、板蓝根、紫苏）饲

表 6-11　添加剂的使用方法和效果

名称	使用方法	效果
维生素	在其他维生素含量相同的基础日粮上,每吨鸡日粮补充 12.5 克维生素 E,0.15 克生物素,40 克烟酸及 150 克维生素 C	可产出低胆固醇蛋
铜	用五水硫酸铜,日粮含铜 125～250 毫克/千克	可降低蛋黄胆固醇浓度 30％～35％
铬	蛋鸡日粮中添加 0.8 毫克/千克有机铬	显著降低了蛋黄中胆固醇含量
锗	在蛋鸡日粮中添加适量的 β-羧乙基锗倍半氧化物	降低鸡蛋蛋黄中胆固醇含量
大蒜	饲料中添加 1％～3％ 的大蒜	可使蛋中的胆固醇降低 40％～55％
微生态制剂	饲料或饮水中添加 0.3％	鸡蛋中胆固醇可降低 20％ 以上
中药	党参 80 克,黄芪 80 克,甘草 40 克,何首乌 100 克,小杜仲 50 克,当归 50 克,山楂 100 克,白术 40 克,桑叶 60 克,桔梗 50 克,罗布麻 80 克,菟丝子 50 克,女贞子 50 克,麦芽 50 克,橘皮 50 克,柴胡 50 克,霍羊藿 70 克,共为细末,拌入 500 千克饲料中,连续饲喂	降低蛋中胆固醇
低聚木糖	每千克饲料中添加含 35％ 低聚木糖 1 克,连续饲喂	鸡蛋中胆固醇降低 30％～60％ 以上

喂 42 天,可降低破蛋率,使蛋味变香,蛋黄色泽加深,延长产蛋期。据赵丽娜等报道(2008 年),日粮中添加 10％ 亚麻籽或 5％ 去皮双低莱籽可用于高富集量 m3PUFA 鸡蛋的生产。

第十一节　山林果园不同场地放养土鸡的技术要点

一、山场

(一)山场散养土鸡的特点

我国的山区面积广阔(我国山区面积约占国土面积的 2/3),自然饲料资源非常丰富。山场放养土鸡,不仅可以充分利用山场的资源，提高山地的经济效益，生产优质土鸡产品，而且能够使山区人民尽快致富。

（二）山场散养土鸡的技术要点

1. 科学选择山场

并非所有的山场都适合发展养鸡，必须选择适宜的场地。一般植被状况良好、可食牧草丰富、坡度较小的山场，特别是经过人工改造的山场果园和山地草场最适合养鸡；而坡度较大的山场、植被退化和可食牧草含量较少的山场、植被稀疏的山场等均不适于养鸡。因为在这样的环境下，鸡不能获得足够的营养而必须依靠人工补料，同时为寻找食物而对山场造成破坏。

2. 适宜的饲养规模和饲养密度

山场养鸡鸡的活动半径较平原农区小，因此，饲养的规模和饲养密度必须严格控制。为了获得较好的经济和生态效益，山场养鸡的饲养密度应控制在每亩 20 只左右，一般不超过 30 只。一个群体的数量应控制在 500 只以内（100～300 只的规模效果最好）。因此，可在一个山场增设若干个小区，实行小群体大规模。为避免鸡只可能用爪刨食，使山场生态遭到破坏，要及时补料，补充的饲料量必须根据鸡每天采食情况而定。

3. 预防兽害

山区野生动物较平原更多，饲养过程中要严加防范。

4. 搞好服务

山区交通闭塞、信息不灵，人们的文化科技素质和经营观念比较落后，要保证养好土鸡，并能够及时销售，获得较好的养殖效益，必须搞好产前、产中和产后等一系列服务，保证鸡苗、饲料、疫苗、药品的供应和产品的销售。

二、林地

（一）林地散养土鸡的特点

1. 产品品质好

林地不仅有普通的植物性饲料和虫类等动物性饲料，而且有一定的中草药，野生饲料资源十分丰富。树林内空气新鲜，很少使用农药。所以，在林地散养土鸡，土鸡的产品质量好，具有较强的市场竞争力。

2. 生产成本低

林地养土鸡可以充分利用林地的野生饲料资源，极大地减少补充饲喂的饲料量，减少饲料成本。据覃桂才（1999 年）调查，林地养鸡 62.39 万只，增重耗料比 1∶3.86，比庭院散养鸡减少用料 8.75％。同时，林地养土鸡，劳动生产率高，设备投入少（夏天可以有效地防暑），所以，生产成本大大降低。

3. 鸡群成活率高

林地冬暖夏凉，空气清新，阳光充足，天然的隔离环境，少有的应激因素，有助于鸡体健康和疾病的预防。树林密集的树冠，为土鸡的生活提供了遮阴避暑防风避雨的环境。同时土鸡在林丛中觅食，可躲避老鹰的侵袭。据有关资料报道，林地养鸡的总死亡率为 5.02％，而庭院养鸡的死亡率为 10.7％，前者较后者的死亡率降低 5.76％。

4. 林木生长好

树林为土鸡的生存和生产提供了舒适的环境，土鸡的饲养也促进了林木的生长。①鸡捕捉一定的林地害虫，减少了病虫害；②土鸡将粪便直接排泄在林地，为林木生长提供了优质肥料。据测定，鸡粪含有的氮素相当于人粪尿的 1.5 倍，磷为 3 倍，钾为 2.3 倍。每 100 只育成鸡可产鲜粪 2500 千克，相当于 16.7 千克磷、167 千克过磷酸钙和 33 千克氯化钾所含有的养分，对于改良林地土壤和促进林木生长起到重要作用。

（二）林地养鸡的技术要点

1. 修建棚舍

应选择背风、向阳、地势高燥、平坦的地方建棚，就地取材，搭建简易棚舍，只要白天能避雨遮阴，晚上能适当保温就行。

2. 分区轮牧

林木树冠大，树下光线弱，长此以往形成潮湿的地面，林地养土鸡，鸡的粪便排入地面，自净作用弱。为了有效地利用林地，也给林地一个充分自净的时间，平时要分区轮牧，全进全出。上一批鸡出栏后，根据林地的具体情况，留有较长一段时间的空白期。

3. 设置围网

放牧林地应根据管理人员的收牧水平决定是否围网。围网采用网眼为 2 厘米×2 厘米的渔网即可，网高 1.5～2 米。在放牧期间应时常巡视，发现网破了应即时修补，预防鸡走失。

4. 谢绝参观

林地养鸡，环境幽静，对鸡的应激因素少，疾病传播的可能性也少。但应严格限制非生产人员的进入。一旦将病原菌带入林地，其根除病原菌的难度较其他地方要大得多。

5. 预防兽害

树林养土鸡，尽管老鹰的伤害在一定程度上可以降低，但是野生动物较其他地方多，特别是狐狸、黄鼠狼、獾、老鼠等，对土鸡的伤害严重。除了一般的防范措施以外，可考虑饲养和训练猎犬护鸡。

6. 保持适宜密度

根据林下饲草资源情况，合理安排饲养密度。考虑林地的长期循环利用，饲养密度不可太大，每亩林地散养 30～50 只，以防止林地草场的退化。林地养土鸡，群体也不宜过大，每群 300～500 只为宜。

7. 林下种草和养殖昆虫

为了给鸡提供丰富的营养，在林下植被不佳的地方，应考虑人工种植牧草。如林下草的质量较差，可考虑进行牧草更新；可以在林下养殖蚯蚓等昆虫，也可以用灯光诱虫。

8. 定期驱虫

长期在林地饲养，鸡群多有体内寄生虫病，应定期驱虫。

三、果园

（一）果园散养土鸡的特点

1. 降低生产成本

果园养土鸡可以降低生产成本，其表现在两个方面：①降低养鸡成本。果园中有大量的自然饲料资源，如昆虫、害虫、杂草、落枝的果实等，都可以作为土鸡的饲料，减少精饲料的消耗量，降低饲料成本。同时，鸡群在果园内活动、觅食，管理简单，可以降低劳动力成本等。②降低果品生产成本。鸡群在果园里活动，捕捉害虫，减少农药使用量。土鸡采食果园内的杂草，起到了除草机的作用，同时，排出的粪便直接肥园，为果树的生长提供优质的有机肥料。

2. 提高产品质量

果园养土鸡，不仅可以提高果品质量，而且可以提高鸡产品的质量。果树在生长期间有不少害虫，而鸡群在果园内活动可捕捉这些害虫。一般来说，害虫是以蛹的形式在地下越冬，而羽化后变成成虫，从地面飞到树上。在其刚刚羽化还不具备坚强的飞翔能力时，即可被鸡采食。据原阳县林业局时留成（1995 年）报道，1 个月左右的小鸡，每天可捕食大量的金龟子、蝼蛄、天牛等害虫，1只 1 年生以上的成鸡，每天可捕食各类大、小害虫近 2800 条。按每亩 10 只鸡的数量在果园放养，便可以控制果园虫害。同时，减少果园喷打农药，使果品少受化学污染，提高果品质量。

果园放养的鸡，不仅吃果园中的虫卵，也吃幼虫，还具有追逐捕食成虫的习性，同时对有些怕惊的害虫成虫具有驱逐作用。试验表明，果园养鸡，每株树上有金龟子 3.1 头、桃小食心虫 2.5 头、梨星毛虫 2.1 头；而未养鸡，每株树上有桃小食心虫 83.6 头、金龟子 75.1 头、梨星毛虫 101.8 头，虫口密度远远高于养鸡果园数倍。养鸡果园的虫果率为 3.66%，而未养鸡的几个果园虫果率可以达到 21%～46%，明显高于养鸡的果园。

另据调查，由于在果园中放养的鸡，捕食害虫，蛋白质、脂肪供应充分，所以生长迅速，较常规农家庭院养殖鸡的生长速度快33%，日产蛋量多 18%，而且节约饲料成本 60% 以上。昆虫不仅仅含有高质量动物蛋白，同时其体内含有抗菌肽，鸡采食之后增强抗病能力。实践表明，凡是采食较多昆虫的鸡，其体质健壮，发病率低，生长发育速度快，生产性能高。

3. 减少鸡病发生

果园放养土鸡，鸡有充足的活动空间，受到阳光的照射，体格发育好，体质健壮；果园是天然的屏障，对于降低疾病的传播和发生起到重要作用。果园内空气新鲜，环境优越，加之捕捉采食昆虫的协助抗病作用，因而，在果园内养鸡疾病的发生率很少。

4. 避免鸡群受害

果园内庞大的树冠，炎热季节起到遮阴避暑作用，风雨天可遮风挡雨；同时，老鹰在果园内难以发现目标，有助于鸡躲避鹰的袭击。因此，发生鹰害的可能性较其他草地要少得多。

（二）果园养鸡的管理要点

1. 分区轮牧

根据果园大小将果园围成若干个小区，进行逐区轮流放牧。一方面可避免因果园防治病虫害时喷洒农药而造成鸡的农药间接中毒；另一方面，轮流放牧有利于牧草的生长和恢复。此外，因放牧范围小，便于特殊情况，如气候突变时、其他应激时的管理。应该将果园划分为几个小区，小区间用尼龙网隔开。每个小区轮流喷药，而土鸡也在小区间轮流放牧，果园喷药 7 天后再放牧（果园内养土鸡，一般虫害发生率很低，适量的低毒农药喷洒，对鸡群危害不大）。

2. 严防兽害

果园一般都在野外，可能进入果园内的野生动物很多，如黄鼠狼、老鼠、蛇、鹰、野狗等，这些野生动物对不同日龄的土鸡都有可能造成为害。因此，果园放养土鸡必须防止这些野生动物的为害，否则会造成很大的损失。防止野生动物为害可以在鸡舍外面悬挂几个灯泡，使鸡舍外面通夜比较明亮；在鸡舍外面搭个小棚，养几只鹅，当有动静时，鹅会鸣叫，人员可以及时起来查看；管理人员住在鸡舍旁边也有助于防止野生动物靠近。

3. 保持适宜密度和规模

果园内饲料资源有限，如果散养土鸡的数量多、密度大，可造成过牧现象，使鸡舍周围的土地寸草不长，光秃一片，甚至被鸡将地面刨出一个个深坑。鸡舍在果园均匀分布，保持适宜的密度和规模，可以充分、科学地利用果园，提高养殖效益。

4. 加强管理

放养前要严格淘汰劣次小鸡，减少死亡。每天放养时间不能过早，过早天气寒冷，鸡的抵抗力差，容易死亡。密切注意天气情况，遇有天气突变，在下雪、下雨或起风前及时将鸡赶到树阴下或赶回鸡舍，不可在太阳下暴晒太久，防止中暑。每天太阳落山前应将鸡圈回鸡舍。放养过程中进行放养训导，以建立鸡的补食、回舍等条件反射。

5. 避免应激

无论白天或是夜间，都应该尽可能防止鸡群受惊，一旦惊群，鸡只可能四处逃散，有的鸡会飞窜到果园外面，或晚上不愿回鸡舍而在园内栖息。

6. 不用除草剂

土鸡在果园内的主要营养来源是地下的嫩草。因此，在果园内养土鸡，其草必须保留，不能喷施除草剂。否则，没有草生长，鸡将失去绝大多数营养来源。

7. 灯光诱虫

果园养土鸡，由于果树树冠较高，影响了对害虫的自然捕捉率。要起到灭虫降低虫害发生率和农药施用量并达到生态种养的目的，应将土鸡自然捕虫与灯光诱虫相结合。

8. 重视防病

做好免疫接种工作和鸡舍的清洁卫生；定期消毒，每周对鸡舍和周边环境以及饲喂饮水用具消毒一次。每批鸡出栏后彻底清除鸡舍内的鸡粪，地面经清洗后用2％～3％的烧碱水泼洒消毒，然后每平方米28毫升福尔马林与14克高锰酸钾熏蒸消毒。果园场地的鸡粪采用翻土20厘米以上，然后地面上用生石灰或石灰乳泼洒消毒，以备下批饲养。果园养鸡2年应换个场地，以便给果园场地一个自然净化的时间。

四、草场

我国拥有大面积的天然草场和人工草场，如何合理利用是值得思考的问题。试验和实践表明，草场养鸡是一条可行的途径。

（一）草场养鸡的特点

1. 牧鸡灭蝗

草场蝗灾是多年来草场的一大灾害。通过草场养鸡，以鸡灭蝗，生物防治虫害，是最理想的途径（喷洒农药在一定程度上可以控制蝗灾，但农药使用增加费用，污染牧草和草地，甚至破坏生态环境）。据陆元彪等（1995年）报道，海北州地处青藏高原，自然条件严酷，草原蝗虫危害十分严重，给草地畜牧业生产造成了很大损失。年发生蝗虫危害的草地面积约 101 万亩，成灾面积 65 万亩，年损失牧草 6545 万千克。通过在高寒草场牧鸡治蝗是成功的，达到了预定的目标。根据野外定点观测，每只鸡每天可捕食 2～3 龄蝗虫 1600～1800 只，解剖捕食半天蝗虫的鸡，嗉囊中平均有 2～3 龄蝗虫 300～400 只。平均灭治率为 90%，其中最高 97%，最低 82%，灭蝗效果良好。据魏书兰（1995 年）报道，喀左县十二德堡乡烂泥塘子村的天然草场和人工草场，多次发生不同程度的蝗虫危害。草场放养鸡后，草地蝗害被控制（未牧鸡的草地平均每平方米生存小型蝗虫 6～8 只，经牧鸡的草地，蝗虫存留数下降为每平方米 1～2 只）。

2. 提高草产量

蝗虫啃食破坏牧草，影响牧草产量和草地有效利用年限，而且威胁着周围农田作物。草场放养鸡后，可以大量灭蝗，减少对草地的危害，同时，以草养鸡，鸡粪为草提供养分，促进草的生长和产量提高。魏书兰（1995 年）报道，草的产量有了较大幅度的增加，天然草场每亩产干草可增加到 30 千克，增产 20%，而人工草地每亩产干草 250 千克，增加 50 千克，增产 25%。

3. 提高产品质量

草场牧草营养丰富，为土鸡的生长和生产提供了优质的营养。草场在养鸡条件下一般可不使用任何农药，因此，鸡的产品，无论是鸡肉还是鸡蛋，其质量上乘，属无公害食品及绿色食品，凡是草场上饲养的鸡，其产品价格较一般产品高，有时甚至高出 1 倍以上。

（二）草场养鸡的技术要点

除了与其他地方放养鸡应注意的问题相同以外，还存在一些问题，应特别注意一些技术环节。

1. 搭好棚舍

与其他放养地方相比，草场的遮阴状况不好，特别是退化的草场，在炎热的夏季会使鸡暴露在阳光下，雨天没有可躲避的地方。应根据具体情况增设简易棚舍来遮阴挡雨。

2. 注意昼夜温差

草原昼夜温差大。在放牧的初期、鸡月龄较小时以及春季和晚秋，一定要注意夜间鸡舍内温度的变化，防止温度骤然下降导致鸡群患感冒和其他呼吸道疾病。必要时应增加增温设施；秋季晚上气温低，早晨草叶表面带有露水，对鸡的健康不利。因此，遇有这种情况应适当晚放牧。

3. 预防兽害

与其他地方放养鸡相比，草场的兽害最为严重，尤其是鹰类、黄鼠狼、狐狸、老鼠以及南方草场的蛇，应有针对性地采取措施。

4. 轮牧和刈割

鸡喜欢采食幼嫩的草芽和叶片，不喜欢粗硬老化的牧草。因此，在草场养土鸡时，应将放牧和刈割相结合。将草场划分成不同的小区，轮流放牧和轮流刈割，使鸡经常可采食到愿意采食的幼嫩牧草。

5. 严防鸡产窝外蛋

草场辽阔，土鸡活动的半径大，适于营巢的地方多，应注意鸡在外面营巢产蛋和孵化。

五、棉田

（一）棉田养土鸡的特点

棉花是我国一些省份的主要经济作物和油料作物，种植面积很大，但病虫危害严重。利用放养土鸡来生物治虫，一举两得。

1. 养鸡灭虫和除草

鸡在棉田放养，可将棉田的绝大多数害虫捕捉。与果园不同，棉花植株较低，各种害虫的成虫飞翔的高度正好在鸡的捕食范围内。其幼虫在棉花叶片爬行时，也易被鸡发现而捕捉。因此，养鸡的棉田，虫口密度很低。一般情况下，少量进行预防性喷药即可有效防止虫害的大发生，即使不喷施农药，棉铃虫、盲椿象的发生率也很低；鸡可以采食棉田里大量的杂草，所以，可以极大减少棉田农药和除草剂的使用量。

2. 避免鸡群受害

棉花植株长成之后，整个田间郁闭，也正值炎热的夏季，土鸡可以以棉遮阴。鸡在田间采食，隐蔽于棉株之下乘凉，同时可躲避老鹰等飞翔天敌的侵害。

3. 提高生产效益

棉田养土鸡，可以充分利用生态资源。棉花是在阳光充足、气温较高的季节生长，而棉田杂草伴随棉花的生长而生长。此时在棉田养土鸡，充分利用了大气的温度、棉花的遮蔽作用和棉田杂草的旺盛生长期以及害虫的生长发育期，因此，棉田养鸡的投入更少。在棉田养鸡，棉花种植的投入减少（药物和肥料使用减少，鸡排出的粪便可以直接肥田。资料显示，在棉田养鸡，可少追肥 1～2次），可获得较好的经济效益和生态效益。

（二）棉田养土鸡的技术要点

1. 适时放养

放养时间要根据棉花生长情况而定。一般待棉株长到 30 厘米左右时放牧较好。如果放牧较早，棉株较低，小鸡可能啄食棉心，对棉花的生长有一定的影响。棉花一般是春季播种，播种前可以育雏，待棉株长到一定高度后可以棉田散养。

2. 地膜处理

为了提高棉花产量和质量，提前播种和预防草害，目前多数棉田实行地膜覆盖。棉株从地膜的破洞处长出，地膜下面生长一些小草和小虫，小鸡往往从地膜的破洞处钻进，越钻越深，有时不能自行返回而被闷死。因此，在铺地膜的棉田，应格外注意。可用工具将地膜全部划破，避免意外伤亡。

3. 分区轮放

棉田放养鸡，虫害可得到有效控制。不使用农药或少量喷药即可。虽然目前使用的多是高效低毒或无毒农药，对鸡的影响不大，但为确保安全，在喷施农药期，采取分区轮牧，7 天后在喷施农药的小区放养。如果棉田的地块较小时，要在地块周围设置围网，把土鸡固定在特定的区域。

4. 适宜密度

棉田养土鸡，适宜的密度为每亩放养 30～40 只，一般不应超过 50 只。这样的密度既可有效控制虫害的发生，又可充分利用棉田的杂草等营养资源，还不至于造成过牧现象，仅少量补料即可满足鸡的营养需要。

5. 避免灾害

棉田不具备避雨作用，如遇有大雨，小鸡被雨淋，容易感冒和诱发其他疾病。如果地势低洼，地面积水，可造成批量小鸡被淹死。为了避免水害：①选择的棉田应有便利的排水条件，防止棉田积水；②鸡舍要建筑在较高的地方，防止鸡舍被淹；③加强调教，及时收听当地天气预报，遇有不良天气时，及时将鸡圈回；④大雨过后，及时寻找没有及时返回的小鸡，并将其放在温暖的地方，使羽毛尽快干燥。

棉花收获后主要预防老鹰，在放养的初期主要预防老鼠和蛇，中期和后期主要预防黄鼠狼；棉田不应施用除草剂。

6. 棉花收获后的管理

秋后棉花收获，地表被暴露，此时蚂蚱等昆虫更容易被捕捉。可利用此短暂的时间放牧。但是，由于没有棉花的遮蔽作用，此时很容易被天空飞翔的老鹰等发现。因此，应跟踪放牧，防止老鹰的偷袭。短暂的放牧之后，气温逐渐降低，如果饲养的是育肥鸡，应尽早出售。若饲养的是商品蛋鸡或种鸡，应逐渐增加饲料的补充。

7. 诱虫与补饲

在棉田利用高压电弧灭虫灯，可将周围的昆虫吸引过来，每天傍晚开灯 3～4 小时，既减少 30% 左右的补充饲料，又实现了生态灭虫。为了使鸡早日出栏，在快速生长阶段适当增加饲料的补充量在经济上是合算的。

六、大田

我国大田面积广阔，在适宜的时间将脱温后的鸡放于田间，让其自由觅食，可以充分利用多种饲料资源，减少精饲料消耗，获得较好效益。

（一）大田养土鸡的特点

大田养土鸡，土鸡在田间采食的范围很广，采食面积很大，食物多种多样，如各种害虫、青草、草籽等，基本可以满足其营养需要，可以极大地降低生产成本；土鸡在田间可以呼吸清新的空气，又有充足的活动空间，体质健壮，疾病发生率低，生产的产品质量好。

（二）大田养土鸡的技术要点

1. 放养时间

放养时间宜选择在春季天气变暖、雏鸡满 8 周龄后开始，待秋作物收获后将其带回家饲养。放养时间不能过早或过晚，如果放养过早，天气寒冷，土鸡抵抗力差，难以成活；如果放养过晚，则大田养鸡的时间短，效果不明显。

2. 搭栖架或简易鸡舍

土鸡放养前，首先要在放养地的地头搭一个栖架或简易鸡舍，栖架或简易鸡舍最好设在树下，以利于遮阴。栖架搭建比较简单，首先用较粗的树枝或木棒栽两个桩，然后顺桩上搭横木，横木数量及桩的长度根据鸡的数量而定，最下边的一根横木距地面不要过近，以免兽害，栖架上要搭棚，用以挡雨。搭建简易的封闭性鸡舍效果更好，如果鸡数量少也可用竹篾编的鸡笼。平时要注意晚上关闭好鸡舍。

3. 设置围网

放养地块四周围上 1.5 米高的渔网、纤维网或丝网，网眼要小，鸡只不能通过以防止丢失。

4. 注意防疫

鸡放养在田间后，要根据当地鸡群传染病发生情况进行必要的防疫。如在 2 月龄注射接种鸡新城疫 I 系苗和禽流感疫苗。如果当地传染病发生很少，其他疫苗可以不接种。

5. 减少危害

大田放养鸡容易受到兽害和药害。大田放养地块一般不需喷药防治虫害。如确需喷药，可喷生物农药。或在喷药期间，将鸡关在棚舍内喂养，待药效过后再放养。

6. 适当补料

每亩放养 100～120 只左右，晚上适当补饲些粉碎的原粮（按配方搭配其他原料，如麸皮、豆饼、鱼粉、骨粉、石粉等）。在阴雨大风等恶劣天气条件下，鸡不能外出觅食，要及时供食。在最初放养的几天内，对于少部分觅食能力差、体质弱的鸡要另外补喂饲料。

7. 充足供水

大田饲养过程中，要放置足够的水盆或水槽并定期清洗，经常保持不断水，供给清洁的饮水。

第十二节　山林果园放养土鸡的季节管理要点

春夏秋冬，季节不同，气候条件不同，自然饲料资源差别较大，所以，放养的土鸡饲养管理也有差异。

一、春季

春季气温逐渐变暖，自然光照逐渐延长，是鸡的繁殖季节，产蛋率高，种蛋质量好。但春季也存在一些不利因素，如由于气温逐渐上升，温度不断增高，各种病菌（细菌、病毒、真菌等病原微生物）也会随着适宜的温度而大量繁殖；春季气候多变，温度变化幅度大，对鸡体产生的应激强烈，降低鸡体的免疫机能和抗病能力；春季自然饲料资源比较短缺等，必须根据春季的特点做好如下管理工作。

1. 注意防寒

春季气温渐渐上升，但是其上升的方式为螺旋式。早春三月的天气变化无常，昼夜温差较大，甚至会出现"倒春寒"。时刻注意气候的变化，防止气温的突然降低造成对生产性能的影响和诱发疾病。

2. 注意放牧时间

春季培育的雏鸡放牧时间，北京以南地区一般应在 4 月中旬以后，此时气温较高且相对稳定；但对于成年鸡而言，温度不是主要问题，而放养地的自然饲料资源是放牧的限制因素。早春，野生饲料资源不丰盛，土鸡不可能获得需要的营养。如果草地放养，由于草没有充分生长便被采食，草芽被鸡迅速一扫而光，造成草场的退化，牧草以后难以生长。因此，春季放牧的时间应根据当地气温、放养地的饲料资源情况注意确定适宜的放养时间。

3. 注意营养

春天是蛋鸡产蛋上升较快的时段，同时早春又严重缺乏野生饲料和青绿饲料。要保证产蛋率的快速上升和生产优质的鸡蛋，必须保证土鸡的营养需要。一方面要增加精饲料的补充量，另一方面补充一定数量的青绿饲料。如果此时青草不能满足，可补充一定数量的青菜。还要注意维生素和微量元素的补给。

4. 注意疾病

春季温度升高，阳光明媚，也是病原微生物复苏和繁衍的时机。鸡在这个季节最容易发生传染疾病。因此，要做好隔离、卫生和消毒工作，加强疫苗接种和药物预防，避免疾病的发生。

二、夏季

夏季山林果园放养土鸡，管理不善容易发生问题，如中暑（由于天气炎热、简易棚舍内鸡群密度过大、通风不良和鸡群挤压等造成鸡群热应激）、应激（有时雷阵雨突然降临、天气湿、热等）、兽害（蛇、鹰、野兽、虱等天敌的侵扰和伤害）、机体代谢障碍（夏季鸡群饮水需求增加，如果饮水供应不充足、不及时而使鸡群发生）和疾病等，造成较大损失。夏季的管理必须注意如下方面。

1. 注意整群

入夏前及时整顿鸡群，将已达到上市体重的公鸡及时出售上市，对欲留下产蛋的母鸡中的弱小、有病者、抱窝者及时淘汰，以减少饲料费用，降低饲养密度。鸡棚内鸡群密度控制在 8～10 只/平方米。

2. 注意防暑

鸡无汗腺，体内产生的热主要依靠呼吸散失，因而鸡对高温的适应能力很差。所以，防暑是夏季管理的关键环节。尤其是在没高大植被遮阴的放养场地，应在放牧地设置遮阴棚，为鸡提供防晒遮阴乘凉的躲避处。鸡舍设置风机，在炎热的晚上增加通风量缓解土鸡的热应激。

夏季天晴时中午棚舍内气温高，最好不要将鸡群赶回棚内休息，应将鸡引到植被茂密、空气流畅、地势开阔的地方，安静休息3～4小时，并在休息地放置饮水器。

3. 注意供水

夏季，鸡体需要依靠大量的蒸发散热来保持体温的恒定，所以，水的供应就显得非常重要，如果缺水，轻者严重影响生长、生产，重者发生热应激发病死亡。夏季应保证土鸡随时可以饮到洁净的水，最好供应温度低的水，必要时，在饮水中加入一定的补液盐等抗热应激制剂。

4. 注意饲喂

夏季天气炎热，鸡的采食量减少，调整饲喂制度，利用早晨和傍晚天气凉爽时，强化补料，以便保证有足够的营养摄入。早晨5：30左右开始放饲，上午11：30～下午3：30将鸡赶到阴凉、通风处休息，下午6：30将鸡群赶回但不进鸡棚，在鸡棚附近的场地上亮起诱虫灯，任鸡充分享用各种蚊虫等美味佳肴。晚10：00左右让鸡进入棚舍内熄灯休息。

适当提高饲料的营养浓度和制作颗粒饲料，使鸡在较短的时间内补充较多的营养，以保证有较高的生产性能。

5. 注意捡蛋

夏季由于环境控制难度大，鸡蛋的蛋壳更容易受到污染。特别是窝外蛋，稍不留意便遭受雨水而难以保证质量。因此，应及时发现窝外蛋，及时收集窝内蛋，进行妥善保管或处理。

6. 注意天气

夏季到来之前，要加固棚舍、修整排水沟、填补鸡舍地面低洼处、修补棚顶漏洞等，为鸡群提供干燥、通风良好的栖息环境。密切注意天气变化，在天气突然发生变化时、特别是雷阵雨来临前将鸡群及时赶回棚舍，避免因羽毛淋湿而造成鸡群感染风寒等疾病。如果遇上下雨天应停止放养，将鸡留在棚舍内供给充足的饲料，最好是全价配合饲料。

7. 注意卫生

夏季蚊虫和微生物活动猖獗，粪便和饲料容易发酵，雨水偏多，环境容易污染。应注意饲料卫生、饮水卫生和环境卫生，控制蚊蝇滋生，定期驱除鸡体内外寄生虫（鸡有沙浴的习惯，可在棚舍周围设置沙浴池，在沙土中拌入倍硫磷、蝇毒磷等药物，每7～10天加一次药物，或更换一次药浴用沙，每次轮换使用上述药物中的一种，使鸡在沙浴时将药物附着于羽毛和皮肤，以防治鸡虱、螨虫等体外寄生虫），保证鸡体健康。

三、秋季

秋季气温比较高、湿度大，蚊虫多，光照时间逐渐缩短，对产蛋不利。

1. 注意整群

秋季是成年母鸡停产换羽和新蛋鸡陆续开产的季节。此时应进行鸡群的调整，淘汰老弱母鸡，调整新老鸡群。调整方法是：将淘汰的母鸡挑选出来，分圈饲养，增加光照，每天保持 16 小时以上。多喂高热量饲料等促使母鸡增膘，及时上市。当新蛋鸡开始产蛋时，则应老新分开饲养，鸡也逐渐由产前饲养过渡到产蛋鸡饲养管理。

2. 注意营养

秋季是土鸡换羽的季节。老鸡产蛋达 1 年，身体衰竭，加上换羽，在生理上变化很大。鸡的旧毛脱落换新羽，仍需要大量的营养物质，有的高产鸡边换毛边产蛋。因此饲料中应增加精料和微量营养的比例，以保证鸡换掉旧羽和生新羽的热能消耗，及早恢复产蛋。当年雏鸡到秋季已转为成年鸡，开始产蛋，但其体格还小，尚未发育完全，因此，也要供应足够的饲料，让其吃饱喝足，并增加精料比例，以满足其继续发育和产蛋的需要；保持一定的膘度，为来年产蛋期打下良好的基础。

3. 注意疾病

鸡痘是鸡的一种高度接触性传染病，在秋冬季最容易流行。秋季发生皮肤型鸡痘较多，冬季白喉型最常见。在秋季到来之前可以进行免疫接种。将疫苗稀释 50 倍，用消毒的钢笔尖或大号缝衣针蘸取疫苗，刺在鸡翅膀内侧皮下，每只鸡刺一下即可。接种 1 周左右，可见到刺种处皮肤上产生绿豆大的小痘，后逐渐干燥结痂脱落。如刺种部位不发生反应则必须重新刺种。如果发生皮肤型鸡痘，可用镊子剥离，伤口擦紫药水，鸡眼睛上长的痘，往往有痒感，鸡有时向体内摩擦，有时用鸡爪弹蹬。可将痘划破，把里边的纤维素挤出，涂上氟轻松。

山林果园散养土鸡新技术

秋季还要注意鸡新城疫、禽霍和寄生虫病的防治。新母鸡和强制换羽的土鸡群，必须进行疫苗接种和驱虫。如注射新城疫Ⅰ系苗。饲料中添加驱虫药左旋咪唑，在每千克饲料或饮水中加入药物20克，让鸡自由采食饮用，连喂3～5天；驱蛔灵，每千克体重用驱蛔灵0.2～0.25克，拌在料内或直接投喂均可；虫克星，每次每50千克体重用2%虫克粉剂5克，内服、灌服或均匀拌入饲料中饲喂；复方敌菌净，按0.02%混入饲料拌匀，连用3～5天；氨丙啉，按0.025%混入饲料或饮水，连用5天。

四、冬季

冬季外界气温低，散养土鸡的管理重点是防寒保暖。主要措施如下。①放养地的棚舍要密封，特别要堵严西北窗户，南边的窗户晚上挂草帘。堵塞棚舍所有缝隙，防止缝隙产生"贼风"侵袭鸡体。鸡舍内垫上厚干草，保持鸡舍干燥；②适当提高饲养密度，增加舍内产热；③放鸡要晚，收鸡要早。放鸡后打开窗户通风，收鸡前先关闭窗户；④在放牧地的西北面设置防风屏障，在背风向阳地方垫草，让土鸡晒太阳；⑤加强饲养、注意补料、保证营养供给，在饲料中添加2%的油脂或添加3%～4%的玉米，提高饲料中能量水平；供给充足的饮水，最好能供温水，严禁吃雪和喝冰水；⑥控制呼吸道疾病的发生。白天打开鸡舍多通风，粪便勤清理，保持鸡舍空气良好。在饲料中添加土霉素、链霉素或饮水中添加丁胺卡那霉素等防治。

第七章

山林果园散养土鸡的疾病防治技术

第一节 疾病的诊断

一、临床观察诊断

（一）群体检查

检查群体的营养状况、发育程度、体质强弱、大小均匀度，鸡冠的颜色是呈鲜红或紫蓝、苍白；冠的大小，是否长有水疱、痘痂或冠癣；羽毛颜色和光泽，是否丰满整洁，是否有过多的羽毛断折和脱落；是否有局部或全身的脱毛或无毛，肛门附近羽毛是否有粪污等。

检查鸡群精神状况是否正常，在添加饲料时是否拥挤向前争抢采食饲料，或有啄无食，将饲料拨落地下，或根本不啄食。在外人进入鸡舍走动或有异常声响时鸡是否普遍有受惊扰的反应，是否有震颤，头颈扭曲，盲目前冲或后退，转圈运动，或高度兴奋不停地走动，是否有跛行或麻痹、瘫痪，是否有精神沉郁、闭目、低头、垂翼，离群呆立，喜卧不愿走动，昏睡的。

检查是否流鼻液，鼻液性质如何，是否有眼结膜水肿，上下眼结膜黏连，脸部水肿。浅频呼吸，深吸呼吸，临终呼吸，有无异常呼吸音，张口伸颈呼吸并发出怪叫声，张口呼吸而且两翼展开，口角有无黏液、血液或过多饲料黏着，有无咳嗽等。

检查食料量和饮水量如何，嗉囊是否异常饱胀；排粪动作过频或困难，粪便是否为圆条状、稀软成堆，或呈水样，粪便是否有饲料颗粒、黏液、血液，颜色是否为灰褐、硫黄色、棕褐色、灰白色、黄绿色或红色，是否有异常恶臭味。

检查发病数、死亡数，死亡时间分布，病程长短，从发病到死亡的时间为几天几小时或毫无前兆症状而突然死亡等。

（二）个体检查

对鸡个体检查的项目除与上述群体检查相同项目之外，还应注意做下列一些项目的检查。

检查体温，用手掌抓住两腿或插入两翼下，可感觉到明显的体温异常，精确的体温要用体温计插入肛门内，停留 10 分钟，然后读取体温值。

检查皮肤的弹性、有无结节及蜱、螨等寄生虫，颜色是否正常及是否有紫蓝色或红色斑块，是否有脓肿、坏疽、气肿、水肿、斑疹、水疱等，胫部皮肤鳞片是否有裂缝等。

拨开眼结膜，检查眼结膜的黏膜是否苍白、潮红或黄色，结膜下有无干酪样物，眼球是否正常；用手指压挤鼻孔，有无黏性或脓性分泌物，用手指触摸嗉囊内容物是否过分饱满坚实，是否有过多的水分或气体，翻开泄殖腔，注意有无充血、出血、水肿、坏死，或有假膜附着，肛门是否被白色粪便所黏结。

打开口腔，检查口腔黏膜的颜色，有无斑疹、脓疱、假膜、溃疡、异物，口腔和腭裂上是否有过多的黏液，黏液上是否混有血液。一手扒开口腔，另一手用手指将喉头向上顶托，可见到喉头和气管，注意喉气管有无明显的充血、出血，喉头周围是否有干酪样物附着等。

常见的鸡体异常变化诊断见表 7-1。

二、鸡病的剖检诊断

鸡病虽种类繁多，但许多鸡病在剖检病变方面具有一定特征，因此，利用尸体剖检观察病变可以验证临床诊断和治疗的正确性，是诊断疾病的一个重要手段。

表 7-1　常见的鸡体异常变化诊断表

项目	异常变化	可能相关的主要疾病
饮水	饮水量剧增	长期缺水、热应激、球虫病早期、饲料食盐太多、其他热性病
	饮水明显减少	温度太低、濒死期
粪便	红色	球虫病
	白色黏性	白痢病、痛风、尿酸盐代谢障碍
	硫磺样	组织滴虫病（黑头病）
	黄绿色带黏液	鸡新城疫、鸡出败、卡氏白细胞虫病等
	水样稀薄	饮水过多、饲料中镁离子过多、轮状病毒感染等
病程	突然死亡	禽霍乱、卡氏白细胞虫病、中毒病
	中午到午夜前死亡	中暑
神经症状	瘫痪，前后腿劈叉	马立克病和运动障碍
	一月龄内雏鸡瘫痪	传染性脑脊髓炎
	扭颈、抬头望天前冲后退转圈运动	鸡新城疫、维生素 E 和硒缺乏、维生素 B_1 缺乏
	颈麻痹、平铺地面上	肉毒中毒
	脚麻痹、趾卷曲	维生素 B_2 缺乏
	腿骨弯曲、运动障碍、关节肿大	维生素 D 缺乏、钙磷缺乏、病毒性关节炎、滑膜霉形体、葡萄球菌病、锰缺乏、胆碱缺乏
	瘫痪	笼养鸡疲劳症、维生素 E 硒缺乏、虫媒病、病毒病、鸡新城疫
	高度兴奋、不断奔走鸣叫	痢特灵中毒、其他中毒初期
呼吸	张口伸颈、怪叫声	鸡新城疫、传染性喉气管炎
冠	痘痂、痘斑	鸡痘
	苍白	卡氏白细胞虫病、白血病、营养缺乏
	紫蓝色	败血症、中毒病
	萎缩	白血病、内脏肿瘤或卵黄腹膜炎
	白色斑点或斑块	冠癣
肉髯	水肿	慢性禽霍乱、传染性鼻炎

项目	异常变化	可能相关的主要疾病
眼	充血	中暑、传染性喉气管炎等
	虹膜褪色、瞳孔缩小	马立克病
	角膜晶状体混浊	传染性脑脊髓炎等
	眼结膜肿胀,眼睑下有干酪样物	大肠杆菌病、慢性呼吸道病、传染性喉气管炎、沙门菌病、曲霉菌病、维生素 A 缺乏等
	流泪有虫体	眼线虫病、眼吸虫病
鼻	黏性或脓性分泌物	传染性鼻炎、慢性呼吸道病等
喙	角质软化	钙、磷或维生素 D 等缺乏
	交叉等畸形	营养缺乏或遗传性疾病
口腔	黏膜坏死、假膜	鸡痘、毛滴虫病
	有带血黏液	卡氏白细胞虫病、传染性喉气管炎、急性鸡出败、毛滴虫病
羽毛	羽毛断碎、脱落	啄癖、外寄生虫病、换羽季节、营养缺乏(锌、维生素、泛酸等)
	纯种鸡长出异色羽毛	遗传性、维生素 D、叶酸、铜和铁等缺乏
	羽毛边缘卷曲	维生素 B_2 缺乏、锌缺乏
脚	鳞片隆起、有白色痂片	鸡膝螨
	脚底肿胀	鸡趾瘤
	出血	创伤、啄癖、鸡流感
皮肤	紫蓝色斑块	维生素 E 和硒缺乏、葡萄球菌病、坏疽性皮肤尸绿
	痘痂、痘斑	鸡痘
	皮肤粗糙、眼角嘴角有痂皮	泛酸缺乏、生物素缺乏、体外寄生虫病
	出血	维生素 K 缺乏、卡氏白细胞虫病、某些传染病、中毒病等
	皮下水肿	阉割,剧烈活动等引起被囊膜破裂

1. 正确掌握和运用鸡体剖检方法

若方法不熟练,操作不规范、不按顺序,乱剪乱割,影响观察,易造成误诊,贻误防治时机。

2. 防止疾病散播

（1）选择合适的剖检地点　鸡场最好建立尸体剖检室，剖检室设置在生产区和生活区的下风方向和地势较低的地方，并与生产区和生活区保持一定距离，自成单元；若养鸡场无剖检室，剖检尸体时选择在比较偏僻的地方进行，要远离生产区、生活区、公路、水源等，以免剖检后，尸体的粪便、血污、内脏、杂物等污染水源、河流，或由于车来人往等传播病原，造成疫病扩散。

（2）严格消毒　剖检前对尸体进行喷洒消毒，避免病原随着羽毛、皮屑一起被风吹起传播。剖检后将死鸡放在密封的塑料袋内，对剖检场所和用具进行彻底全面的消毒。剖检室的污水和废弃物必须经过消毒处理后方可排放。

（3）尸体无害化处理　有条件的鸡场应建造焚尸炉或发酵池，以便处理剖检后的尸体，其地址的选择既要使用方便，又要防止病原污染环境。无条件的鸡场对剖检后的尸体要进行焚烧或深埋。

3. 准备好剖检器具

剖检鸡体，准备剪刀、镊子即可。根据需要还可准备手术刀、标本皿、广口瓶、福尔马林等。此外，还要准备工作服、胶鞋、橡胶手套、肥皂、毛巾、水桶、脸盆、消毒剂等。

三、鸡体剖检方法

剖检病鸡最好在死后或濒死期进行。对于已经死亡的鸡只，越早剖检越好，因时间长了尸体易腐败，尤其夏季，使病理变化模糊不清，失去剖检意义。如暂时不剖检的，可暂存放在 4℃ 冰箱内。解剖前先进行体表检查。

（一）体表检查

选择症状比较典型的病鸡作为剖检对象，解剖前先做体表检查，即测量体温，观察呼吸、姿态、精神状况、羽毛光泽、头部皮肤的颜色，特别是鸡冠和肉髯的颜色，仔细检查鸡体的外部变化并记录症状。如有必要，可采集血液（静脉或心脏采血）以备实验室检验。

（二）解剖检查

先用消毒药水将羽毛擦湿，防止羽毛及尘埃飞扬。解剖活鸡应先放血致死，方法有两种：①可在口腔内耳根旁的颈静脉处用剪刀横切断静脉，血沿口腔流出，此法外表无伤口；②颈部放血，用刀切断颈动脉或颈静脉放血。

将被检鸡仰放在搪瓷盘上，此时应注意腹部皮下是否有腐败引起的尸绿。用力掰开两腿，直至髋关节脱位，将两翅和两腿摊开，或将头、两翅固定在解剖板上。沿颈、胸、腹中线剪开皮肤，再从腹下部横向剪开腹部，并延至两腿皮肤。由剪处向两侧分离皮肤。剥开皮肤后，可看到颈部的气管、食道、嗉囊、胸腺、迷走神经以及胸肌、腹肌、腿部肌肉等。根据剖检需要，可剥离部分皮肤。此时可检查皮下是否有出血、胸部肌肉的黏稠度，颜色是否有出血点或灰白色坏死点等。

皮下检查完后，在泄殖腔腹侧将腹壁横向剪开，再沿肋软骨交接处向前剪，然后一只手压住鸡腿，另一只手握龙骨后缘向上拉，使整个胸骨向前翻转露出胸腔和腹腔，注意胸腔和腹腔器官的位置、大小、色泽是否正常，有无内容物（腹水、渗出物、血液等），器官表面是否有冻胶状或干酪样渗出物，胸腔内的液体是否增多等。

然后观察气囊，气囊膜正常为一透明的薄层，注意有无混浊、增厚或被覆渗出物等。如果要取病料进行细菌培养，可用消毒灭菌过的剪刀、镊子、注射器、针头及存放材料的器具采取所需要的组织器官。取完材料后可进行各个脏器检查。剪开心包囊，注意心包囊是否混浊或有纤维性渗出物黏附，心包液是否增多，心包囊与心外膜是否粘连等，然后顺次取出各脏器。

首先把肝脏与其他器官连接的韧带剪断，再将脾脏、胆囊随同肝脏一块摘出。接着，把食道与腺胃交界处剪断，将脾胃、肌胃和肠管一同取出体腔（直肠可以不剪断）。

剪开卵巢系膜，将输卵管与泄殖腔连接处剪断，把卵巢和输卵管取出。雄鸡剪断睾丸系膜，取出睾丸；用器械柄钝性剥离肾脏，从脊椎骨深凹中取出；剪断心脏的动脉、静脉，取出心脏；用刀柄钝性剥离肺脏，将肺脏从肋骨间摘出。

剪开喙角，打开口腔，把喉头与气管一同摘出；再将食道、嗉囊一同摘出；把直肠拉出腹腔，露出位于泄殖腔背面的腔上囊（法氏囊），剪开与泄殖腔连接处。腔上囊便可摘出。

剪开鼻腔，从两鼻孔上方横向剪断上喙部，断面露出鼻腔和鼻甲骨。轻压鼻部，可检查鼻腔有无内容物；剪开眶下窦，剪开眼下和嘴角上的皮肤，看到的空腔就是眶下窦。

将头部皮肤剥去，用骨剪剪开顶骨缘、颞骨上缘、枕骨后缘，揭开头盖骨，露出大脑和小脑。切断脑底部神经，大脑便可取出。

外部神经的暴露。迷走神经在颈椎的两侧，沿食道两旁可以找到。坐骨神经位于大腿两侧，剪去内收肌即可露出。腰间神经丛，将脊柱两侧的肾脏摘除，便能显露出来。臂神经，将鸡背朝上，剪开肩胛和脊柱之间的皮肤，剥离肌肉，即可看到。

（三）解剖检查注意事项

① 剖检时间越早越好，尤其在夏季，尸体极易腐败，不利于病变观察，影响正确诊断。若尸体已经腐败，一般不再进行剖检。剖检时，光线应充足。

② 剖检前要了解病死鸡的来源、病史、症状、治疗经过及防疫情况。

③ 剖检时必须按剖检顺序观察，做到全面细致，综合分析，不可主观片面，马马虎虎。

④ 做好剖检用具和场所的隔离消毒。做好剖检尸体、血水、粪便、羽毛和污染的表土等无害化处理（放入深埋坑内，撒布消毒药和新鲜生石灰盖土压实）。同时要做好自身防护（穿戴好工作服，戴上手套）。

⑤ 剖检时，要做好记录，检查完后找出其主要的特征性病理变化和一般非特征性病理变化，作出分析和比较。

四、病理剖检诊断

（一）皮肤、肌肉

皮下脂肪小出血点见于败血症；传染性腔上囊病时，常有股内侧肌肉出血；皮肤型马立克病时，皮肤上有肿瘤。皮下水肿，水肿部位多见于胸腹部及两腿内侧，渗出液以胶冻样为主，渗出液颜色呈黄绿或蓝绿色，为绿脓杆菌病、硒-维生素 E 缺乏症。渗出液颜色呈黄白色为禽霍乱，渗出液颜色呈蓝紫色为葡萄球菌病。胸腿肌肉出血，出血部位为点状或斑状，常见疾病有传染性法氏囊病、禽霍乱、葡萄球菌病。其中表现为肌肉深层出血的多见于禽霍乱。另外，马杜霉素中毒、维生素 K 缺乏症、磺胺类药物中毒、黄曲霉毒素中毒、包涵体肝炎、住白细胞虫病（点状出血）也可见肌肉出血。

（二）胸腹腔

胸腹膜有出血点，见于败血症；腹腔内有坠蛋时（常见于高产、好飞栖高架的母鸡），会发生腹膜炎；卵黄性腹腔（膜）炎与鸡沙门菌病、大肠杆菌病、禽霍乱和鸡葡萄球菌病有关；雏鸡腹腔内有大量黄绿色渗出液，常见于硒-维生素 E 缺乏症。

（三）呼吸系统

① 鼻腔（窦）。渗出物增多见于鸡传染性鼻炎、鸡毒支原体病，也见于禽霍乱和禽流感。

② 气管。气管内有伪膜，为黏膜型鸡痘；有多量奶油样或干酪样渗出物，可见于鸡的传染性喉气管炎和新城疫。管壁肥厚，黏液增多，见于鸡的新城疫、传染性支气管炎、传染性鼻炎和鸡毒支原体病。气管、喉头黏膜充血、出血，有黏液等渗出物，该病变主要见于呼吸系统疾病。如黏膜充血，气管有渗出物为传染性支气管炎病变；喉头、气管黏膜弥漫性出血，内有带血黏液为传染性喉气管炎病变；而气管环黏膜有出血点为新城疫病变。败血性霉形体、传染性鼻炎也可见到呼吸道有黏液渗出物等病变。

③ 气囊。壁肥厚并有干酪样渗出物，见于鸡毒支原体病、传染性鼻炎、传染性喉气管炎、传染性支气管炎和新城疫；附有纤维素性渗出物，常见于鸡大肠杆菌病；腹气囊卵黄样渗出物，为传染性鼻炎的病变。

④ 肺。雏鸡肺有黄色小结节，见于曲霉菌性肺炎；雏白痢时，肺上有 1～3 毫米的白色病灶，其他器官（如心、肝）也有坏死结节；禽霍乱时，可见到两侧性肺炎；肺呈灰红色，表面有纤维素，常见于鸡大肠杆菌病。

(四）消化道

食道、嗉囊有散在小结节，提示为维生素 A 缺乏症。腺胃黏膜出血，多发生于鸡新城疫和禽流感；鸡马立克病时见有肿瘤。肌胃角质层表面溃疡，在成鸡多见于饲料中鱼粉和铜含量太高，雏鸡常见于营养不良；创伤，常见于异物刺穿；萎缩，发生于慢性疾病及日粮中缺少粗饲料。小肠黏膜出血，见于鸡的球虫病、鸡新城疫、禽流感、禽霍乱和中毒（包括药物中毒）及火鸡的冠状病毒性肠炎和出血综合征；卡他性肠炎，见于鸡的大肠杆菌病、鸡伤寒和绦虫、蛔虫感染；小肠坏死性肠炎，见于鸡球虫病、鸡厌气性菌感染；肠浆膜肉芽肿，常见于鸡慢性结核、鸡马立克病和鸡大肠杆菌病；雏鸡盲肠溃疡或干酪样栓塞，见于雏鸡白痢恢复期和组织滴虫病；盲肠血样内容物，见于鸡球虫病；肠道出血是许多疾病急性期共有的症状，如新城疫、传染性法氏囊病、禽霍乱、葡萄球菌病、链球菌病、坏死性肠炎、绿脓杆菌病、球虫病、禽流感、中毒等疾病；盲肠扁桃体肿胀、坏死和出血，盲肠与直肠黏膜坏死，可提示为鸡新城疫。盲肠病变主要为盲肠内有干酪样物堵塞，这种病变提示疾病有盲肠球虫病、组织滴虫病、副伤寒、鸡白痢；新城疫可见黏膜乳头或乳头间出血，传染性法氏囊病、螺旋体病多见肌胃与腺胃交界处黏膜出血。导致腺胃黏膜出血的疾病还有喹乙醇中毒、痢菌净中毒、磺胺类药物中毒、禽流感、包涵体肝炎等。

(五）心脏

心肌结节，这种病变主要见于大肠杆菌肉芽肿、马立克病、鸡白痢、伤寒、磺胺类药物中毒。心冠沟脂肪有出血点（斑），可见于鸡霍乱、鸡流感、鸡新城疫、鸡伤寒等急性传染病，磺胺类药物中毒也可见此症状。心肌坏死灶，见于雏鸡和大小火鸡的白痢、鸡的李氏杆菌和弧菌性肝炎；心肌肿瘤，可见于鸡马立克病；心包有混浊渗出物，见于鸡的白痢、鸡大肠杆菌病、鸡毒支原体病。

(六）肝脏

肝脏的病变一般具有典型性。烈性病时，其他病变还未表现，那么在肝脏基本表现为败血性变化。肝脏病变可以区分病毒性还是细菌性疾病为主。肝脏具有坏死灶多由细菌引起，而出血点多由病毒引起。导致肝脏出现坏死点或坏死灶的疾病有禽霍乱、鸡白痢、伤寒、急性大肠杆菌病、绿脓杆菌病、螺旋体病、喹乙醇中毒、痢菌净中毒等；导致肝脏有灰白结节的疾病有马立克病、鸡结核、鸡白痢、白血病、慢性黄曲霉毒素中毒、住白细胞虫病。此外注射油苗也可引起此类病变。显著肿大时，见于鸡急性马立克病和鸡淋巴性白血病；有大的灰白色结节，见于急性马立克病、淋巴性白血病、组织滴虫病和鸡结核；有散在点状灰白色坏死灶，见于包涵体肝炎、鸡白痢、禽霍乱、鸡结核等；肝包膜肥厚并有渗出物附着，可见于肝硬变、鸡大肠杆菌病和鸡组织滴虫病。

（七）脾脏

有大的白色结节，见于急性马立克病、淋巴细胞性白血病及鸡结核；有散在微细白点，见于急性马立克病、白痢、淋巴细胞性白血病、鸡结核；包膜肥厚伴有渗出物附着及腹腔有炎症和肿瘤时，见于鸡的坠蛋性腹膜炎和马立克病。

（八）卵巢

产蛋鸡感染沙门菌后，卵巢发炎、变形或滤泡萎缩；卵巢水泡样肿大，见于急性马立克病和淋巴性白血病，卵巢的实质变性见于流感等热性疾病。

（九）输卵管

输卵管内充满腐败的渗出物，常见于鸡的沙门菌和大肠杆菌病；由于肌肉麻痹或局部扭转，可使输卵管充塞半干状蛋块；输卵管萎缩则见于鸡传染性支气管炎和减蛋综合征；输卵管有脓性分泌物多见于禽流感。

（十）肾脏

肾显著肿大，见于急性马立克病、淋巴细胞性白血病和肾型传染性支气管炎；肾内出现囊胞，见于囊胞肾（先天性畸形）、水肾病（尿路闭塞），在鸡的中毒、传染病后遗症中也可出现；肾内白色微细结晶沉着，见于尿酸盐沉着症，输尿管膨大，出现白色结石，多由于中毒、维生素A缺乏症、痛风等疾病所致。导致肾脏功能障碍的疾病均可引起输尿管尿酸盐沉积，如痛风、传染性法氏囊病、维生素 A 缺乏症、传染性支气管炎、鸡白痢、螺旋体病和长期过量使用药物。

（十一）睾丸

萎缩、有小脓肿，见于鸡白痢。

（十二）腔上囊（法氏囊）

增大并带有出血和水肿，发生于传染性腔上囊病的初期，然后发生萎缩；全身性滑膜支原体感染、患马立克病时，可使腔上囊萎缩；淋巴细胞性白血病时，腔上囊常常有稀疏的直径 2~3 毫米的肿瘤，此外马杜霉素中毒也可以导致法氏囊出血性变化。

（十三）胰脏

雏鸡胰脏坏死，发生于硒-维生素 E 缺乏症；点状坏死常见于流感和传染性支气管炎。

（十四）神经系统

小脑出血、软化，多发生于幼雏的维生素缺乏症；外周神经肿胀、水肿、出血，见于鸡马立克病。

（十五）腹水

常见病有腹水症、大肠杆菌病、黄曲霉毒素中毒、硒-维生素 E 缺乏症、鸡白痢、副伤寒、卵黄性腹膜炎。

临床上由于疾病性质、疫苗或药物使用等条件的影响，同一疾病在不同条件下其症状也随之发生了变化，而且有的鸡群可能存在并发或继发疾病的复杂情况。因此，在临床诊断时应辩证地分析病理剖检变化。患鸡病变不是孤立存在的，要抓住重点病变，综合整体剖检变化，同时结合鸡群饲养管理、流行病学和临床症状综合分析，才可能作出正确的临床诊断。病理剖检变化见表 7-2。

表 7-2　病理剖检变化诊断表

部位	病理变化	可能的疾病
皮肤	紫蓝色斑块	维生素 E 和硒缺乏、葡萄球菌病、坏疽性皮肤尸绿
	痘痂、痘斑	鸡痘
	皮肤粗糙、眼角嘴角有痂皮	泛酸缺乏、生物素缺乏、体外寄生虫病

部位	病理变化	可能的疾病
皮肤	出血	维生素K缺乏、卡氏白细胞虫病、某些传染病、中毒病等
	皮下水肿(发生在胸、腹部及两腿之间的皮下)	患部呈蓝紫色或蓝绿色,见鸡的渗出性素质(鸡硒或维生素E缺乏)
胸骨	S状弯曲	维生素D、钙和磷缺乏或比例不当
	囊肿	滑膜炎霉形体病、地面不平、肉鸡常卧地等
肌肉	过分苍白	死前放血、贫血、内出血和卡氏白细胞虫、维生素E和硒缺乏、磺胺中毒等
	干燥无黏性	失水、缺水、肾型传染性支气管炎、痛风等
	有白色条纹	维生素E和硒缺乏
	出血	传染性法氏囊病、卡氏白细胞虫病、黄曲霉毒素中毒、维生素E和硒缺乏等
	大头针帽大小的白点	鸡卡氏白细胞虫病
	腐败	葡萄球菌病、厌气杆菌感染
腹腔	腹水过多	腹水症、肝硬化、黄曲霉毒素中毒、大肠杆菌病
	血液或凝血块	内出血、卡氏白细胞虫病、白血病、包涵体肝炎等
	纤维素或干酪样渗出物	大肠杆菌病、鸡败血霉形体病
气囊炎	混浊有干酪样渗出物	鸡败血霉形体病、大肠杆菌病、鸡新城疫、曲霉菌病等
心脏	心肌白色小结节	白痢病、马立克病、卡氏白细胞虫病等
	心冠沟脂肪出血	禽出败、细胞性感染、中毒病
	心包粘连、包液混浊	大肠杆菌、鸡败血霉形体感染等
	尿酸盐沉积	痛风
	房室间瓣膜疣状增生	丹毒病
肝	肿大、有结节	马立克病、白血病、寄生虫病、结核病
	肿大、有点状或斑状坏死	禽出败、白痢、黑头病、喹乙醇中毒、痢菌净中毒
	肿大、被覆渗出物、有出血点、血斑、血肿和坏死点等	大肠杆菌、鸡败血霉形体感染、鸭瘟、鹅的鸭瘟包涵体肝炎、弯杆菌性肝炎、脂肪肝综合征

部位	病理变化	可能的疾病
肝	肝硬化	慢性黄曲霉毒素中毒、寄生虫病等
	寄生虫体	吸虫病等
脾	胆大、有结节	白血病、马立克病、结核
	肿大、有坏死点	鸡白痢、大肠杆菌病
	萎缩	喹乙醇中毒
胰脏	坏死	鸡新城疫、鸡流感、包涵体肝炎
胆囊	肿大、细菌性感染	大肠杆菌病、白痢病等
食道	黏膜坏死	鸭瘟、毛滴虫病、维生素 A 缺乏
嗉囊	积水积气、积食坚实	球虫病、毛滴虫病、异物阻塞、鸡新城疫、中毒等
腺胃	球状增厚增大	马立克病，四棱线虫病。
	小坏死结节	白痢病、马立克病、滴虫病
	出血	鸡新城疫、禽流感、法氏囊病、包涵体肝炎、喹乙醇或痢菌净中毒
肌胃	白色结节	白血病、马立克病
	溃疡、出血	鸡新城疫、鸡法氏囊病、喹乙醇或痢菌净中毒、包涵体肝炎
小肠	充血、出血	鸡新城疫、球虫病、卡氏白细胞虫病、禽出败
	小结节	鸡白痢、马立克病等
	出血、溃疡、坏死	溃疡性肠炎、坏死性肠炎
	假膜	鸭瘟、小鹅瘟等
	寄生虫	线虫、绦虫等
盲肠	出血	球虫病
	出血、溃疡	黑头病
泄殖腔	水肿、充血	鸡新城疫、禽流感、寄生虫感染
	出血、坏死	肛门淋、啄癖
喉气管	充血、出血	鸡新城疫、传染性喉气管炎、禽霍乱
	有环状干酪样附着	传染性喉气管炎、慢性呼吸道病
	假膜	鸡痘

部位	病理变化	可能的疾病
支气管	充血、出血	传染性喉气管炎、鸡新城疫、寄生虫感染等
	黏液增多	呼吸道感染
肺	结节呈肉样化	马立克病、白血病
	黄色、黑色结节	曲霉菌病、结核病
	黄白色小结节	白痢
	充血、出血	卡氏白细胞虫病、其他感染
肾	肿大、有结节	白血病、马立克病
	出血	卡氏白细胞虫病、脂肪肝肾综合征、法氏囊病、包涵体肝炎、中毒等
	尿酸盐沉积	肾型传染性支气管炎、传染性法氏囊病、磺胺药中毒、铅中毒、内脏型痛风、高钙日粮、维生素A缺乏症、饮水不足等
输尿管	尿酸盐沉积	内脏型痛风、肾型传染性支气管炎、传染性法氏囊病、磺胺药中毒、维生素A缺乏症、钙磷比例失调等
卵巢	有结节、肿大	马立克病、白血病
	卵泡充血出血	白痢病、大肠杆菌病、禽出败等
输卵管	左侧输卵管细小	传染性支气管炎、停产期
	充血、出血	滴虫病、白痢病、鸡败血霉形体感染等
法氏囊	肿大	鸡新城疫、白痢病、鸡法氏囊病
	出血、囊腔内渗出物增多	鸡法氏囊病、鸡新城疫
脑	脑膜充血、出血	中暑、细菌性感染、中毒
	小脑出血、脑回展平	维生素E和硒缺乏
四肢	骨髓黄色	包涵体肝炎、卡氏白细胞病、磺胺中毒
	骨质松软	钙、磷和维生素D等营养缺乏病
	脱腱症	锰或胆碱缺乏
	关节炎	葡萄球菌病、大肠杆菌病、滑膜霉形体病、病毒性关节炎、营养缺乏病等
	臂神经和坐骨神经肿胀	马立克病、维生素B_2缺乏症

第二节　严格执行卫生防疫制度

为了有效控制疾病，必须树立和贯彻"防重于治"和"养防并重"的疾病防治原则，加强综合防治。

一、科学的饲养管理

饲养管理工作不仅影响土鸡的生长发育，更影响到土鸡的健康和抗病能力。只有科学的饲养管理，才能维持机体健壮，增强机体的抵抗力和抗病力。

（一）提供优质饲料，保证营养供给

饲料为土鸡提供营养，鸡依赖从饲料中摄取的营养物质而生长发育、生产和提高抵抗力，从而维持其健康和生产性能的发挥。提供的饲料营养物质不足、过量或不平衡，不仅会引起土鸡的营养缺乏症和中毒症，而且影响鸡体的免疫力，增强对疾病的易感性。山林果园放养土鸡，要注意饲料的补充，补充的饲料要优质。

（二）充足卫生的饮水

水是最廉价、最重要的营养素，也是最容易受到污染和传播疾病。所以土鸡场要保证水的供应，保证水的卫生。

（三）保持适宜的环境条件

1. 保持适宜饲养密度

密度过大，鸡群拥挤，不但会造成鸡采食困难，而且空气中尘埃和病原微生物数量较多，最终引起鸡群发育不整齐，免疫效果差，易感染疾病和啄癖。密度过小，不利于鸡舍保温，也不经济。密度的大小应随品种、日龄、鸡舍的通风条件、饲养的方式和季节等而做调整。

2. 保持适宜的光照

光照是一切生物生长发育和繁殖所必需的。合理的光照制度和光照强度不但可以促进家禽的生长发育，而且可以提高机体的免疫力和抗病能力。土鸡光照强度不能过强，否则，易引起鸡群骚动不

安、神经质和啄癖等现象。

3. 保持适宜的温、湿环境

适宜的温湿环境既可以提高鸡群的饲料转化率，又可以防止环境应激所造成的不利影响。根据不同阶段土鸡的温度和湿度需要提供最适宜的温湿度。

4. 保持适量的通风换气

土鸡的生长、生产过程中，需要大量的氧气，排出大量的二氧化碳，舍内空气容易污浊，有害气体、二氧化碳、微粒和微生物等含量极易超标，给土鸡健康和生长带来巨大危害，特别是冬季舍内密闭严密，有害气体更易超标，刺激呼吸道黏膜，引起黏膜损伤，使病原易于侵袭。所以，山林果园养殖土鸡必须注意通风换气，保证舍内空气清新洁净。

二、健全卫生防疫制度

（一）做好隔离

1. 土鸡场要远离市区、村庄和居民点，远离屠宰场、畜产品加工厂等污染源

鸡场周围有隔离物。养鸡场大门、生产区入口要建同门口一样宽、长是汽车轮一周半以上的消毒池。各鸡舍门口要建与门口同宽、长 1.5 米的消毒池。

2. 进入鸡场和鸡舍的人员和用具要消毒

车辆进入鸡场前应彻底消毒，以防带入疾病；鸡场谢绝参观，不可避免时，应严格按防疫要求消毒后方可进入；禁止其他养殖户、鸡蛋收购商和收购死鸡的小贩进入鸡舍和放养场地，病鸡和死鸡经疾病诊断后应深埋，并做好消毒工作，严禁销售和随处乱丢。

3. 育雏区与放养区要分离

不同日龄的鸡分别养在不同的区域，并相互隔离。

4. 采用全进全出的饲养制度

采取"全进全出"的饲养制度是有效防止疾病传播的措施之一。"全进全出"能够做到净场和充分的消毒，切断了疾病传播的途径，从而避免患病鸡只或病原携带者将病原传染给日龄较小的鸡群。

5. 选择洁净的雏鸡

订购雏鸡前要了解孵化场的孵化和养殖户的养殖情况，选择孵化质量好（养殖户饲养的土鸡成活率高，疾病少）的孵化场家购买雏鸡。

（二）搞好卫生

1. 保持鸡舍和鸡舍周围环境卫生

及时清理鸡舍的污物、污水和垃圾，定期打扫鸡舍顶棚和设备用具的灰尘，每天进行适量的通风，保持鸡舍清洁卫生；不在鸡舍周围和道路上堆放废弃物和垃圾。

2. 保持饲料和饮水卫生

饲料不霉变，不被病原污染，饲喂用具勤清洁消毒；饮用水符合卫生标准（人可以饮用的水鸡也可以饮用），水质良好，饮水用具要清洁，饮水系统要定期消毒。

3. 废弃物要无害化处理

粪便堆放要远离鸡舍，最好设置专门储粪场，对粪便进行无害化处理，如堆积发酵、生产沼气或烘干等处理。病死鸡不要随意出售或乱扔乱放，防止传播疾病。

4. 放养场地的卫生

山林果园放养土鸡宜采取全进全出制，每出栏一批（群）鸡后清理卫生，全面消毒，并间隔 20～30 天后，再放养第二批鸡；如果果园林地面积较大，最好实行分区轮放，在一个区域放养 1～2 年后，再轮牧到另一区域，让其自然净化 1～2 年以上，消毒后再放养土鸡比较理想。

5. 防害灭鼠

昆虫可以传播疫病，要保持舍内干燥和清洁，夏季使用化学杀虫剂防止昆虫孳生繁殖；老鼠不仅可以传播疫病，而且可以污染和消耗大量的饲料，危害极大，必须注意灭鼠。每 2～3 个月进行一次彻底灭鼠。

（三）健全防疫制度

根据本地区鸡病发生和流行的特点，制订合理的免疫程序，有计划地进行免疫接种，控制主要传染病的发生，用最少的投入达到最好的防病效果。

三、消毒

消毒是指用化学或物理的方法杀灭或清除传播媒介上的病原微生物，使之达到无传播感染水平的处理，即不在有传播感染的危险。消毒的目的在于消灭被病原微生物污染的场内环境、鸡体表面及设备器具上的病原体，切断传播途径，防止疾病的发生或蔓延。

（一）鸡场消毒的方法

鸡场的消毒方法主要有机械性清除（用清扫、铲刮、冲洗和适当通风等）、物理消毒法（紫外线照射、高温等）和生物消毒法（粪便的发酵）化学药物消毒等。

（二）化学消毒法的操作要点

1. 化学消毒剂的要求

化学消毒剂的要求是广谱，消毒力强，性能稳定；毒性小，刺激性小，腐蚀性小，不残留在畜产品中；廉价，使用方便。

2. 消毒剂的使用方法

常用的有浸泡法、喷洒法、熏蒸法和气雾法。

（1）浸泡法　主要用于消毒器械、用具、衣物等。一般洗涤干净后再行浸泡，药液要浸过物体，浸泡时间以长些为好，水温以高些为好。在鸡舍进门处消毒槽内，可用浸泡药物的草垫或草袋对人员的靴鞋进行消毒。

（2）喷洒法　喷洒地面、墙壁、舍内固定设备等，可用细眼喷壶；对舍内空间消毒，则用喷雾器。喷洒要全面，药液要喷到物体的各个部位。一般喷洒地面，每平方米面积需要 2 升药液，喷墙壁、顶棚，每平方米 1 升。

（3）熏蒸法　适用于可以密闭的鸡舍。这种方法简便、省事，对房屋结构无损，消毒全面，鸡场常用。常用的药物有福尔马林（40%的甲醛水溶液）、过氧乙酸水溶液。

（4）气雾法　气雾粒子是悬浮在空气中的气体与液体的微粒，直径小于 200 纳米，分子量极轻，能悬浮在空气中较长时间，可到处漂移穿透到畜舍内的周围及其空隙。气雾是消毒液倒进气雾发生器后喷射出的雾状微粒，是消灭气携病原微生物的理想办法。

（三）土鸡场常用的消毒剂

（1）含氯消毒剂 产品有优氯净、强力消毒净、速效净、消洗液、消佳净、84 消毒液、二氯异氰尿酸和三氯异氰尿酸复方制剂等，可以杀灭肠杆菌、肠球菌、金黄色葡萄球菌以及胃肠炎、新城疫、法氏囊等病毒。

（2）碘伏消毒剂 产品有强力碘、威力碘、PVPI、89-型消毒剂、喷雾灵等，可杀死细菌、真菌、芽孢、病毒、结核杆菌、阴道毛滴虫、梅毒螺旋体、沙眼衣原体、艾滋病病毒和藻类。

（3）醛类消毒剂 产品有戊二醛、甲醛、丁二醛、乙二醛和复合制剂，可杀灭细菌、芽孢、真菌和病毒。

（4）氧化剂类 产品有过氧化氢（双氧水）、臭氧（三原子氧）、高锰酸钾等，过氧化氢可快速灭活多种微生物，过氧乙酸对多种细菌杀灭效果良好；臭氧对细菌繁殖体、病毒真菌和枯草杆菌黑色变种芽孢有较好的杀灭作用；对原虫和虫卵也有很好的杀灭作用。

（5）复合酚类 有菌毒敌、消毒灵、农乐、畜禽安、杀特灵等，对细菌、真菌和带膜病毒具有灭活作用。对多种寄生虫卵也有一定杀灭作用。因本品公认对人畜有毒，且气味滞留，常用于空舍消毒。

（6）表面活性剂 产品有新洁尔灭、度米芬、百毒杀、凯威1210、K 安、消毒净，对各种细菌有效，对常见病毒如马立克病毒、新城疫病毒、猪瘟病毒、法氏囊病毒、口蹄疫病毒均有良好的效果。对无囊膜病毒消毒效果不好。

（7）高效复合消毒剂 产品有高迪-HB（由多种季铵盐、络合盐、戊二醛、非离子表面活性剂、增效剂和稳定剂组成），消毒杀菌作用广谱高效，对各种病原微生物有强大的杀灭作用；作用机制完善；超常稳定；使用安全，应用广泛。

（8）醇类消毒剂 产品有乙醇、异丙醇，可快速杀灭多种微生物，如细菌繁殖体、真菌和多种病毒，但不能杀灭细菌芽孢。

（9）强碱 产品有氢氧化钠、氢氧化钾、生石灰，可杀灭细菌、病毒和真菌，腐蚀性强。

（四）土鸡场的消毒

1. 进入人员及物品消毒

土鸡场入口必须设置车辆消毒池和人员消毒室，车辆消毒池的长度为进出车辆车轮2个周长以上，消毒液可用消毒时间长的复合酚类和3％～5％氢氧化钠溶液，最好再设置喷雾消毒装置，喷雾消毒液可用1:1000的氯制剂；人员消毒室设置淋浴装置、熏蒸衣柜和场区工作服，进入人员必须淋浴，换上清洁消毒好的工作衣帽和靴后方可进入，工作服不准穿出生产区，定期更换清洗消毒；鸡舍入口设置脚踏消毒池，工作人员进入鸡舍脚踏消毒液，工作前要洗手消毒；进入场区的所有物品、用具都要消毒。舍内的用具要固定，不得互相串用。非生产性用品，一律不能带入生产区。

2. 场区消毒

场区每周消毒1～2次，可以使用5％～8％的火碱溶液或5％的甲醛溶液进行喷洒。特别要注意鸡场道路和鸡舍周围的消毒。放养的土鸡场地要在土鸡淘汰后空闲1～2个月后再饲养。

3. 鸡舍消毒

鸡上市或转群后，要对土鸡舍进行彻底的清洁消毒。消毒的步骤是：先将鸡舍各个部位清理、清扫干净，然后用高压水枪冲洗洁净鸡舍墙壁、地面和屋顶及不能移出的设备用具，最后用5％～8％的火碱溶液喷洒地面、墙壁、屋顶、笼具、饲槽等2～3次，用清水洗刷饲槽和饮水器。其他不易用水冲洗和火碱消毒的设备可以用其他消毒液涂搽。鸡入舍后，在保持鸡舍清洁卫生的基础上，每周消毒2～3次。

4. 带鸡消毒

育雏舍和种用土鸡舍每周带鸡消毒1～2次，发生疫病期间每天带鸡消毒1次。选用高效、低毒、广谱、无刺激性的消毒药。冬季寒冷不要把鸡体喷的太湿，可以使用温水稀释；夏季带鸡消毒有利于降温和减少热应激死亡。

5. 发生疫情后的紧急消毒

养鸡场一旦发生疫情应迅速采取措施。首先隔离病鸡，控制传染，防止健康鸡受到感染，以便将疫病控制在最小范围内加以扑灭。如病鸡数量不多，应淘汰所有病鸡。对未病鸡群应根据诊断结果使用疫苗进行紧急预防接种或用药物进行预防。

对病鸡污染的房舍、饲料、垫料、用具、场地、粪便进行严格的消毒。病死鸡应进行深埋或焚烧。深埋可挖一深坑，一层死鸡一层生石灰，或用有效的消毒剂。禁止从疫区运出鸡群及其产品或饲料。场内发生传染病应报告防疫部门和附近养鸡场。做好防疫记录。

四、免疫接种

免疫接种通常是使用疫苗和菌苗等生物制剂作为抗原接种于土鸡体内，激发鸡体产生特异性免疫力。

（一）疫苗的种类和储存运输

1. 疫苗的种类及特点

疫苗可分为活毒苗和死毒苗两大类。活毒苗多是弱毒苗，是由活病毒或细菌致弱后形成的。当其接种后进入鸡只体内可以繁殖或感染细胞，既能增加相应抗原量，又可延长和加强抗原刺激作用，具有产生免疫快、免疫效力好、免疫接种方法多、用量小且使用方便等优点，还可用于紧急预防；灭活苗是用强毒株病原微生物灭活后制成的，安全性好，不散毒，不受母源抗体影响，易保存，产生的免疫力时间长，适用于多毒株或多菌株制成多价苗。但需免疫注射，成本高。

2. 疫苗的种类和储存运输

① 不同的生物制品要求不同的保存条件，应根据说明书的要求进行保存。保存不当，生物制品会失效，起不到应有的作用。一般生物制品应保存在低温、阴暗及干燥的地方。最好用冰箱保存，氢氧化铝苗、油佐剂苗应保存在普通冰箱中，防止冻结，而冻干苗最好在低温冰箱中保存。有个别疫苗需在液氮中超低温保存。

② 生物制品在运输中要求包装完善，防止损坏。条件许可时应将生物制品置于冷藏箱内运输，选择最快捷的运输方式，到达目的地后尽快送至保存场所。需液氮保存的疫苗应置于液氮罐内运输。

③ 各种生物制品在购买及保存使用前都应仔细检查。凡没有瓶签或瓶签模糊不清、过期失效的，生物制品色泽有变化、内有异

物、发霉的，瓶塞不紧或瓶破裂的。生物制品没有按规定保存的都不得使用。

（二）免疫程序

免疫程序是鸡场根据本地区、本场疫病发生情况（疫病流行种类、季节、易感日龄）、疫苗性质（疫苗的种类、免疫方法、免疫期）和其他情况制订的适合本场的一个科学的免疫计划。制订免疫程序要考虑鸡的用途和饲养期，本地或本场的鸡病疫情，母源抗体的水平，疫苗种类及其性质和鸡体的状况等因素。免疫程序要符合本地或本场的实际。土鸡参考的免疫程序见表 7-3、表 7-4。

表 7-3　土种鸡和土蛋鸡的免疫程序

日龄	疫苗	接种方法
1	马立克病疫苗	皮下或肌内注射
7～10	新城疫＋传支弱毒苗（H120） 复合新城疫＋多价传支灭活苗	滴鼻或点眼 颈部皮下注射 0.3 毫升/只
14～16	传染性法氏囊炎弱毒苗	饮水
20～25	新城疫Ⅱ或Ⅳ系＋传支弱毒苗（H52） 禽流感灭活苗	气雾、滴鼻或点眼 皮下注射 0.3 毫升/只
30～35	传染性法氏囊炎弱毒苗	饮水
40	鸡痘疫苗	翅膀内侧刺种或皮下注射
60	传喉弱毒苗	点眼
80	新城疫Ⅰ系	肌内注射
90	传喉弱毒苗	点眼
110～120	传染性脑脊髓炎弱毒苗（土蛋鸡不免疫） 新城疫＋传支＋减蛋综合征油苗 禽流感油苗 传染性法氏囊油苗（土蛋鸡不免疫）	饮水 肌内注射 皮下注射 0.5 毫升/只 肌内注射 0.5 毫升/只
280	鸡痘弱毒苗	翅膀内侧刺种或皮下注射
320～350	新城疫＋法氏囊油苗（土蛋鸡不接种法氏囊苗）禽流感油苗	肌内注射 0.5 毫升/只 皮下注射 0.5 毫升/只

表 7-4　散养商品土鸡免疫参考程序

日龄	疫苗名称	接种途径	剂量	备注
1	马立克疫苗	皮下注射	1～1.5 头份	孵房进行,强制免疫
5	鸡传染性支气管炎 H120	滴鼻滴眼	1 头份	
7	鸡痘弱毒冻干疫苗	刺种	1 头份	夏秋季使用(6 月～10 月)
10	鸡传染性法氏囊病弱毒疫苗	饮水	2 头份	
14	新城疫Ⅳ系弱毒疫苗(克隆 30 更合适)	饮水	2 头份	强制免疫
15	禽流感油乳制灭活疫苗(H5、H9)	皮下注射	0.3 毫升	强制免疫
20	鸡传染性法氏囊病弱毒疫苗	饮水	2 头份	
30	新城疫 LaSota 系或Ⅱ系	饮水	2 头份	强制免疫
34	禽流感油乳制灭活疫苗(H5、H9)	肌注	0.3～0.5 毫升	强制免疫
45	传染性支气管炎弱毒疫苗(H52)	饮水	2 头份	
60 (100)	鸡新城疫Ⅰ系弱毒疫苗	肌注	1 头份	若放养周期为 180 日龄的,此次注射可推迟到 100 日龄

注：各饲养者应根据鸡的品种、饲养环境、防疫条件、抗体监测等制订出适合当地实际情况的免疫程序。

(三) 免疫接种注意事项

(1) 加强鸡群的饲养管理　加强饲养管理,维持鸡群健康,健康的鸡群才能获得良好的免疫效果。

(2) 注重疫苗的选择和管理　根据本地疫病情况,选择相应的疫苗,严格按要求运输保管,注意疫苗的失效期。按照说明书使用合适的免疫方法。

(3) 根据本地鸡病流行情况,制订合理的免疫程序　主要包括什么时间接种什么疫苗,剂量多少,采用什么接种方法,间隔多长时间加强免疫等。首先考虑危害严重的常发病,其次是本地特有的疫病。雏鸡首免时间要考虑母源抗体对免疫力的影响,一般母源抗体要降到一定程度才能取得好的免疫效果。还应考虑疫苗间的互相干扰。

（4）严格免疫接种操作　不同的疫苗有最适合的接种途径，应该按照疫苗要求的途径进行免疫；免疫操作时，疫苗要摇匀，剂量要准确、方法要得当、免疫要确实，同时免疫用具要严格清洁消毒，以保证免疫操作的质量，提高免疫的效果。

（5）注意工作人员卫生防护　工作人员穿工作服、戴工作帽、穿工作鞋，工作前后手应消毒。

（6）做好预防接种记录　记录包括日期、品种、数量、日龄、疫苗名称、生产厂家、批号、生产日期、保存温度、稀释剂和稀释浓度、接种方法等。

（7）加强免疫期间的管理　疫苗接种期间要停止饮水中加消毒剂和带鸡消毒。疫苗接种后要保证鸡舍有良好的通风，保持空气新鲜，有足够的饮水。要防止应激反应，可在饮水中加抗应激药（如富道电解多维，速补-14 等）。还可用免疫增强剂以提高免疫效果。

五、药物防治

适当合理地使用药物有利于细菌性和寄生虫病的防治，但不能完全依赖和滥用药物。土鸡场药物防治程序见表 7-5。

表 7-5　土鸡场药物防治程序

病名	预防和治疗
鸡白痢和大肠杆菌病	1～25 日龄,氯霉素 0.025%～0.04%拌料,连用 3～4 天;再用痢特灵 0.025%～0.04%拌料,连用 5～7 天;然后使用土霉素 0.02%～0.05% 拌料,连用 5 天
大肠杆菌和霉形体病	20～35 天,磺胺类药物,如磺胺间甲氧嘧啶(SMM)或磺胺对甲氧嘧啶(SMD)0.05%～0.1%拌料,连用 5～7 天;然后用泰乐菌素 0.05%～0.1%饮水或罗红霉素 0.005%～0.02%饮水,连用 5～7 天
组织滴虫病	要注意雏鸡的驱虫,一般在 15 天可用丙硫咪唑 5 毫克/千克进行驱虫。发生本病时,对鸡群可使用甲硝唑(灭滴灵),按 0.025%的比例拌料,连喂 2～3 天;对个别重症病鸡可用本药 1.25%悬浮直接滴服,用量为 1 毫升/羽,每天 2～3 次,连用 2～3 天
球虫病	鸡只在 2 周龄后可用马杜霉素、氨丙啉等添加在饲料中,定期预防。发病时可用磺胺五甲氧嘧啶、常山酮、青霉素等进行治疗

病名	预防和治疗
绦虫病	每批鸡要定期驱虫 2～3 次,发病时可用氯硝柳胺 100～300 毫克/千克,丙硫咪唑 10 毫克/千克进行治疗。预防用量减半
蛔虫病	每批鸡要定期驱虫 1～2 次,发病时可用左旋咪唑、丙硫咪唑 10 毫克/千克,枸橼酸哌嗪 250 毫克/千克进行治疗。预防用量减半

第三节 土鸡的常见病防治

一、禽流感

禽流感又称欧洲鸡瘟或真性鸡瘟,是由 A 型流感病毒引起的一种急性、高度接触性和致病性传染病。该病毒不仅血清型多,而且自然界中带毒动物多、毒株易变异,这为禽流感病的防治增加了难度。

(一) 流行特点

禽流感病毒在低温下抵抗力较强,故冬季和春季容易流行。各种品种和不同日龄的禽类均可感染(火鸡和鸡最易感),尚未发现与家禽性别有关,且发病急、传播快、致死率可达 100%。在禽类主要依靠水平传播,如空气、粪便、饲料和饮水等。目前我国高致病性禽流感有以下特点:①成点状散发状态;②南方疫情主要集中在华中、华东、华南等区域;③病毒毒力相对较强;④容易发生混合感染。

(二) 临床症状

1. 高致病性

防疫鸡群出现渐进式死亡,未防疫的突然死亡和高死亡率,可能见不到明显症状之前就已死亡。喙发紫;窦肿胀、头部水肿和肉冠发绀、充血和出血。腿部也可见到充血和出血。体温升高达 43℃,采食减退或不食,可能有呼吸道症状如打喷嚏、窦炎、结膜炎、鼻分泌物增多,呼吸极度困难、甩头,严重的可致窒息死亡;

冠和肉髯发绀，呈黑红色，头部及眼睑水肿、流泪；有的出现绿色下痢，蛋鸡产蛋明显下降，甚至绝产，蛋壳变薄、破蛋、沙皮蛋、软蛋、小蛋增多。有的腿充血。

2. 温和型

产蛋突然下降，蛋壳颜色变浅、变白；排白色稀粪，伴有呼吸道症状。

（三）病理变化

1. 高致病性

眼结膜炎；腹部皮下有黄色胶冻样浸润。全身浆膜、肌肉出血；心包液增多呈黄色，心冠脂肪及腹壁脂肪出血；肝脏肿胀，肝叶之间出血；气囊炎；口腔黏膜、腺胃、肌胃角质层及十二指肠出血；盲肠扁桃体出血、肿胀、突出表面；腺胃糜烂、出血，肌胃溃疡、出血。头骨、枕骨、软骨出血，脑膜充血；卵泡变性、输卵管退化、卵黄性腹膜炎、输卵管内有蛋清样分泌物；胰腺有点状白色坏死灶；个别肌胃皮下出血。

2. 温和型

胰腺上有白色坏死点、卵泡变形、坏死。往往伴有卵黄性腹膜炎。

（四）防制

1. 加强对禽流感流行的综合控制措施

不从疫区或疫病流行情况不明的地区引种或调入鲜活禽产品。控制外来人员和车辆进入养鸡场，确需进入则必须消毒；不混养家畜家禽；保持饮水卫生；粪尿污物无害化处理（家禽粪便和垫料堆积发酵或焚烧。堆积发酵不少于 20 天）；做好全面消毒工作。流行季节每天可用过氧乙酸、次氯酸钠等开展 1～2 次带鸡消毒和环境消毒，平时每 2～3 天带鸡消毒一次；病死鸡不能在市场流通，进行无害化处理。

2. 免疫接种

某一地区流行的禽流感只有一个血清型，接种单价疫苗是可行的，这样可有利于准确监控疫情。当发生区域不明确血清型时，可采用多价疫苗免疫。疫苗免疫后的保护期一般可达 6 个月，但为了保持可靠的免疫效果，通常每三个月应加强免疫一次。免疫程序：首免5～15日龄，每只0.3毫升，颈部皮下；二免50～60日龄，每只0.5毫升；三免开产前进行，每只0.5毫升；产蛋中期的40～45周龄可进行四免。

3. 发病后淘汰

禽流感发生后，严重影响鸡的生长、产蛋和蛋壳质量，发生高致病性的病鸡必须扑杀，发生低致病性的一般也没有饲养价值，也要淘汰。

二、新城疫

鸡新城疫俗名鸡瘟，是由副黏病毒引起的一种主要侵害鸡和火鸡的急性、高度接触性和高度毁灭性的疾病。临床上表现为呼吸困难、下痢、神经症状、黏膜和浆膜出血，常呈败血症。典型新城疫死亡率可达90%以上。

（一）流行特点

本病不分品种、年龄和性别，均可发生。病鸡是本病的主要传染源，在其症状出现前24小时可由口、鼻分泌物和粪便中排出病毒，在症状消失后5～7天停止排毒。轻症病鸡和临床健康的带毒鸡也是危险的传染源。传播途径是消化道和呼吸道，污染的饲料、饮水、空气和尘埃以及人和用具都可传染本病。

现阶段出现了一些新的特点，主要表现是：常引起免疫鸡群发生非典型症状和病变，其死亡率和病死率较低（由于免疫程序不当或有免疫抑制性疾病的存在）；疫苗免疫保护期缩短，保护力下降；多与法氏囊、禽流感、霉形体、大肠杆菌等混合感染；发病日龄越来越小，最小可见10日龄内的雏鸡发病等。

（二）临床症状

潜伏期3～5天。根据病程将此病分为典型和非典型两类。

1. 典型新城疫

体温升至44℃左右，精神沉郁，垂头缩颈，翅膀下垂；鼻、口腔内积有大量黏液，呼吸困难，发出"咯咯"音；食欲废绝，饮水量增加；排出绿色或灰白色水样粪便，有时混有血液；冠及肉髯呈青紫色或紫黑色；眼半闭或全闭呈睡眠状；嗉囊充满气体或黏液，触之松软，从嘴角流出带酸臭味的液体；病程稍长，部分病鸡出现头颈向一则扭曲，一肢或两肢、一翅或两翅麻痹等神经症状。感染鸡的死亡率可达90%以上。

2. 非典型新城疫

幼龄鸡患病，主要表现为呼吸道症状，如呼吸困难，张口喘气，常发出"呼噜"音，咳嗽，口腔中有黏液，往往有摆头和吞咽动作，进而出现歪头、扭头或头向后仰，站立不稳或转圈后退，翅下垂或腿麻痹，安静时可恢复常态，还可采食，若稍遇刺激，又显现各种异常姿势，如此反复发作，病程可达10天以上。死亡率一般为30%～60%。成年鸡患病，主要表现为产蛋量急剧下降，软壳蛋明显增多，部分鸡出现拉稀。产蛋下降幅度差异较大，一般为25%～48%。

（三）病理变化

典型新城疫腺胃病变具有特征性，如腺胃黏膜水肿，乳头和乳头间有出血点或出血斑，严重时出现坏死和溃疡，在腺胃与肌胃、腺胃与食道交界处有出血带或出血点。肠道黏膜有出血斑点，盲肠扁桃体肿大、出血和坏死。心外膜、肺、腹膜均有出血点。产蛋母鸡的卵泡和输卵管严重出血，有时卵泡破裂形成卵黄性腹膜炎。

非典型新城疫的病变较典型新城疫轻，常见腺胃乳头有少量出血点，肠道黏膜出血点也较少，坏死性变化少见。但盲肠扁桃体肿胀、出血较明显。

（四）防制

① 加强饲养管理，做好鸡场的隔离和卫生工作，严格消毒管理，减少环境应激，减少疫病传播机会，增强鸡体的抵抗力。

② 定期进行抗体检测。通过血清学的检测手段，可以及时了解鸡群安全状况和所处的免疫状态，便于科学制订免疫程序，并有利于考核免疫效果和发现疫情动态。

③ 控制好其他疾病的发生，如 IBD、鸡痘、霉形体、大肠杆菌病、传喉和传鼻的发生。

④ 科学免疫接种。首次免疫至关重要，首免时间要适宜。最

好通过检测母源抗体水平或根据种鸡群免疫情况来确定。没有检测条件的一般在 7～10 日龄首次免疫；首免可使用弱毒活苗（如Ⅱ、Ⅳ、克隆-30 苗）滴鼻、点眼。由于新城疫病毒毒力变异，可以选用多价的新城疫灭活苗和弱毒苗配合使用，效果更好。有的 1 日龄雏鸡用"活苗＋灭活苗"同时免疫，能有效地克服母源抗体的干扰，使雏鸡获得可靠的免疫力，免疫期可达 90 天以上。

⑤ 发生新城疫时可采取如下措施

a. 隔离饲养，紧急消毒。一旦发生本病，采取隔离饲养措施，防止疫情扩大；对鸡舍和鸡场环境以及用具进行彻底消毒，每天进行 1～2 次带鸡消毒；垃圾、粪污、病死鸡和剩余的饲料进行无害化处理；不准病死鸡出售流通；病愈后对全场进行全面彻底消毒。

b. 紧急免疫或应用血清及其制品。小鸡用 28/86、Ⅳ系、克隆 30、新威灵（含鸡新城疫病毒 VG/GA 株）等疫苗；成鸡用Ⅰ系、克隆Ⅰ系等疫苗，2 月龄内 1～1.5 倍量，100 天后 3 倍量肌内注射，同时加入疫苗保护剂和免疫增强剂提高效果。或在发病早期注射抗 ND 血清、卵黄抗体（2～3 毫升/千克），可以减轻症状和降低死亡率；还可注射由高免卵黄液透析、纯化制成的抗 NDV 因子进行治疗，以提高鸡体免疫功能，清除进入体内的病毒。

c. ND 的辅助治疗。紧急免疫接种 2 天后，连续 5 天应用病毒灵、病毒唑、恩诺沙星或中草药制剂等药物进行对症辅助治疗，以抑制 NDV 繁殖和防止继发感染。同时，在饲料中添加蛋白质、多维素等营养，饮水中添加黄芪多糖，以提高鸡体非特异性免疫力；如与大肠杆菌或支原体等病原混合感染时的辅助治疗方案是：清瘟败毒散或瘟毒速克拌料 2500 克/1000 千克，连用 5 天；四环素类（强力霉素 1 克/10 千克或新强力霉素 1 克/10 千克）饮水或支大双杀（主要成分是乳酸环丙沙星、硫酸安普霉素、黏膜修复剂、TMP 等）混饮（100 克/300 千克水）连用 3～5 天；同时水中加入速溶多维饮水。

三、传染性法氏囊炎

鸡传染性法氏囊炎也称鸡传染性法氏囊病（IBD），是由传染性法氏囊病毒（属于双链核糖核酸病毒属）感染引起雏鸡发生的一种急性、接触性传染病。主要特征是病鸡腹泻、厌食、震颤和重度虚弱，法氏囊肿大、出血，骨骼肌出血，肾小管尿酸盐沉积。

（一）流行特点

病鸡和阴性感染的鸡是本病的主要传染来源。通过被污染的饲料、饮水和环境传播易感鸡只。本病是通过呼吸道、消化道、眼结膜高度接触传染。吸血昆虫和老鼠带毒也是传染媒介。3～6周龄鸡最易感，成年鸡一般呈阴性经过。发病突然，发病率高，呈特征性的尖峰式死亡曲线，痊愈也快。由于疫苗的不断使用和病毒毒力的变化，出现了强毒株（vIBDV）和超强毒株（vvIBDV），发病日龄明显变宽，病程延长（传统是2～15周，现在最早1日龄，最晚产蛋鸡都可发病，病程有的可达2周以上）；出现亚临床症状，幼雏畏寒怕冷，拉白色稀粪，肌肉出血明显，法氏囊仅轻度出血、水肿。发病率低，死亡淘汰率高；易与新城疫、慢性呼吸道病、大肠杆菌病和曲霉菌病并发感染或易继发新城疫、慢性呼吸道病、马立克病、禽流感、曲霉菌病、盲肠肝炎等。

（二）临床症状

本病的潜伏期为2～3天。本病的特点是幼、中雏鸡突然大批发病。有些病鸡在病的初期排粪时发生努责，并啄自己的肛门，随后出现羽毛松乱，低头沉郁，采食减少或停食，畏寒发抖，嘴插入被毛内，紧靠热源或拥挤、扎堆。病鸡多在感染后第2～3天排出特征性的白色水样粪便，肛门周围的羽毛被粪便污染。病鸡的体温可达43℃，有明显的脱水、电解质失衡、极度虚弱、皮肤干燥等症状。

本病在暴发流行后，转入不显任何症状的隐性感染状态，称为亚临床型。该型炎症反应轻，死亡率低，不易被人发现，但由于产生的免疫抑制严重，所以危害性大，造成的经济损失更为严重。

（三）病理变化

法氏囊特征性的病变是：感染2～3天后法氏囊的颜色变为淡黄色，浆膜水肿，有时可见黄色胶冻样物，严重时出血明显，个别法氏囊呈紫黑色，切开后，常见黏膜皱褶有出血点、出血斑，也常见有奶油状物或黄色干酪状物栓塞。此时法氏囊要比正常的肿大

2～3倍，感染4天后法氏囊开始缩小（萎缩），其颜色变为白陶土样。感染5天后法氏囊明显萎缩，仅为正常法氏囊的1/5～1/10。此时呈蜡黄色。

病鸡的腿部、腹部及胸部肌肉有出血条纹和出血斑，胸腺肿胀出血，肾脏肿胀呈褐红色，尿酸盐沉积明显。腺胃的乳头周围充血、出血。泄殖腔黏膜出血。盲肠扁桃体肿大、出血。脾脏轻度肿大，表面有许多小的坏死灶。肠内的黏液增多，腺胃和肌胃的交界处偶有出血点。

（四）防制

1. 加强饲养管理和环境消毒工作

平时给鸡群以全价营养饲料，密度适当，通风良好，温度适宜，增进鸡体健康。实行全进全出的饲养制度，认真做好清洁卫生和消毒工作，减少和杜绝各种应激因素的刺激等，对防止本病发生和流行具有十分重要的作用。鸡舍和场地可采用2%火碱、0.3%次氯酸钠、0.2%过氧乙酸、1%农福、复合酚消毒剂以及5%甲醛等喷洒消毒，如鸡舍密封，最后可用甲醛熏蒸（40毫升/米³）消毒。在有鸡的情况下可用威岛牌消毒剂、过氧乙酸、复合酚消毒剂或农福带鸡消毒。

2. 免疫接种

（1）种鸡的免疫接种　雏鸡在10～14日龄时用活苗首次免疫，首免10天后进行第二次饮水免疫，然后在18～20周龄和40～42周龄用灭活苗各免疫1次。

（2）商品土鸡　种鸡已经进行很好的免疫接种，商品土鸡在10～14日龄时进行首次饮水免疫，隔10天进行2次饮水免疫；种鸡产蛋前没有免疫接种，商品土鸡在5日龄，弱毒苗滴口，15日龄、32日龄分别进行免疫接种。

3. 发病后的措施

① 保持适宜的温度（气温低的情况下适当提高舍温）。每天带鸡消毒；适当降低饲料中的蛋白质含量。

② 注射高免卵黄。20日龄以下0.5毫升/只；20～40日龄1.0毫升/只；40日龄以上1.5毫升/只。病重者再注射一次。与新城疫混合感染，可以注射含有新城疫和法氏囊抗体的高免卵黄。

③ 水中加入硫酸安普霉素（1 克/2～4 千克）或强效阿莫仙（1 克/10～20 千克）或杆康（乳酸环丙沙星、硫酸新霉素、头孢噻肟钠、磷霉素钙、减耐因子、特异增效剂）、普杆仙（主要成分阿莫西林、舒巴坦钠）等复合制剂防治大肠杆菌。

④ 水中加入肾宝（主要是淫羊藿、肉苁蓉、山药等优质名贵药材）或肾肿灵（乌洛托品、钾、钠等）或肾可舒（含乌洛托品、亚硒酸钠维生素 E、枸橼酸钠、护肾精华、排毒肽等）等消肿、护肾保肾；加入速溶多维。

⑤ 另外中药制剂囊复康、板兰根治疗也有一定疗效。

四、传染性支气管炎

传染性支气管炎（IB）是由鸡传染性支气管炎病毒（IBV，它属于冠状病毒属的病毒）引起的一种急性高度接触性呼吸道传染病。其临床特征是咳嗽、打喷嚏，气管、支气管啰音；蛋鸡产蛋量下降，质量变差，肾脏肿大，有尿酸盐沉积。

（一）流行特点

病鸡和康复后的带毒鸡是本病的传染来源。病毒主要存在于病鸡呼吸道的渗出物中，也可在肾脏和法氏囊中增殖。病鸡恢复后，可以带毒 35 天左右，在此期间传染的危险性最大。病鸡可从呼吸道排出病毒，通过空气飞沫传播，也可经蛋传播。

各种年龄的鸡均可感染发病，尤以 10～21 日龄的雏鸡最易感。外环境过冷、过热、通风不畅、营养不良，特别是维生素和矿物质缺乏都可促使本病的发生，易感鸡和病鸡同舍饲养，往往在 48 小时内即可出现症状。

本病传播迅速，几乎在同一时间内，有接触史的易感鸡都发病。雏鸡的病死率为 25%～90%。6 周龄以上的鸡很少死亡。

（二）临床症状

1. 呼吸型

突然出现有呼吸道症状的病鸡并迅速波及全群为本病特征。5 周龄以下的雏鸡几乎同时发病，流鼻液、鼻肿胀；流泪、咳嗽、气管啰音、打喷嚏、伸颈张口喘息；病鸡羽毛松乱、怕冷、很少采食；个别鸡出现下痢；成年鸡主要表现轻微的呼吸症状和产蛋下降，产软蛋、畸型蛋、沙壳蛋，蛋清如水样，没有正常鸡蛋那种浓蛋白和稀蛋白之间的明确分界线，蛋白和蛋黄分离以及蛋白黏着于蛋壳膜上。雏鸡感染传染性支气管炎病毒，可造成永久性损伤，到产蛋时产蛋数量和质量下降，当支气管炎性渗出物形成干酪样栓子堵塞气管时，因窒息可导致死亡。

2. 肾型

多发于20～50日龄的幼鸡，主要继发于呼吸型传染性支气管炎，精神沉郁，迅速消瘦，厌食、饮水量增加、排灰白色稀粪或白色淀粉样糊状粪便。可引起肾功能衰竭导致中毒和脱水死亡。

3. 腺胃型

仅发现于商品肉鸡中，初期一般不易发现，食欲下降、精神不振、闭眼、耷翅或羽毛蓬乱、生长迟缓。苍白消瘦、采食和饮水急剧下降，拉黄色或绿色稀粪，粪便中有未消化或消化不良的饲料；流泪、肿眼、严重者导致失明。发病中后期极度消瘦，衰竭死亡。有的有呼吸道症状。发病后期鸡群表现发育极不整齐，大小不均。病鸡为同批正常鸡的 1/2～1/3 不等，病鸡出现腹泻，不食，最后由于衰弱而死亡。

（三）病理变化

1. 呼吸型

气管、鼻道和窦中有浆液性、卡他性和干酪样渗出物。在死亡雏鸡的气管中可见到干酪样栓子；气囊混浊、增厚或有干酪样渗出物，鼻腔至咽部蓄有浓稠黏液，产蛋鸡卵泡充血、出血、变性，腹腔内带有大量卵黄浆，雏鸡输卵管萎缩、变形、缩短。

2. 嗜肾型

肾肿大、苍白、肾小管和输尿管充满尿酸盐结晶，并充盈扩张，呈花斑状，泄殖腔内有大量石灰样尿酸盐沉积。法氏囊、泄殖腔黏膜充血，充积胶样物质。肠黏膜充血，呈卡他性肠炎，全身血液循环障碍而使肌肉紫绀，皮下组织因脱水而干燥，呈火烧样。输卵管上皮受病毒侵害时可导致分泌细胞减少和局灶性组织阻塞、破裂，造成继发性卵黄性腹膜炎等。育雏阶段感染传染性支气管炎病毒，会造成输卵管的永久性损伤；开产前20天左右感染，会造成输卵管发育受阻，输卵管狭小、闭塞、部分缺损、囊泡化，到性成熟时，长度和重量尚不及正常成熟的 1/3～1/2，进而影响以后的产蛋，甚至有的鸡不能产蛋。

3. 腺胃型

以腺胃病变为主的病鸡或死鸡，外观极为消瘦。剖解后可见皮下和肠膜几乎没有脂肪；腺胃极度肿胀，肿大如球状，腺胃壁可增厚 2～3 倍，胃黏膜出血、溃疡，腺胃乳头平整融合，轮廓不清，可挤出脓性分泌物，个别鸡腺胃乳头有出血，肌胃角质膜个别有溃疡，胰腺肿大，出血，盲肠扁桃体肿大出血，十二指肠黏膜有出血，空肠和直肠及泄殖腔黏膜有不同程度的出血。有的鸡肾脏肿大，肾脏和输尿管积有白色尿酸盐。

（四）防制

1. 加强预防

本病迄今尚无特效药物治疗，必须认真做好预防工作。

① 加强饲养管理，搞好鸡舍内外卫生和定期消毒工作。鸡舍，饲养管理用具，运动场地等要经常保持清洁卫生，实施定期消毒，严格执行隔离病鸡等防治措施。注意调整鸡舍的温度，避免过挤，注意通风换气。对病鸡要喂给营养丰富且易消化的饲料。

② 孵化用的种蛋，必须来自健康鸡群，并经过检疫证明无病源污染的，方可入孵。以杜绝通过种蛋传染此病。

③ 定期接种，种鸡在开产前要接种传染性支气管炎油乳苗。肉仔鸡 7～10 日龄使用传染性支气管炎弱毒苗（H 120）点眼、滴鼻，间隔 2 周再用传染性支气管炎弱毒苗（H 52）饮水；或若有其他类型在本地区流行，可在 7～10 日龄使用传染性支气管炎弱毒苗（H 120）点眼、滴鼻，同时注射复合传染性支气管炎油乳苗。

2. 发病后的措施

（1）注射高免卵黄　鸡群中一旦发生本病，应立即采用高免蛋黄液对全群进行紧急接种或饮水免疫，对发病鸡的治疗和未发病鸡的预防都有很好的作用。为巩固防治效果，经 24 小时后可重复用药 1 次，免疫期可达 2 周左右。10 天后普遍接种 1 次疫苗，间隔 50 天再接种 1 次，免疫期可持续 1 年。

（2）药物治疗

① 饲料中加入 0.15％的病毒灵＋支喉康或咳喘灵（主要成分为板蓝根、蟾酥、合成牛黄胆膏、甘草等）拌料连用 5 天，或用百毒唑（内含病毒唑、金刚乙胺、增效因子等）饮水（10 克/100 千克水），麻黄冲剂 1000 克/1000 千克拌料。

② 饮水中加入肾肿灵或肾消丹等利尿保肾药物 5～7 天。

③ 饮水中加入速溶多维或维康等缓解应激，提高机体抵抗力。同时要加强环境和鸡舍消毒，雏鸡阶段和寒冷季节要提高舍内温度。

五、禽脑脊髓炎

鸡传染性脑脊髓炎，俗称流行性震颤，是一种主要侵害雏鸡的病毒性传染病，以共济失调和头颈震颤为主要特征。

（一）流行特点

本病毒可以引起各种年龄的鸡发病，但以 1～3 周龄的雏鸡最易感。也可引起野鸡和鹌鹑感染发病。本病多发生于冬、春两季。其传播方式是由媒介卵感染雏鸡，病雏再通过粪便向外界排出病毒，在育雏期间进行相互传播，经口感染是主要的传播途径，病毒传播非常迅速，在比较短的时间内，可使全群受到侵害。雏鸡的发病率一般是 10％～20％，最高可达 60％。死亡率平均为 10％左右。

（二）临床症状

发病时全身震颤，眼神呆滞，接着出现进行性共济失调，驱赶时易发现。走路不稳，常蹲伏，驱赶时不能控制速度和步态，摇摆移动，用跗关节或小腿走动，最后倒于一侧。有时可暂时恢复常态，但刺激后再度发生震颤，病鸡最后因不能采食和饮水衰竭死亡，死亡率可达 15％～35％。

（三）病理变化

剖检病雏时可见有肝脏脂肪变性，脾脏肿大及轻度肠炎，组织学检查，可见有一种非化脓性的脑脊髓炎病变，尤其在小脑、延脑和脊髓的灰质中比较明显。主要是神经细胞的变性，血管周围的淋巴细胞浸润。在脑干、延脑和脊髓的灰质中可见有神经胶质细胞增生，从小脑的颗粒层进入分子层，胶质细胞增生为典型病变。

（四）防治

本病在治疗上尚无特效药物。雏鸡发病，一般是将发病鸡群扑杀并做无害化处理。预防本病的关键措施是对种鸡进行免疫，利用通过种蛋传给雏鸡的母源抗体可以保护雏鸡在 8 周左右不患此病。

目前有两类疫苗可供选择。①活毒疫苗。一种用 1143 毒株制成的活苗，可通过饮水法接种，鸡接种疫苗后 1～2 周排出的粪便中能分离出脊髓炎病毒，这种疫苗可通过自然扩散感染，且具有一定的毒力，对免疫日龄要求严格，应在 10 周龄至开产前 4～5 周接种疫苗，因为接种后 4 周内所产的蛋不能用于孵化，否则容易垂直传播引起子代发病；一种活毒疫苗常与鸡痘弱毒疫苗制成二联苗，一般于 10 周龄以上至开产前 4 周之间进行翼膜制种。②灭活疫苗。用野毒或鸡胚适应毒接种 SPF 鸡胚，取其病料灭活制成油乳剂疫苗。这种疫苗安全性好，接种后不排毒、不带毒，特别适用于无脑脊髓炎病史的鸡群。可于种鸡开产前 18～20 周接种。

六、禽痘

禽痘是由禽痘病毒引起的一种急性传染病。

（一）流行特点

本病主要感染鸡，主要通过接触传染，脱落和碎散的痘痂是病毒散布的主要形式，一般需经损伤的皮肤和黏膜而感染。蚊子和体表寄生虫可传播本病。一年四季均可发病，但在春秋两季和蚊虫活跃的季节最易流行。夏秋多为皮肤型，冬季较少，多为白喉型。

（二）临床症状

本病分为皮肤型、白喉型（黏膜型）、眼鼻型及混合型四种病型。

1. 皮肤型

是最常见的病型，病鸡冠、髯、眼皮、耳球、喙角等部位起初出现麸皮样覆盖物继而形成灰白色小结节，很快增大，略发黄，相互融合，最后变为棕黑色痘痂，剥去痂块可露出出血病灶。病鸡精神沉郁，食欲不振，产蛋减少，如无并发症，病鸡很少死亡。

2. 白喉型（黏膜型）

病鸡起初流鼻液，有的流泪，经 2～3 天，在口腔和咽喉黏膜上出现灰黄白色小斑点，很快扩展，相互融合在一起，气管局部见有干酪样渗出物。由于呼吸道被阻塞，病鸡常常因窒息而死。此型鸡痘可致大量鸡只死亡，死亡率可达 20%～40%以上。

3. 眼鼻型

病鸡眼鼻起初流稀薄液体，逐渐浓稠，眼内蓄积豆渣样物质，使眼皮胀起，严重的失明。此型很少单独发生，往往伴随白喉型发生。

4. 混合型

鸡群发病兼有皮肤型和黏膜型表现。本病若有继发感染，损失较大。尤其是当鸡只在 40～80 日龄左右时发病，常见诱发产白壳蛋、白羽型鸡种和肉鸡的葡萄球菌病。

（三）病理变化

皮肤型鸡痘的特征性病变是局灶性表皮和其下层的毛囊上皮增生，形成结节。结节起初表现湿润，后变为干燥，外观呈圆形或不规则形，皮肤变得粗糙，呈灰色或暗棕色。结节干燥前切开切面出血、湿润，结节结痂后易脱落，出现瘢痕。

黏膜型鸡痘病变出现在口腔、鼻、咽、喉、眼或气管黏膜上。黏膜表面稍微隆起白色结节，以后迅速增大，并常融合而成黄色、奶酪样坏死的伪白喉或白喉样膜，将其剥去可见出血糜烂，炎症蔓延可引起眶下窦肿胀和食管发炎。

（四）防制

1. 预防措施

鸡痘的预防，除了加强鸡群的卫生、管理等一般性预防措施之外，可靠的办法是使用鸡痘鹌鹑化弱毒疫苗接种。多采用翼翅刺种法。第一次免疫在 10～20 天，第二次免疫在 90～110 天，刺种后7～10 天观察刺种部位有无痘痂出现，以确定免疫效果。生产中可以使用连续注射器翼部内侧无血管处皮下注射 0.1 毫升疫苗，方法简单确切。有的肌内注射，试验表明保护率只有 60%左右。

2. 发病后的措施

（1）紧急接种　发生鸡痘后也可视鸡日龄的大小，紧急接种新城疫Ⅰ系或Ⅳ系疫苗，以干扰鸡痘病毒的复制，达到控制鸡痘的目的。

（2）防止继发感染 发生鸡痘后，由于痘斑的形成造成皮肤外伤，这时易继发引起葡萄球菌感染，而出现大批死亡。所以，大群鸡应使用广谱抗生素如 0.005％环丙沙星或培福沙星、蒽诺沙星或0.1％氯霉素拌料或饮水，连用 5～7 天。

七、传染性喉气管炎

本病以高度呼吸困难和咳出带血的黏液为特征。

（一）流行特点

各种年龄的鸡都可感染，以成年鸡多发且症状明显。病鸡和康复鸡是主要传染源，主要通过呼吸道和消化道侵入鸡体，接触污染的饲料、饮水和用具等可感染发病。以寒冷季节多发，当鸡群拥挤、通风不良、维生素缺乏、有寄生虫或慢性病感染的情况下，都可诱发或加重本病的发生。

（二）临床症状

主要发生于青年鸡和产蛋鸡。病初鼻腔流半透明液体，有时可见流泪，随后出现其他呼吸症状，伸颈、张口呼吸、低头缩颈，呼气发出"格噜格噜"的声音。咳嗽、甩头，甩出带血的黏液，鸡冠青紫色，排绿色稀粪，眼内蓄有豆渣样物质。产蛋下降出现软壳蛋、沙皮蛋、褪色蛋。

（三）病理变化

喉部与气管肿胀、充血、出血，覆有多量浓稠黏液和黄白色假膜，并带有血凝块，鼻腔和眼内蓄有浓稠渗出物及其凝块，眼结膜有针尖大点状出血点。病毒浸入上呼吸道后，主要在喉和气管黏膜上皮细胞核内增殖，致使上皮细胞核急剧分裂而胞体不分裂，继而呈现营养不良变化而从受损部位脱落下来。喉和气管黏膜上皮的急剧剥脱，一是由于受病毒的直接作用；其次是由于血管通透性增高，黏膜固有层高度水肿而破坏了组织的解剖学联系，加上剧烈咳嗽导致血管破裂，因而在气管和喉内堵塞混有血液的干酪样渗出物，造成鸡的窒息死亡。

（四）防制

（1）采取综合防治措施　平时加强饲养管理、改善鸡舍通风，注意环境卫生，不引进病鸡，并严格执行消毒卫生措施。

（2）免疫接种　本地区没有本病流行的情况下，一般不主张接种。如果免疫，首免在 28 日龄左右，二免在首免后 6 周，即 70 日龄左右进行，使用弱毒疫苗，免疫方法常用点眼法。鸡群接种后可产生一定的疫苗反应，轻者出现结膜炎和鼻炎，严重者可引起呼吸困难，甚至死亡，因此所使用的疫苗必须严格按使用说明进行。免疫后易诱发其他病的发生，在使用疫苗的前后 2 天内可以使用一些抗菌药。此外，使用传染性喉气管炎与鸡痘二联苗效果也不错。

（3）发病后的措施

① 发生本病后，用消毒剂每日进行 1～2 次消毒，以杀死鸡舍中的病毒，并辅之以泰乐加、链霉素、氯霉素等药物治疗以防细菌继发感染。

② 发病鸡群确诊后，立即采用弱毒苗紧急接种，可控制病情。

③ 药物治疗。使用呼喘力霸，镇咳，去痰；使用三林合剂，抗病毒，缓解症状。

八、马立克病

马立克病是由鸡马力克病病毒（马力克病病毒 MDV 是 α-疱疹病毒，分为三个血清型。Ⅰ型：致瘤的 MDV；Ⅱ型：不致瘤的 MDV；Ⅲ型：火鸡疱疹病毒。游离病毒对外界环境有很强的抵抗力）引起的一种淋巴组织增生性疾病。具有很强的传染性，可以引起外周神经、内脏器官、肌肉、皮肤、虹膜等部位发生淋巴细胞样细胞浸润并发展为淋巴瘤。本病由于具有早期感染，后期发病以及发病后无有效治疗方法的特点，带来了巨大危害性，预防工作尤显重要。

（一）流行特点

鸡是最重要的自然宿主。不同品种、品系的鸡均能感染，但抵抗力差异很大。年龄上，1～3 月龄鸡感染率最高，死亡率 50%～80%，随着鸡月龄增加，感染率会逐渐下降；性别上，母鸡比公鸡更易感。本病的传染源是病鸡和阴性感染鸡，病毒存在于病鸡的分泌物、排泄物、脱落的羽毛和皮屑中。病毒可通过空气传播，也可通过消化道感染。普遍认为本病不发生垂直传播，但附着在羽毛根部或皮屑的病原可污染种蛋外壳、垫料、尘埃、粪便而具有感染性；发病率和死亡率视免疫情况、饲养管理措施和 MDV 毒力强弱而差异很大。孵化场污染、育雏舍清洁消毒不彻底、育雏温度不适宜和舍内空气污浊等都可以加剧本病的感染和发生。现在出现的强毒力和强强毒力毒株加速了本病的感染发病。一般来说死亡率和发病率相等。如不使用疫苗，鸡群的损失可从几只到 25%～30%，甚至可高达 60%，接种疫苗后可把损失减少到 5% 以下。

（二）临床症状

本病的潜伏期很长，种鸡和产蛋鸡常在 16～22 周龄（现在有报道发病提前）出现临诊症状，可迟至 24～30 周龄或 60 周龄以上。马立克病的症状随病理类型不同而异，但各型均有食欲减退、生长发育停滞、精神萎靡、软弱、进行性消瘦等共同特征。

1. 神经型

最常见的是腿、翅的不对称性麻痹，出现单侧翅下垂和腿的劈叉姿势。颈部神经受损时可见鸡头部低垂、颈部向一侧歪斜，迷走神经受害时，出现嗉囊扩张或呼吸急促。

2. 内脏型

病鸡精神委顿，食欲减退，羽毛松乱，粪便稀薄，病鸡逐渐消瘦死亡。严重者触摸腹部感到肝脏肿大。

3. 皮肤型

毛囊周围肿大和硬度增加，个别鸡皮肤上出现弥漫样肿胀或结节样肿物。瞳孔边缘不整呈锯齿状，虹膜色素减退甚至消失。镜检可见眼组织单核细胞、淋巴细胞、浆细胞和网状细胞浸润。

4. 眼型

视力减退以至失明，出现灰眼或瞳孔边缘不整如锯齿样。皮肤出现的病变既有肿瘤性的，也有炎症性的。眼观特征为皮肤毛囊肿大，镜下除在羽毛囊周围组织发现大量单核细胞浸润外，真皮内还可见血管周围淋巴细胞、浆细胞等增生。

（三）病理变化

1. 神经型

损害常是一侧性的，表现为神经纤维肿大、失去光泽、颜色由白色变为灰黄或淡黄，横纹消失，有的神经纤维发生水肿。患神经型马立克病时，除神经组织明显受损外，性腺、肝、脾、肾等也同时受到损害，并有肿瘤形成。

2. 内脏型

以内脏受损和出现肿瘤为特点，常见于性腺、心、肺、肝、肾、腺胃、胰等器官。肿瘤块大小不等，灰白色，质地坚硬而致密。镜检可见多形态的淋巴细胞，瘤细胞核分裂象。

3. 皮肤型

皮肤性肿瘤大部分以羽毛为中心，呈半球状突出于皮肤表面，也有的在羽毛之间，与相邻的肿瘤融合成血块，严重的形成淡褐色结痂。

（四）防制

1. 加强饲养管理

加强环境消毒，尤其是种蛋消毒，孵化器和房舍消毒，成鸡和雏鸡应分开饲养，以减少病毒感染的机会。育雏前对育雏舍进行彻底的清扫和熏蒸消毒（1日龄的易感性比成年鸡大 1000～10000 倍，比 50 日龄的鸡大 12 倍）。育雏期保持温度、湿度适宜和稳定（资料报道育雏温度不稳定，忽高忽低或过低引起鸡马立克病暴发的例子），避免密度过大，进行良好的通风换气，减少环境应激。饲料要优质，避免霉变，营养全面平衡。定期进行药物驱虫，特别要加强对球虫病的防治。

2. 免疫接种

1日龄雏鸡用鸡马力克氏病"814"弱毒疫苗，免疫期18个月或鸡马力克病弱毒双价（CA126＋SB1）疫苗，此苗预防超强毒鸡马力克病效果尤为明显，免疫期1.5年。用法同"814"弱病毒苗。马力克病免疫应在出壳后24小时内接种（如要二免，可在14日龄左右进行）。有条件的鸡场可在鸡胚18日龄进行胚胎接种。疫苗接种时要注意疫苗质量优良，剂量准确，注射确切，稀释方法正确，在要求的时间内用完疫苗。

九、鸡慢性呼吸道病

鸡慢性呼吸道病，又称鸡败血性支原体病，是由鸡败血支原体（MG）所引起的鸡和火鸡的一种慢性呼吸道传染病，其发病特征为气喘、呼吸啰音、咳嗽、流鼻液及窦部肿胀。本病发展缓慢，病程较长，在鸡群中可长期蔓延，其死亡率虽然不高，但危害严重。据统计，MG感染鸡群后，弱雏率增加10%左右，肉鸡体重减少38%，饲料转化率降低21%，蛋鸡产蛋率下降10%～20%。

（一）流行特点

各种日龄的鸡和火鸡均能感染本病，尤以1～2月龄的雏禽最敏感，成禽则多呈隐性经过。

本病的严重程度及死亡率与有无并发症和环境因素的好坏有极大关系。如并发大肠杆菌病、鸡嗜血杆菌病、呼吸道病毒感染以及环境卫生条件不良、鸡群过分拥挤、维生素A缺乏、长途运输、气雾免疫等因素，均可促使本病的爆发和复发，并加剧疾病的严重程度，使死亡率增加。

隐性带菌鸡是本病的主要传染源。病原体通过空气中的尘埃或飞沫经呼吸道感染，也可经被污染的饲料及饮水由消化道而传染，但最重要的传播途径是经卵垂直传播，它可以构成类似鸡白痢的循环传染，使本病代代相传。此外，在发病公鸡的精液和母鸡的输卵管中都发现有病原体的存在，因此在配种或授精时也可能发生传染。

经卵传播的更大危害还在于，一些生物制品厂家用带菌蛋生产疫苗，在使用这种疫苗的鸡群中人为地造成传播。因此，提倡用无特定病原体（SPF）鸡蛋生产疫苗。

（二）临床症状

病初流清鼻液、打喷嚏、甩头或做吞咽动作，有时鼻孔冒气泡、张口呼吸；一侧或两侧眼结膜发炎、流泪，有时泪液在眼角形成小气泡，眼内分泌物变成脓性时形成黄白色豆渣样渗出物，挤压眼球造成失明；颜面部肿胀；咳嗽、打喷嚏；气管啰音，呼吸时气管发出"呼噜呼噜"的声音；全身症状为食欲下降、产蛋降低、精神不佳、黄绿色下痢。

本病一般呈慢性经过，病程达一月以上，在成年鸡多呈散发，幼鸡群则往往大批流行，尤其在冬季发病最严重，发病率10%～50%不等，死亡率一般很低；但在其他诱因及并发症存在的情况下，死亡率可达30%～40%以上。

病愈鸡可产生一定程度的免疫力，但可长期带菌，尤其是种蛋带菌，因此往往成为散播本病的主要传染源。

（三）病理变化

气囊膜混浊、增厚，有芝麻大到黄豆大黄白色豆渣样渗出物，气囊腔内常有白色黏液，鼻腔中有淡黄色恶臭的黏液，气管黏膜增厚、出血、充血、附有豆渣样渗出物。长时间易与大肠杆菌混合感染（气囊炎）；肝脏肿胀，外被浅黄色或白色的纤维素性渗出覆盖（肝周炎）；网膜内充满干酪样渗出物，有的有卵黄性腹膜炎（腹膜炎）；心包膜混浊、增厚、不透明，内有纤维性渗出（心包炎）。

（四）防制

1. 预防

雏鸡来源于无污染的种鸡群或种蛋；由于本病可以垂直传播，因此刚出壳的雏鸡即有可能感染，所以需要在早期就应用药物进行预防。雏鸡出壳后，可用普杀平、福乐星、红霉素及其他药物进行饮水，连用5～7天，可有效地控制本病及其他细菌性疾病，提高雏鸡的成活率；疫苗预防，进口苗有禽脓毒支原体弱毒菌苗和禽脓毒支原体灭活苗可供应用。前者供2周龄雏鸡饮水免疫，后者适用于各种年龄，1～10周龄颈部皮下注射，10周龄以上可肌内注射，0.5毫升/次，连用2次，其间间隔4周。也有些单位试制出了皮下或肌内注射的鸡败血支原体灭活油乳苗，幼鸡和成鸡均可应用，0.5毫升/（只·次）。

2. 发病后措施

链霉素、土霉素、泰乐菌素、壮观霉素、林可霉素、四环素、红霉素治疗本病都有一定疗效。罗红霉素、链霉素的剂量在成年鸡为每只肌内注射20万国际单位；5～6周龄幼鸡为5～8万国际单位。早期治疗效果很好，2～3天即可痊愈。土霉素和四环素的用量，一般为肌内注射 10 万国际单位/千克；大群治疗时，可在饲料中添加土霉素 0.4%（每千克饲料添加 2～4 克），充分混合，连喂 1 周。支原净饮水含量为 120～150 毫克/升，氟哌酸对本病也有疗效。注意有些鸡支原体菌株对链霉素和红霉素具有抗药性。

十、鸡白痢

鸡白痢是由鸡白痢沙门菌引起的一种常见和多发的传染病。本病特征为幼雏感染后常呈急性败血症，发病率和死亡率都高，成年鸡感染后，多呈慢性或隐性带菌，可随粪便排出，因卵巢带菌，严重影响孵化率和雏鸡成活率。

（一）流行特点

① 各种品种的鸡对本病均有易感性，以 2～3 周龄以内雏鸡的发病率与病死率为最高，呈流行性。随着日龄的增加，鸡的抵抗力也增强。成年鸡感染常呈慢性或隐性经过。现在也常有中雏和成鸡感染发病引起较大危害的情况发生。

② 本病可经蛋垂直传播，也可水平传播。种鸡可以感染种蛋，种蛋感染雏鸡。孵化过程中也会引起感染。病鸡的排泄物及其污染物是传播本病的媒介物，可以传染给同群未感染的鸡。

③ 本病的发生和死亡受多种诱因影响，环境污染，卫生条件差，温度过低，潮湿、拥挤、通风不良，饲喂不良以及其他疾病，如霉形体、曲霉菌病、大肠杆菌等混合感染，都可加重本病的发生和死亡。

④ 存在本病的老鸡场，雏鸡的发病率在 20%～40%，但新传入发病的鸡场，其发病率显著增高，甚至有时高达 100%，病死率也高。

（二）临床症状

本病在雏鸡和成年鸡中所表现的病状和经过有显著的差异。潜伏期 4～5 天，故出壳后感染的雏鸡，多在孵出后几天才出现明显症状。7～10 天后雏鸡群内病雏逐渐增多，在第二、三周达高峰。发病雏鸡呈最急性者，无症状迅速死亡。稍缓者表现精神委顿，绒毛松乱，两翼下垂，缩颈闭眼昏睡，不愿走动，拥挤在一起。病初食欲下降，而后停食多数出现软嗉症状。同时腹泻，排稀薄如糨糊状粪便，肛门周围绒毛被粪便污染，有的因粪便干结封住肛门周围影响排粪。由于肛门周围炎症引起疼痛，故常发生尖锐的叫声，最后因呼吸困难及心力衰竭而死。有的病雏出现眼盲，或肢关节呈跛行症状。病程短的1天，一般为4～7天，20天以上的雏鸡病程较长，且极少死亡。耐过鸡生长发育不良，成为慢性患者或带菌者。

（三）病理变化

因鸡白痢而死亡的雏鸡，如日龄短，发病后很快死亡，则病变不明显。病期延长者，在心肌、肺、肝、盲肠、大肠及肌胃肌肉中有坏死灶或结节，胆囊肿大。输尿管充满尿酸盐而扩张。盲肠中有干酪样物堵塞肠腔，有时还混有血液，常有腹膜炎。死于几日龄的病雏，有出血性肺炎，稍大的病雏，肺有灰黄色结节和灰色肝变。育成阶段的鸡，突出的变化是肝肿大，可达正常的2～3倍，暗红色至深紫色，有的略带土黄色，表面可见散在或弥漫性的小红点或黄白色的粟粒大小或大小不一的坏死灶，质地极脆，易破裂，因此常见有内出血变化，腹腔内积有大量血水，肝表面有较大的凝血块。

（四）防制

（1）加强饲养管理　到洁净的种鸡场引种；加强对环境的消毒；提高育雏温度2～3℃；保持饲料和饮水卫生；密切注意鸡群动态，发现糊肛应及时挑出淘汰。雏鸡开食之日起，在饲料或饮水中添加抗菌药物预防。

（2）药物防治

① 磺胺类。磺胺嘧啶、磺胺甲基嘧啶和磺胺二甲基嘧啶为首选药，在饲料中添加不超过0.5%，饮水中可用0.1%～0.2%，连续使用5天后，停药3天，再继续使用2～3次。

② 呋喃唑酮。在饲料中添加0.03%～0.04%，连喂1周，停药3～5天，再继续使用。对鸡白痢均有较好的效果。

③ 氯霉素0.3%～0.4%拌料投服5～6天，可收到较好的治疗效果。污染严重的种鸡群使用氯霉素拌料投服两个疗程，间隔1周，可明显降低阳性鸡带菌的比例。雏鸡入舍后前3天，用0.4%

氯霉素拌料，然后使用 0.03%呋喃唑酮拌料连用 5～6 天，防治白痢效果良好。

其他抗菌药物如金霉素、土霉素、四环素、庆大霉素、氟哌酸、卡那霉素均有一定疗效。

④ 微生物制剂。近年来微生物制剂在防治畜鸡下痢方面有较好效果，这些制剂安全、无毒、不产生副作用、细菌不产生抗药、价廉等，常用的有促菌生、调痢生、乳酸菌等，在用这些药物的同时及其前后 4～5 天应该禁用抗菌药物。如促菌生，每只鸡每次服 0.5 亿个菌，每日 1 次，连服 3 天，效果甚好。剂型有片剂，每片 0.5 克，含 2 亿个菌；胶囊，每粒 0.25 克，含 1 亿个菌。这些微生物制剂的效果多数情况下相当或优于药物预防的水平。

⑤ 使用中草药方剂

方剂 1：白头翁、白术、茯苓各等份共研细末，每只幼雏每日 0.2～0.3 克，中雏每日 0.3～0.5 克，拌入饲料，连喂 10 天，治疗雏鸡白痢，疗效很好，病鸡在 3～5 天内病情得到控制而痊愈。

方剂 2：黄连、黄芩、苦参、金银花、白头翁、陈皮各等份共研细末，拌匀，按每只雏鸡每日 0.3 克拌料，防治雏鸡白痢的效果优于抗生素。

十一、大肠杆菌病

大肠杆菌是大肠埃希菌的俗称，为肠杆菌科埃希菌属，大肠杆菌抗原主要有 O、K 和 H 三种，它们是血清型鉴定的基础。大肠杆菌的 O 抗原有 173 种，K 抗原有 80 种，H 抗原有 56 种，因此自然界存在的血清型高达数万种，但致病性的大肠杆菌的数量是有限的。败血型大肠杆菌（SEPEC）可引起鸡的败血症、气囊炎、脑膜炎、肠炎、肉芽肿。

（一）流行特点

① 各种年龄的鸡都能感染，幼鸡易感性较高，20～45 日龄的肉鸡最易发生。发病早的有 4 日龄、7 日龄，也有大雏发病。本病一年四季均可发生，但以冬末春初较为常见。

② 传播途径。本病传播途径广泛，本病菌污染饲料和饮水，尤以污染饮水经过消化道引起发病最为常见；携有本菌的尘埃被易

感鸡吸入，进入下呼吸道后侵入血流引起发病；种蛋产出后，被粪便污染，在蛋温降至环境温度的过程中，蛋壳表面沾染的大肠杆菌很容易穿透蛋壳进入蛋内。污染的种蛋常于孵化的后期引起胚胎死亡，或刚出壳的雏鸡发生本病；患有大肠杆菌性输卵管炎的母鸡，在蛋的形成过程中本菌即可进入蛋内，这样引起本病经蛋传播；另外还可以通过交配、断喙、雌雄鉴别等途径传播。鸡群密集、空气污浊、过冷过热、营养不良、饮水不洁都可促使本病流行。

③ 本病常易成为其他疾病的并发病和继发病。常与沙门菌、法氏囊、新城疫、支原体、传支、葡萄球菌、盲肠肝炎、球虫病等并发或继发。

④ 发病率和死亡率。与血清型和毒力、有无并发或继发、环境条件是否良好、采取措施是否及时有效等有关。发病率一般在30％～69％之间，死亡率42％～75％。

（二）临床症状及病理变化

1. 脐炎

主要发生于 2 周内的雏鸡，病雏脐部红肿并常破溃，后腹部胀大，皮薄，发红或青紫色，粪便黏稠呈黄白色、腥臭，采食减少或不食。残余卵黄囊胀大，充满黄绿色液体，胆囊肿大，胆汁外渗。肝土黄色（低日龄）或暗红色（高日龄）、肿胀、质脆、有斑状、点状出血，小肠臌气、黏膜充血或片状出血。

2. 急性败血症

主要发生于雏鸡和 4 月龄以下的青年鸡，体温升高达 43℃以上，饮水增多、采食锐减、腹泻、排绿白色粪便，有的临死前出现扭头、仰头等神经症状。病变为：①纤维素性心包炎。心包蓄积多量淡黄色黏液（纤维渗出物），囊壁增厚、粗糙、心脏扩张，表面有灰白色霉斑样覆盖物。②纤维素性肝周炎。肝淤血肿大，呈暗紫色。表面覆盖一层灰白色、灰黄色的纤维素膜。③纤维素性腹膜炎。腹腔中有大量淡黄色清亮腹水或胶冻样物，有时腹膜及内脏表面附有多量黄白色渗出物，致使器官粘连。

3. 气囊炎

5～12 周的肉仔鸡发病较多，6～9 周龄为发病高峰，呼吸困难、咳嗽、有啰音。剖检可见气囊增厚，附有多量豆渣样渗出物，有的肺水肿。可见气囊增厚，附有多量豆渣样渗出物，有的病鸡肺水肿。

4. 大肠杆菌性肠炎

病鸡羽毛松乱、腹泻，剖检可见肠道上 1/3～1/2 肠黏膜充血、增厚，严重者出血，形成出血性肠炎。

5. 卵黄性腹膜炎

主要见于产蛋母鸡，病鸡食欲差，采食减少，腹部外观膨胀或下坠。腹腔内有大量卵黄凝固，有恶臭味；广泛性腹膜炎，卵泡膜充血，卵泡变性萎缩，局部或整个卵泡红褐色或黑褐色，输卵管有大量分泌物，有的有黄色絮状物或块状干酪样物。

6. 大肠杆菌性关节炎

病鸡行走困难，关节及足垫肿胀，触之有波动感，局部温度增高。关节腔内积液或有干酪样物。

7. 肿头综合征

即鸡头部皮下组织及眼眶发生急性或亚急性蜂窝织炎。

（三）防制

1. 引种

从无病原性大肠杆菌感染的种鸡场购买雏鸡，加强运输过程中的卫生管理。

2. 优化环境

选好场址和隔离饲养，场址应地势高燥、水源充足、水质良好、排水方便、远离居民区（最少 500 米），特别要远离其他鸡场、屠宰或畜产加工厂。生产区与生活区及经营管理区分开，饲料加工、种鸡、育雏、育成鸡场及孵化厅分开（相隔 500 米）。

3. 科学饲养管理

鸡舍温度、湿度、密度、光照、饲料和管理均应按规定要求进行，减少各种应激反应。通过及时清粪，并堆积密封发酵，加强通风换气和环境绿化等降低鸡舍内氨气等有害气体的产生和积聚。

4. 药物防治

应选择敏感药物在发病日龄前 1～2 天进行预防性投药，或发病后做紧急治疗。0.3%～0.4% 的氯霉素拌料连用 3～4 天；氟苯尼考 5～8 克/100 千克或丁胺卡那霉素 8～10 克/100 千克饮水 3～5 天等，效果良好。

十二、传染性鼻炎

本病是由鸡嗜血杆菌和副鸡嗜血杆菌所引起的鸡急性呼吸系统疾病。主要症状为鼻腔与鼻窦炎，流鼻涕，脸部肿胀和打喷嚏。

（一）流行特点

本病发生于各种年龄的鸡，老龄鸡感染较为严重。7 天的雏鸡，以鼻腔内人工接种病菌常可发生本病，而 3～4 天的雏鸡则稍有抵抗力。4 周龄至 3 年的鸡易感，但有个体的差异性。人工感染 4～8 周龄小鸡有 90％出现典型症状。13 周龄和大些的鸡则 100％感染。在较老的鸡中，潜伏期较短，而病程长。本病发病率虽高，但死亡率较低，尤其是在流行的早、中期鸡群很少有死鸡出现。但在鸡群恢复阶段，死淘增加，但不见死亡高峰。这部分死淘鸡多属继发感染所致。本病可使产蛋鸡产蛋率显著下降，育成鸡生长停滞。

病鸡及隐性带菌鸡是传染源，而慢性病鸡及隐性带菌鸡是鸡群中发生本病的重要原因。其传播途径主要以飞沫及尘埃经呼吸传染，但也可通过污染的饲料和饮水经消化道传染。

本病的发生与一些能使机体抵抗力下降的诱因密切有关。如鸡群拥挤，不同年龄的鸡混群饲养，通风不良，鸡舍内闷热，氨气浓度大，或鸡舍寒冷潮湿，缺乏维生素 A，受寄生虫侵袭等都能促使鸡群严重发病。鸡群接种鸡痘疫苗引起的全身反应，也常常是传染性鼻炎的诱因。本病多发于冬秋两季，这可能与气候和饲养管理条件有关。

（二）临床症状

疾病的损害在鼻腔和鼻窦，发生炎症者常仅表现鼻腔流稀薄清液，常不引人注意。一般常见症状为鼻孔先流出清液以后转为浆液性分泌物，有时打喷嚏。脸肿胀或显示水肿，眼结膜炎、眼睑肿胀。食欲及饮水减少，或有下痢，体重减轻。病鸡精神沉郁，面部浮肿，缩头，呆立。仔鸡生长不良，成年母鸡产卵减少；公鸡肉髯常见肿大。如炎症蔓延至下呼吸道，则呼吸困难，病鸡常摇头欲将呼吸道内的黏液排出，并有啰音，咽喉亦可积有分泌物的凝块，最后常窒息而死。

（三）病理变化

病理剖检变化也比较复杂多样，有的死鸡具有一种疾病的主要病理变化，有的鸡则兼有2～3种疾病的病理变化特征。具体说在本病流行中由于继发症致死的鸡中常见鸡慢性呼吸道疾病、鸡大肠杆病、鸡白痢等。病死鸡多瘦弱，不产蛋；育成鸡主要病变为鼻腔和窦黏膜呈急性卡他性炎症，黏膜充血肿胀，表面覆有大量黏液，窦内有渗出物凝块，后成为干酪样坏死物。常见卡他性结膜炎，结膜充血肿胀。脸部及肉髯皮下水肿。严重时可见气管黏膜炎症，偶有肺炎及气囊炎。

（四）防制

1. 加强饲养管理

平时鸡场应加强饲养管理，改善鸡舍通风条件，保持适宜的密度，做好鸡舍内外的兽医卫生消毒工作，以及病毒性呼吸道疾病的防治工作，提高鸡只抵抗力对防治本病有重要意义。鸡场内每栋鸡舍应做到全进全出，禁止不同日龄的鸡混养。清舍之后要彻底进行消毒，空舍一定时间后方可让新鸡群进入。

2. 免疫接种

使用传染性鼻炎油佐剂灭活苗免疫接种，30～40日龄首免，每只鸡0.3毫升；18～19周第二次免疫，每只鸡0.5毫升。污染鸡群免疫时要使用5～7天抗生素，以防带菌鸡发病。

3. 发病后的措施

发病后及早使用药物治疗，磺胺类药物和抗生素效果良好。当鸡群食欲尚好时，可投服易吸收的磺胺类药物和抗生素。如饲料中添加0.05%～0.1%的复方磺胺嘧啶，连用5天；当采食少时，可采用饮水或注射给药，可用链霉素（成鸡15万～20万国际单位/只）、庆大霉素（2000～3000国际单位/只）等连用3天。治疗本病应注意：①多种磺胺和抗生素类药物对本病都有疗效，但只能减轻病的症状和缩短病程，而不能消除带菌状态。②治疗本病时应注意，饮水比拌料的效果好，用药的同时补充一定量的维生素 A、维生素 D 及维生素 E 效果更好；当有霉形体、葡萄球菌合并感染时，必须同时使用泰乐菌素和青霉素才有效；为防止耐药菌株可并用两种药物；在不引起中毒的前提下，用药剂量要足，并要连续用够一个疗程；早期用药效果好，而且可避免对产蛋鸡造成卵巢感染。③国外已研制出预防本病的灭活菌苗和弱毒菌苗。但因其免疫效果差、免疫期短（2～3 个月），故需连续进行 2～3 次菌苗接种，以后每 3 个月进行 1 次。免疫过的鸡群也只有 80% 的保护率。因此防治本病注重综合防治，改善饲养管理，多喂一些富含维生素 A 的饲料。

十三、禽霍乱

鸡霍乱是由多杀性巴氏杆菌（两端钝圆，中央微凸的短杆菌，长 1～1.5 微米，宽 0.3～0.6 微米，不形成芽孢，也无运动性）引起的一种侵害鸡和野鸡的接触性疾病，又名鸡巴氏杆菌病、鸡出血性败血症。本病常呈现败血性症状，发病率和死亡率很高，但也常出现慢性或良性经过。

（一）流行特点

本病一年四季均可发生，但在高温多雨的夏、秋季节以及气候多变的春季最容易发生。本病常呈散发或地方性流行，16 周龄以下的鸡一般具有较强的抵抗力。鸡霍乱造成的死亡损失通常发生于产蛋鸡群，因这种年龄的鸡较幼龄鸡更为易感。但临床也曾发现 10 天发病的鸡群。自然感染鸡的死亡率通常是 0～20% 或更高，经常发生产蛋下降和持续性局部感染。慢性感染鸡被认为是传染的主要来源。细菌经蛋传播很少发生。大多数家畜都可能是多杀性巴氏杆菌的带菌者，污染的笼子、饲槽等都可能传播病原。多杀性巴氏杆菌在鸡群中的传播主要是通过病鸡口腔、鼻腔和眼结膜的分泌物进行的，这些分泌物污染了环境，特别是饲料和饮水。粪便中很少含有活的多杀性巴氏杆菌。鸡群的饲养管理不良、体内寄生虫病、营养缺乏、气候突变、鸡群拥挤和通风不良等，都可使鸡对鸡霍乱的易感性提高。

（二）临床症状和病理变化

自然感染的潜伏期一般为 2～9 天，有时在引进病鸡后 48 小时内也会突然爆发病例。人工感染通常在 24～48 小时发病。由于家鸡的机体抵抗力和病菌的致病力强弱不同，所表现的病状亦有差异。一般分为最急性、急性和慢性三种病型。

1. 最急性型

常见于流行初期，以产蛋高的鸡最常见。病鸡无前驱症状，晚间一切正常，吃得很饱，次日发病死在鸡舍内。最急性型死亡的病鸡无特殊病变，有时只能看见心外膜有少许出血点。

2. 急性型

此型最为常见，病鸡主要表现为精神沉郁，羽毛松乱，缩颈闭眼，头缩在翅下，不愿走动，离群呆立。病鸡常有腹泻，排出黄色、灰白色或绿色的稀粪。体温升高到 43～44℃，减食或不食，渴欲增加。呼吸困难，口、鼻分泌物增加。鸡冠和肉髯变青紫色，有的病鸡肉髯肿胀，有热痛感，产蛋鸡停止产蛋。最后发生衰竭，昏迷而死亡，病程短的约半天，长的 1～3 天。急性病例病变特征：病鸡的腹膜、皮下组织及腹部脂肪常见小点出血。心包变厚，心包内积有多量不透明淡黄色液体，有的含纤维素絮状液体，心外膜、心冠脂肪出血尤为明显。肺有充血或出血点。肝脏的病变具有特征性，肝稍肿，质变脆，呈棕色或黄棕色。肝表面散布有许多灰白色、针头大的坏死点。脾脏一般不见明显变化，或稍微肿大，质地较柔软。肌胃出血显著，肠道尤其是十二指肠呈卡他性和出血性肠炎，肠内容物含有血液。

3. 慢性型

由急性不死转变而来，多见于流行后期。以慢性肺炎、慢性呼吸道炎和慢性胃肠炎较多见。病鸡鼻孔有黏性分泌物流出，鼻窦肿大，喉头积有分泌物而影响呼吸。经常腹泻。病鸡消瘦，精神委顿，冠苍白。有些病鸡一侧或两侧肉髯显著肿大，随后可能有脓性干酪样物质，或干结、坏死、脱落。有的病鸡有关节炎，常局限于脚或翼关节和腱鞘处，表现为关节肿大、疼痛、脚趾麻痹，因而发生跛行。病程可拖至一个月以上，但生长发育和产蛋长期不能恢复。慢性型因侵害的器官不同而有差异。当呼吸道症状为主时，见到鼻腔和鼻窦内有多量黏性分泌物，某些病例见肺硬变。局限于关节炎和腱鞘炎的病例，主要见关节肿大变形，有炎性渗出物和干酪样坏死。公鸡的肉髯肿大，内有干酪样的渗出物，母鸡的卵巢明显出血，有时卵泡变形，似半煮熟样。

（三）防制

1. 加强鸡群的饲养管理

平时严格执行鸡场兽医卫生防疫措施是防治本病的关键措施。因为本病的发生经常是由于一些不良的外界因素，降低了鸡体的抵抗力而引起的。如鸡群的拥挤、圈舍的潮湿、营养缺乏、寄生虫感染或其他应激因素都是本病的诱因。所以必须加强饲养管理，以栋舍为单位采取全进全出的饲养制度，并注意严格执行隔离卫生和消毒制度，从无病鸡场购鸡，预防本病的发生是完全有可能的。

2. 药物预防

定期在饲料中加入抗菌药。每吨饲料中添加 40～45 克喹乙醇或杆菌肽锌，具有较好的预防作用。

3. 发病后的措施

及时采取封闭、隔离和消毒措施，加强对鸡舍和鸡群的消毒；有条件的地方应通过药敏试验选择有效药物全群给药。磺胺类药物、氯霉素、红霉素、庆大霉素、环丙沙星、恩诺沙星、喹乙醇均有较好的疗效。土霉素或磺胺二甲基嘧啶按 0.5%～1% 的比例配入饲料中连用 3～4 天；或喹乙醇 0.2～0.3 克/千克拌料，连用一周，或每千克体重 30 毫克，每天一次饲喂，连用 3～4 天。对病鸡按每千克体重青霉素水剂 1 万单位肌内注射，每天 2～3 次。明显病鸡采用大剂量的抗生素进行肌内注射 1～2 次，这对降低死亡率有显著作用。在治疗过程中，药的剂量要足，疗程合理，当鸡只死亡明显减少后，再继续投药 2～3 天以巩固疗效防止复发。

十四、鸡葡萄球菌病

主要由皮肤创伤或毛孔侵入引起，致病菌主要是金黄色葡萄球菌，主要发生于肉用仔鸡、笼养鸡和条件较差的大鸡群。

（一）流行特点

葡萄球菌在自然界分布很广，在人、畜、鸡的皮肤上也经常存在。鸡对葡萄球菌较易感，主要经皮肤创伤或毛孔入侵。鸡群拥挤互相啄斗，鸡笼破旧致使铁丝刺破皮肤，患皮肤型鸡痘或其他造成皮肤破损等因素，都是引起本病的诱因。各种年龄和品种的鸡均可感染，而以1.5～3月龄的幼鸡多见，常呈急性败血症。中雏和成鸡常为慢性、局灶性感染。

本病一年四季均可发生，以雨季、潮湿季节发生较多。通常本病多为散发，但有时也迅速扩散至全群中，特别当鸡舍卫生太差，饲养密度太大，发病率更高。

（二）临床症状及病理变化

1. 急性败血型

多见于1～2月肉用仔鸡、体温升高达43℃，精神较差，羽毛松乱，缩头闭目，无食欲，有的下痢，排灰色稀粪。主要病变是皮下、浆膜、黏膜水肿、充血、出血或溶血，有棕黄色或黄红色胶样浸润，特别是胸骨柄处肌肉呈弥漫隆出血斑或条纹状出血。实质脏器充血肿大，肝呈淡紫红色，有花纹斑。肝、脾有白色坏死点。输尿管有尿酸盐沉积。心冠状脂肪、腹腔脂肪、肌胃黏膜等出血水肿，心包有黄红色积液。

2. 关节炎型

多见于较大的青年鸡和成年鸡，病鸡腿、翅膀的一部分关节（跗关节和趾关节）肿胀热痛、化脓，足趾间及足底常形成较大的脓肿，有的破溃，病鸡跛行。主要表现为关节肿大，滑膜增厚，充血、出血，关节腔内有渗出液，有时含有纤维蛋白，病程长者则发生干酪样坏死。

3. 脐炎

多发于雏鸡，脐孔发炎肿大，流暗红色或黄色液体，最后变成干涸坏死。脐部肿胀膨大，呈紫红或紫黑色，有暗红色水肿液，时间稍久则为脓性干涸坏死。肝脏有出血点，卵黄吸收不全，呈黄红或黑灰色。

（三）防制

① 加强饲养管理，建立严格的卫生制度，减少鸡体外损的发生；饲喂全价饲料，要保证适当的维生素和矿物质；鸡舍应通风，

干燥，饲养密度要合理，防止拥挤；要搞好鸡舍及鸡群周围环境的清洁卫生和消毒工作，可定期对鸡舍用 0.2%次氯酸钠或 0.3%过氧乙酸进行带鸡喷雾消毒。

② 在疫区预防本病可试用葡萄球菌多价菌苗，21～24 日龄雏鸡皮下注射 1 毫升/只（含菌 60 亿/毫升），15 天产生免疫力，免疫期约 6 个月。

③ 发病后措施。病鸡应隔离饲养。可从病死鸡分离出病原菌后做药敏试验，选用敏感的药物对病鸡群进行治疗，无此条件时，可选择新霉素、卡那霉素或庆大霉素进行治疗。

十五、禽曲霉素病

又叫禽曲霉性肺炎，是由禽曲霉素属的烟曲霉、黄曲霉及黑曲霉等引起的鸡、火鸡、鸭、鹅、鹌鹑等的一类疾病。以幼龄鸡多发，常呈急性群发性，发病率和死亡率都较高，成年鸡多为散发，该病特征是呼吸困难，于肺和气囊上出现霉菌结节。

（一）流行病学

胚胎期及 6 周龄以下的雏鸡比成年鸡易感，4～12 日龄最为易感，幼雏常呈急性爆发，发病率很高，死亡率一般在 10%～50%之间，成年鸡仅为散发，多为慢性。本病可通过多种途径感染，曲霉菌可穿透蛋壳进入蛋内，引起胚胎死亡或雏鸡感染，此外，通过呼吸道吸入、肌内注射、静脉、眼睛接种、气雾、阉割伤口等感染本病。曲霉菌经常存在于垫料和饲料中，在适宜条件下大量生长繁殖，形成曲霉菌孢子，若严重污染环境与种蛋，可造成曲霉菌病的发生。

（二）临床症状和病理变化

幼鸡发病多呈急性经过，病鸡表现呼吸困难，张口呼吸，喘气，有浆液性鼻漏。食欲减退，饮欲增加，精神委顿，嗜睡。羽毛松乱，缩颈垂翅。后期病鸡迅速消瘦，发生下痢。若病原侵害眼睛，可能出现一侧或两侧眼睛发生灰白混浊，也可能引起一侧眼肿胀，结膜囊有干酪样物。若食道黏膜受损时，则吞咽困难。少数鸡由于病原侵害脑组织，引起共济失调、角弓反张、麻痹等神经症状。一般发病后 2～7 天死亡，慢性者可达 2 周以上，死亡率一般为 5%～50%。若曲霉菌污染种蛋及孵化后，常造成孵化率下降，胚胎大批死亡。成年鸡多呈慢性经过，引起产蛋下降，病程有拖延数周，死亡率不定。

病理变化主要在肺和气囊上，肺脏可见散在的粟粒，大至绿豆大小的黄白色或灰白色的结节，质地较硬，有时气囊壁上可见大小不等的干酪样结节或斑块。随着病程的发展，气囊壁明显增厚，干酪样斑块增多，增大，有的融合在一起。后期病例可见在干酪样斑块上以及气囊壁上形成灰绿色霉菌斑。严重病例的，腹腔、浆膜、肝或其他部位表面有结节或圆形灰绿色斑块。

(三) 防制

1. 加强饲养卫生管理

应防止饲料和垫料发霉，使用清洁、干燥的垫料和无霉菌污染的饲料，避免鸡接触发霉堆放物，改善鸡舍通风和控制湿度，减少空气中霉菌孢子的含量。为了防止种蛋被污染，应及时收蛋，保持蛋库与蛋箱清洁卫生。

2. 发病后的措施

(1) 隔离消毒　及时隔离病雏，清除污染霉菌的饲料与垫料，清扫鸡舍，喷洒 1∶2000 的硫酸铜溶液，换上不发霉的垫料。严重病例扑杀淘汰，轻症者可用 1∶2000 或 1∶3000 的硫酸铜溶液饮水，连用 3～4 天，可以减少新病例的发生，有效地控制本病的继续蔓延。

(2) 药物治疗　制霉菌素，成鸡 15～20 毫克，雏鸡 3～5 毫克，混于饲料喂服 3～5 天，有一定疗效。病鸡用碘化钾口服治疗，每升水加碘化钾 5～10 天，具有一定疗效。中草药，方剂 1：金银花、连翘、莱菔子（炒）各 30 克，丹皮、黄芪各 15 克，柴胡 18 克，桑白皮、枇杷叶、甘草各 12 克，水煎取汁 1000 毫升，为 500 只鸡的一日量，每日分 4 次拌料喂服，每天一剂，连用四剂，治疗鸡曲霉菌病效果显著。方剂 2：桔梗 250 克，蒲公英、鱼腥草、苏叶各 500 克，水煎取汁，为 1000 只鸡的用量，用药液拌料喂服，每天 2 次，连用 1 周。另在饮水中加 0.1% 高锰酸钾。对曲霉菌病鸡用药 3 天后，病鸡群停止死亡，用药 1 周后痊愈。

十六、鸡球虫病

鸡球虫病是一种或多种球虫寄生于鸡肠道黏膜上皮细胞内引起的一种急性流行性原虫病，是鸡常见且危害十分严重的寄生虫病，其造成的经济损失是惊人的。雏鸡的发病率和致死率均较高。病愈的雏鸡生长受阻，增重缓慢；成年鸡多为带虫者，但增重和产蛋能力降低。

(一) 流行特点

① 病鸡是主要传染源，苍蝇、甲虫、蟑螂、鼠类和野鸟都可以成为机械传播媒介。凡被带虫鸡污染过的饲料、饮水、土壤和用具等，都有卵囊存在。鸡吃了感染性卵囊就会爆发球虫病。

② 各个品种的鸡均有易感性，15～50日龄的鸡发病率和致死率都较高，成年鸡对球虫有一定的抵抗力。11～13日龄内的雏鸡因有母源抗体保护，极少发病。

③ 饲养管理条件不良，鸡舍潮湿、拥挤，卫生条件恶劣时，最易发病。在潮湿多雨、气温较高的梅雨季节易发。

(二) 临床症状和病理变化

病鸡精神沉郁，羽毛蓬松，头卷缩，食欲减退，嗉囊内充满液体，鸡冠和可视黏膜贫血、苍白，逐渐消瘦，病鸡常排红色胡萝卜样粪便，若感染柔嫩艾美耳球虫，开始时粪便为咖啡色，以后变为完全的血粪，如不及时采取措施，致死率可达50%以上。若多种球虫混合感染，粪便中带血液，并含有大量脱落的肠黏膜。

病鸡消瘦，鸡冠与黏膜苍白，内脏变化主要发生在肠管，病变部位和程度与球虫的种别有关。柔嫩艾美耳球虫主要侵害盲肠，两支盲肠显著肿大，可为正常的3～5倍，肠腔中充满凝固的或新鲜的暗红色血液，盲肠上皮变厚，有严重的糜烂。毒害艾美耳球虫损害小肠中段，使肠壁扩张、增厚，有严重的坏死。在裂殖体繁殖的部位，有明显的淡白色斑点，黏膜上有许多小出血点。肠管中有凝固的血液或有胡萝卜色胶陈样内容物。巨型艾美耳球虫损害小肠中段，可使肠管扩张，肠壁增厚；内容物黏稠，呈淡灰色、淡褐色或淡红色。堆型艾美耳球虫多在上皮表层发育，并且同一发育阶段的虫体常聚集在一起，在被损害的肠段出现大量淡白色斑点。哈氏艾美耳球虫损害小肠前段，肠壁上出现大头针针头大小的出血点，黏膜有严重的出血。若多种球虫混合感染，则肠管粗大，肠黏膜上有大量的出血点，肠管中有大量的带有脱落的肠上皮细胞的紫黑色血液。

（三）防制

1. 加强饲养管理

保持鸡舍干燥、通风和鸡场卫生，定期清除粪便，堆放；发酵以杀灭卵囊。保持饲料、饮水清洁，笼具、料槽、水槽定期消毒，一般每周一次，可用沸水、热蒸气或 3%～5% 热碱水等处理。据报道：用球杀灵和 1：200 的农乐溶液消毒鸡场及运动场，均对球虫卵囊有强大杀灭作用。每千克日粮中添加 0.25～0.5 毫克硒可增强鸡对球虫的抵抗力。补充足够的维生素 K 和给予 3～7 倍推荐量的维生素 A 可加速鸡患球虫病后的康复。成鸡与雏鸡分开喂养，以免带虫的成年鸡散播病原导致雏鸡暴发球虫病。

2. 药物防制

治疗球虫病的药物很多，常用的有下列几种。

① 球痢灵（3,5-二硝基邻甲基苯甲酰胺）。每千克饲料中加入 0.2 克球痢灵，或配成 0.02% 的水溶液，饮水 3～4 天。

② 磺胺-6-甲氧嘧啶（SMM）和抗菌增效剂［三甲氧苄胺嘧啶（TMP）或二甲氧苄胺嘧啶（DVD）］，将上述两种药剂按 5：1 的比例混合后，以 0.02% 的浓度混于饲料中，连用不得超过 7 天。

③ 磺胺二甲基嘧啶，以 1% 的浓度饮水 2 天，或 0.5% 的浓度饮水 4 天，磺胺类药物以早期应用效果较好，且磺胺类药物对鸡副作用大，应慎用。

④ 百球清（甲基三嗪酮）口服液，2.5% 口服液做 1000 倍稀释，饮水 1～2 天效果较好。

⑤ 抗球王（1% 马杜霉素胺），每吨饲料应用 500 克，逐级混匀饲喂，产蛋期禁用，饲料中马杜霉素不得高于 5 毫克/千克。

3. 药物预防程序

因球虫的类型多，易产生抗药性，以间隔用药或轮换用药为宜。球虫病的预防用药程序是：雏鸡从 13～15 日龄开始，在饲料或饮水中加入预防用量的抗球虫药物，一直用到上笼后2～3周停止，选择3～5种药物交替使用，效果良好。

十七、住白细胞原虫病

鸡住白细胞原虫病是血孢子虫亚目的住白细胞原虫引起的急性或慢性血孢子虫病，又叫鸡白冠病、鸡出血性病。本病多发生在炎热地区或炎热季节，常呈地方性流行，对雏鸡危害严重，常引起大批死亡。

（一）流行特点

本病的发生有明显的季节性，北京地区一般在7～9月份发生流行。3～6周龄的雏鸡发病率高，死亡率可达到10%～30%。产蛋鸡的死亡率是5%～10%。感染过的鸡有一定的免疫力，一般无症状，也不会死亡。但未感染过此病的鸡会发病，出现贫血，产蛋率明显下降，甚至停产。

（二）临床症状和病理变化

病雏伏地不动，食欲消失，鸡冠苍白，拉稀，粪便青绿色，脚软或轻瘫。蛋鸡产蛋减少或停产，病程可长达1个月。病死鸡的病理变化是口流鲜血，冠白，全身性出血（皮下、胸肌、腿肌有出血点或出血斑，各内脏器官广泛出血，消化道也可见到出血斑点），肌肉及某些内脏器官有白色小结节，骨髓变黄。

（三）防制

1. 杀灭媒介昆虫

在6～10月份流行季节对鸡舍内外喷药消毒，如用0.03%的蝇毒磷进行喷雾杀虫。也可先喷洒0.05%除虫菊酯，再喷洒0.05%百毒杀，既能抑杀病原微生物，又能杀灭库蠓等有害昆虫。消毒时间一般选在傍晚6：00～8：00，因为库蠓在这一段时间最为活跃。

2. 药物预防

鸡住白细胞原虫的发育史为22～27天，因此可在发病季节前1个月左右，开始用有效药物进行预防，一般每隔5天，投药5天，坚持3～5个疗程，这样比发病后再治疗能起到事半功倍的效果，常用有效药物有：复方泰灭净（磺胺间甲氧嘧啶钠、甲氧苄啶、生血素、肠黏膜修复剂、止血剂、增效剂、特效助溶剂等）30～50毫克/千克混饲；痢特灵粉（呋喃唑酮）100毫克/千克拌料；乙胺嘧啶1毫克/千克混饲；磺胺喹恶啉50毫克/千克混饲或混水和可爱丹（3,5-二氯-2,6-二甲基-4-羟基吡啶）125毫克/千克混饲。

3. 常用的治疗药物

① 复方泰灭净（磺胺间甲氧嘧啶钠、甲氧苄啶、生血素、肠黏膜修复剂、止血剂、增效剂、特效助溶剂等）。按100毫克/千克混水或按500毫克/千克混料，连用5～7天。

② 血虫净（三氮脒）。按100毫克/千克混水，连用5天，有效率100%，治愈率99.6%。

③ 克球粉（氯羟吡啶）。按250毫克/千克混料，连用5天。

④ 氯本胍。按66毫克/千克混料，连用3～5天；或中药卡白灵。1%混料连喂5～7天，效果显著。

选用上述药物治疗，病情稳定后可按预防量继续添加一段时间，以彻底杀灭鸡体的白细胞虫体。

十八、组织滴虫病

组织滴虫病是由组织滴虫（它是一种很小的原虫。该原虫有两种形式：一种是组织原虫，寄生在细胞里；另一种是腔型原虫，寄生在盲肠腔的内容物中。本虫有强、弱和无毒株三种，强毒株可致盲肠和肝脏病变，引起死亡，弱毒株只在盲肠引起病变，无毒株不产生病变）引起鸡和火鸡的一种原虫病，也称盲肠肝炎或黑头病。本病以肝的坏死和盲肠溃疡为特征。

（一）流行特点

本病易发生在温暖潮湿的夏秋季节。2～17周龄的鸡最易感。成年鸡也可感染，但呈隐性感染，成为带虫者，有的慢性散发；传播途径有两种：①随病鸡粪排出的虫体，在外界环境中能生存很久，鸡食入这些虫体便可感染；②通过寄生在盲肠内的异刺线虫的卵而传播。当异刺线虫在病鸡体内寄生时，其虫卵内可带上组织滴虫。异刺线虫卵中约有0.5%带有这种组织滴虫。这些虫在线虫卵壳的保护下，随粪便排出体外，在外界环境中能生存 2～3 年。当外界环境条件适宜时，则发育为感染性虫卵。鸡吞食了这样的虫卵后，卵壳被消化，线虫的幼虫和组织滴虫一起被施放出来，共同移行至盲肠部位繁殖，进入血流。线虫幼虫对盲肠黏膜的机械性刺激，促进盲肠肝炎的发生。组织滴虫钻入肠壁繁殖，进入血流，寄生于肝脏。这是主要的传染方式。

鸡群过分拥挤，鸡舍和运动场不清洁，饲料中营养缺乏，尤其是维生素 A，都可诱发和加重本病。

（二）临床症状和病理变化

本病的潜伏期一般为 15～20 天，最短的为 3 天。病鸡精神委顿，食欲不振，缩头，羽毛松乱，翅膀下垂，身体蜷缩，胃寒怕冷，腹泻，排出淡黄色或淡绿色稀粪。急性的严重病鸡，排出的粪便带血或完全是血液。有些鸡的头皮常呈紫蓝色或黑色，所以叫黑头病。本病的病程一般为 1～3 周，3～12 周的小鸡死亡率高达 50%。康复鸡的粪便中仍然含有原虫。5～6 月龄以上的成年鸡很少呈现临诊症状。

组织滴虫病的损害常限于盲肠和肝脏。盲肠的一侧或两侧发炎、坏死，肠壁增厚或形成溃疡，有时盲肠穿孔，引起全身性腹膜炎。盲肠表面覆盖有黄色或黄灰绿色渗出物，并有特殊恶臭。有时这种黄灰绿色干硬的干酪样物充塞盲肠腔，呈多层的栓子样。外观呈明显的肿胀和混杂有红灰黄等颜色。有的慢性病例，这些盲肠栓子可能已被排出体外。肝脏出现颜色各异，不整圆形稍有凹陷的溃疡病灶。通常呈黄灰色，或是淡绿色。溃疡灶的大小不等，但一般为 1～2 厘米的环形病灶，也可能相互融合成大片的溃疡区。大多数感染群，通常只有剖检足够数量的病死鸡只，才能发现典型病理变化。

（三）防制

1. 预防措施

由于组织滴虫的主要传播方式是通过盲肠体内的异刺线虫虫卵为媒介，所以有效的预防措施是排除蛔虫卵，或减少虫卵的数量，以降低这种疾病的传播感染。因此，在进鸡前，必须清除鸡舍杂物并用水冲洗干净，严格消毒。严格做好鸡群的卫生管理，饲养用具不得混用，饲养人员不能串舍，免得互相传播疾病。及时检修供水器，定期移动饲料槽和饮水器的位置，以减少这些地区湿度过高和粪便堆积。用驱虫净定期驱除异刺线虫，每千克体重用药 40～50 毫克，直到 6 周龄为止。

2. 发病后治疗措施

（1）达美素（二甲硝基咪唑） 按每天 40～50 毫克/千克体重投药，如为片剂、胶囊剂可直接投喂；如为粉剂可以混料，连续 3～5 天，之后剂量改为 25～30 毫克/千克体重，连喂 2 周。

（2）卡巴砷 预防浓度 150～200 毫克/千克混料，治疗浓度为 400～800 毫克/千克混料，7 天一个疗程。

（3）4-硝基苯砷酸 预防浓度 187.5 毫克/千克混料，治疗浓度为 400～800 毫克/千克混料。

（4）灭滴灵（甲硝基羟乙唑） 按 0.05% 浓度混水，连用 7 天，停药 3 天后再用 7 天。

（5）痢特灵（呋喃唑酮） 400 毫克/千克混料，连喂 7 天为一个疗程。

治疗时应注意补充维生素 K_3，以阻止盲肠出血；补充维生素 A，促进盲肠和肝组织的恢复。

十九、鸡蛔虫病

鸡蛔虫病是鸡常见的一种线虫病，是鸡蛔虫（是鸡线虫中最大的一种，虫体黄白色，像豆芽菜的基杆，雌虫大于雄虫。虫卵椭圆形，深灰色。对外界因素和消毒药抵抗力很强，但在阳光直射、沸水处理和粪便堆沤等情况下，可使之迅速死亡）寄生于小肠内所引起的，多发于 3 月龄左右的鸡。一般无特殊症状，只是表现生长缓慢，发育不良，贫血、消瘦，不易引起注意。大群饲养可以引起死亡。

（一）流行特点

虫卵随粪便排出，在外界环境发育（经 10～12 天发育）成侵袭性虫卵。这种含有幼虫、具有致病力的虫卵污染饲料、饮水并被鸡吃进后，在鸡体内又发育为成虫。从感染到发育为成虫需 35～

50 天。

3 月龄以内的鸡最易感染，病情也较重，尤其是平养鸡群和散养鸡，发病率较高。超过 3 月龄的鸡抵抗力较强，一岁以上的鸡不发病，但可带虫；本病的发生和流行，与雏鸡的营养水平、环境条件、清洁卫生、温度、湿度、管理质量等因素有关。

（二）临床症状和病理变化

感染鸡生长不良，精神萎靡，行动迟缓，羽毛松乱，贫血，食欲减退，异食、泻痢，粪中常见蛔虫排出。

剖检时，小肠内见有许多淡黄色豆芽梗样线虫，雄虫长约 50～76 毫米，雌虫长约 65～110 毫米。粪便检查可发现蛔虫卵。

（三）诊断

根据临床症状可初诊。但必须经粪便检查到虫卵、尸体剖检找到虫体才能最后确诊。虫卵检查时注意与鸡异刺线虫卵区别。

（四）防制

1. 预防措施

及时清除积粪和垫料，清洗消毒饮水器和饲料槽；4 月龄以内的鸡要与成鸡分开饲养，鸡群定时驱虫可预防本病发生。

2. 发病后治疗措施

本病可用驱蛔灵、驱虫净、硫化二苯胺等药物。

二十、鸡绦虫病

鸡绦虫病是由多种绦虫（绦虫虫体为扁平带状，乳白色。在绦虫头部有吸盘，可附着在鸡的肠壁上）寄生于鸡小肠而引起的鸡常见寄生虫病，该病遍布世界各地。在我国常见的是赖利绦虫病和戴文绦虫病。

（一）流行特点

绦虫生活史是孕节片随粪排出，被蚂蚁、蜗牛和甲虫等吞食，经 14～45 天发育成类囊尾蚴，鸡吞食这些中间宿主后，约经 2～3 周在小肠内发育为成虫。

（二）临床症状和病理变化

感染绦虫种类不同，鸡的症状也有差异，但均可损伤肠壁，引起肠炎、腹泻、有时带血，可视黏膜苍白或黄染，精神沉郁，采食减少，饮水增多。有的绦虫能使鸡中毒，引起腿脚麻痹、进行性瘫痪及头颈扭曲等症状。一些病鸡因瘦弱、衰竭而死亡。

剖检死鸡可在小肠内发现虫体，严重时阻塞肠道。肠黏膜有点状出血和卡他性肠类。

（三）防制措施

1. 预防措施

经常清除鸡粪，鸡粪要发酵处理，彻底清除鸡场中的污物，消灭中间宿主蚂蚁、甲虫、蜗牛等；幼鸡与成鸡分开饲养。

2. 发病后治疗措施

可按每千克体重加丙硫苯咪唑 5～10 毫克，或驱绦灵（芬苯哒唑）20 毫克、硫双二氯酚 300 毫克，拌料一次喂给。

二十一、鸡异刺线虫病

鸡异刺线虫又名鸡盲肠虫，是寄生在盲肠黏膜上，长约 1～1.5 厘米的白色小线虫。病鸡表现消瘦、贫血、下痢等一般寄生虫病症状。剖检见盲肠黏膜增厚、出血并有大量异刺线虫叮咬在黏膜上。异刺线虫卵能传带盲肠肝炎原虫，鸡吃了异刺线虫虫卵或含有这种虫卵的蚯蚓，可同时感染异刺线虫病和组织滴虫病。

防治方法同鸡蛔虫。

二十二、鸡羽虱

羽虱主要寄生在鸡羽毛和皮肤上，是一种永久性寄生虫。已发现 40 多种羽虱。羽虱主要靠咬食羽毛、皮屑和吸食血液而生存，因此患鸡表现羽毛断落，皮肤损伤，发痒，消瘦贫血，生长发育受阻，产蛋鸡产蛋下降，并可降低对其他疾病的抵抗力。

防制措施：①保持环境清洁卫生。使用敌百虫、溴氰菊酯等药物对鸡舍地面、墙壁和棚架进行喷洒，杀灭环境中的羽虱。②消灭体表羽虱。可用敌百虫精粉剂或 0.5% 敌百虫粉、5% 氟化钠喷散于鸡全身羽毛及体表皮肤。也可用敌杀死 6 毫升加入到 2 千克水中，将鸡逐只抓起逆向羽毛喷雾。大群治疗时宜采用药浴法（仅限于夏季进行），方法是取 2.5% 溴氰菊酯或灭蝇灵 1 份，加温水

4000份，放入大缸或大盆中，将鸡体放入药液浸透体表羽毛。也可用上述药物进行环境灭虱。用药物灭虱时要注意管理，避免鸡群中毒。

二十三、鸡螨

螨又称疥癣虫，是寄生在鸡体表的一种寄生虫。对鸡危害较大的是鸡刺皮螨和突变膝螨。鸡螨大小约 0.3～1 毫米，肉眼不易看清。鸡刺皮螨呈椭圆形，吸血后变为红色，故又叫红螨。当鸡严重感染时，贫血、消瘦、产蛋减少或发育迟滞。雏鸡严重失血时可造成死亡；突变膝螨又称鳞足螨，其全部生活史都在鸡身上完成。成虫在鸡脚皮下穿行并产卵，幼虫蜕化发育为成虫，藏于皮肤鳞片下面，引起炎症。腿上先起鳞片，以后皮肤增生、粗糙，并发生裂缝。有渗出物流出，干燥后形成灰白色痂皮，如同涂上一层石灰，故又叫石灰脚病。若不及时治疗，可引起关节炎、趾骨坏死，影响生长发育和产蛋。

防治措施：①主要应搞好环境卫生，定期消毒环境，以杀死鸡螨；②大群发生刺皮螨后，可用 20％杀灭菊酯乳油剂稀释 4000倍，或 0.25％敌敌畏溶液对鸡体喷雾，但应注意防止中毒。环境可用 0.5％敌敌畏喷洒。对于感染膝螨的患鸡，可用 0.03％蝇毒磷或 20％杀灭菊酯乳油剂 2000 倍稀释液药浴或喷雾治疗，间隔 7天，再重复 1 次。大群治疗可用 0.1％敌百虫溶液，浸泡患鸡脚、腿 4～5 分钟，效果较好。

二十四、食盐中毒

食盐是土鸡维持正常生理活动必不可少的物质之一，适量的食盐有增进食欲、增强消化机能、促进代谢等重要功能，但鸡对其敏感，尤其是幼鸡。鸡对食盐的需要量，约占饲料的 0.25％～0.5％，以 0.37％最为适宜，若过量，则极易引起中毒甚至死亡。

(一) 病因

饲料配合时食盐用量过大，或使用的鱼粉中有较高盐量，配料时又添加食盐；限制饮水不当；或饲料中其他营养物质，如维生素 E、Ca、Mg 及含硫氨基酸缺乏，而引起增加食盐中毒的敏感性。

（二）临床症状和病理变化

病鸡的临床表现为燥渴而大量饮水和惊慌不安的尖叫。口鼻内有大量的黏液流出，嗉囊软肿，拉水样稀粪。运动失调，时而转圈，时而倒地，步态不稳，呼吸困难，虚脱，抽搐，痉挛，昏睡而死亡。

剖检可见皮下组织水肿，食道、嗉囊、胃肠黏膜充血或出血，腺胃表面形成假膜；血黏稠、凝固不良；肝肿大，肾变硬，色淡。病程较长者，还可见肺水肿，腹腔和心包囊中有积水，心脏有针尖状出血点。

（三）防制

① 严格控制饲料中食盐的含量，尤其对幼鸡。一方面严格检测饲料原料鱼粉或其副产品的盐分含量；另一方面配料时加食盐也要求粉细，混合要均匀；平时要保证充足的新鲜洁净饮用水。

② 治疗。发现中毒后立即停喂原有饲料，换无盐或低盐分易消化饲料至康复；供给病鸡5％的葡萄糖或红糖水以利尿解毒，病情严重者另加0.3％～0.5％醋酸钾溶液饮水，可逐只灌服。中毒早期服用植物油缓泻可减轻症状。

二十五、磺胺类药物中毒

磺胺类药物是治疗土鸡细菌性疾病和球虫病的常用广谱抗菌药物。但是如果用药不当，尤其是使用肠道内容易吸收的磺胺类药物不当会引起急性或慢性中毒。

（一）病因

鸡对磺胺类药物较为敏感，剂量过大或疗程过长等可引起中毒，如4周龄以下雏鸡较为敏感，采食含0.25％～1.5％磺胺嘧啶的饲料1周或口服0.5克磺胺类药物后，即可呈现中毒表现。

（二）临床症状和病理变化

急性中毒主要表现为兴奋不安、厌食、腹泻、痉挛、共济失调、肌肉颤抖、惊厥、呼吸加快，短时间内死亡。慢性中毒（多见于用药时间太长）表现为食欲减退，鸡冠苍白，羽毛松乱，渴欲增加；有的病鸡头面部呈局部性肿胀，皮肤呈蓝紫色；时而便秘，时而下痢，粪呈酱色，产蛋鸡产蛋量下降，有的产薄壳蛋、软壳蛋，蛋壳粗糙、色泽变淡。

主要表现以机体的主要器官均有不同程度的出血为特征，皮下、冠、眼睑有大小不等的斑状出血。胸肌是弥漫性斑点状或涂刷状出血，肌肉苍白或呈透明样淡黄色，大腿肌肉散在有鲜红色出血斑；血液稀薄，凝固不良；肝肿大，淤血，呈紫红或黄褐色，表面可见少量出血斑点或针头大的坏死灶，坏死灶中央凹陷呈深红，周围灰色；肾肿大，土黄色，表面有紫红色出血斑。输尿管变粗，充满白色尿酸盐；腺胃和肌胃交界处黏膜有陈旧的紫红色或条状出血，腺胃黏膜和肌胃角质膜下有出血点等。

（三）防制

1. 预防措施

严格掌握用药剂量及时间，一般用药不超过1周。拌料要均匀，适当可配以等量的碳酸氢钠，同时注意供给充足饮水；1周龄以内雏鸡或体质较弱和即将开产的蛋鸡应慎用；临床上应选用含有增效剂的磺胺类药物（如复方敌菌净、复方新诺明等），其用量小，毒性也较低。

2. 发病后措施

发现中毒，应立即停药并供给充足饮水；口服或饮用1%～5%碳酸氢钠溶液；可配合维生素C制剂和维生素K_3进行治疗。中毒严重的鸡可肌注维生素B_{12} 1～2微克或叶酸50～100微克。

二十六、呋喃唑酮中毒

目前临床应用较广的主要是呋喃唑酮（即痢特灵），是人工合成的广谱抗菌药。由于价格便宜，使用效果较好，被广泛用于鸡白痢、鸡伤寒、副伤寒和球虫等病。但呋喃唑酮毒性较强，鸡特别是雏鸡对其敏感，使用不当，易发生中毒。

（一）病因

使用药量过大或长期连续用药，或拌料不均匀易引起中毒。鸡饲料中浓度达0.1%或每千克体重用药达150毫克以上，即可发生中毒。4周龄左右鸡饲料中用大于0.05%痢特灵连喂1周，即可发生大批中毒死亡。品种差异，饲料中添加 0.05％呋喃唑酮饲喂刚出壳的罗斯蛋雏鸡 5 天没有中毒，而饲喂伊莎蛋雏鸡却发生了中毒。其原因可能是伊莎蛋雏鸡出壳体重小于罗斯蛋雏鸡，前期采食量大，每千克体重摄取的药物量大于罗斯蛋雏鸡，发生中毒。

(二) 临床症状和病理变化

发病快，主要表现精神呆滞、食欲减退或停止、羽毛蓬乱；有的兴奋不安，张口鸣叫，口渴，不食，很快出现神经症状：共济失调、步态不稳、扭颈、翅膀僵直、用喙尖触地、做旋转运动、无目的向前奔跑、角弓反张、痉挛等，严重的在飞奔或转圈时突然倒地抽搐而死。病程较快的在出现症状后 10 多分钟就死亡，有的可拖延至 10 多个小时死亡，少数可耐过。慢性中毒者表现为病雏生长停滞。

死亡较快的病鸡无肉眼明显病理变化，只见嗉囊扩张、积食，和胃一样有黄色黏液，或饲喂病程较长者口腔黏膜黄染，肠黏膜淤血、出血，肠管浆膜面呈黄褐色，肝脏淤血稍肿胀，心肌变性和有出血点。

(三) 防制

1. 预防措施

临床使用呋喃唑酮时，必须准确计算和控制用药量，大群给药，拌料要充分均匀，饲喂时间不宜超过 7 天，而且在喂药期间，要注意观察鸡群反应。预防疾病剂量为 0.02％～0.03％；治疗量为 0.04％。

2. 治疗

一旦发现中毒，立即停药，大群饮用 5％的葡萄糖溶液，并按每只鸡加维生素 C 0.3～0.5 毫升，促其恢复。可试饮甘草糖水解毒，口服硫酸镁催泻排出毒物；对病鸡可人工滴眼 10％葡萄糖水 3～5 毫升，同时肌注维生素 C 和维生素 B_1 混合液，每只鸡 0.2 毫升，每天 2 次，连用 2 天。

二十七、喹乙醇中毒

喹乙醇是一种具有抑菌促生长作用的药物，主要用于治疗肠道炎症，如痢疾、巴氏杆菌病和促生长，生产中作为治疗药物和添加剂广泛应用。

（一）病因

盲目加大添加量，或用药量过大，或混饲拌料不均匀而发生中毒。

（二）临床症状和病理变化

病鸡精神沉郁，食欲减退，饮水减少，鸡冠暗红色，体温降低，神经麻痹，脚软，甚至瘫痪。死前常有抽搐、尖叫、角弓反张等症状。

剖检可见口腔有黏液，肌胃角质下层有出血点、血斑，十二指肠黏膜有弥漫性出血，腺胃及肠黏膜糜烂，冠状脂肪和心肌表面有散在的出血点；脾、肾肿大，质脆，肝肿大有出血斑点，血暗红、质脆，切面糜烂多汁；胆囊胀大，充满绿色胆汁。

（三）防制

1. 预防措施

喹乙醇作为添加剂，使用量为 25～35 毫克/千克饲料；用于治疗疾病最大内服量：雏鸡 30 毫克/千克体重，成年 50 毫克/千克体重，使用时间 3～4 天。

2. 治疗

一旦发现中毒，立即停药，供给硫酸钠水溶液饮水，然后再用 5％的葡萄糖溶液或 0.5％碳酸氢钠溶液，并按每只鸡加维生素 C 0.3～0.5 毫升饮水。

二十八、马杜霉素中毒

马杜霉素（商品名杜球、抗球王等）是防治鸡球虫病常用的药物之一，近年来生产中中毒病例不断出现。

（一）原因

1. 饲料混合不均匀

马杜霉素在规定的使用范围内安全可靠，无明显的毒性作用，马杜霉素推荐使用剂量为每吨饲料添加 5 克，有报道，用量达到 7 克/1000 千克饲料时，鸡群即出现生长停止或少量中毒症状，达 9 克/1000 千克饲料时可引起明显中毒。因此要求在拌料给药时必须混合均匀，但一般养禽场较难达到其混合要求。由于马杜霉素与饲料中其他组分的粒径相差很大，混合时应将马杜霉素与饲料成分逐级混匀，否则一次就将马杜霉素和各种饲料成分放在一起搅拌混合，易造成药物在饲料中分布不均匀而引起马杜霉素中毒。

2. 联合使用药物引起中毒

马杜霉素不能与某些抗生素和磺胺药联合使用。例如马杜霉素不能与红霉素、泰妙菌素以及磺胺二甲氧嘧啶、磺胺喹噁啉、磺胺氯哒嗪合用。马杜霉素与泰妙菌素合用即使在常量下也可引起中毒，因此与其他药物合用时应谨慎。

3. 重复用药产生中毒

马杜霉素在兽药市场上常以不同商品名出现，如杀球王、加福、杜球、抗球王等，但生产厂家在标签上没有标明其有效成分，造成饲养户在联合用药治疗球虫病时将多种马杜霉素制剂同时使用；或购买的饲料中已加有马杜霉素，用户又添加导致饲料中药物含量高于推荐剂量，因剂量过大鸡食用后发生中毒。

4. 其他原因

养殖户常常有超剂量用药的习惯，不严格按照说明书上的使用方法及用量大小来使用，常常随意加大使用剂量，导致马杜霉素中毒。在使用溶液剂饮水给药时，热天鸡只的饮水量大，也会造成摄入过量而造成中毒。

（二）临床症状和病理变化

病初精神不振，吃料减少，羽毛松乱，饮水量增加，排水样稀粪，蹲卧或站立，走路不稳，继之症状加重，鸡冠、肉髯等处发绀或紫黑色。精神高度沉郁或昏迷，脚软瘫痪，匍匐在地或侧卧，两腿向后直伸、排黄白色水样稀粪增多，中毒鸡明显失水消瘦、部分鸡死前发生全身性痉挛。

剖检死鸡呈侧卧，两腿向后直伸，肌肉明显失水，肝脏暗红色或黑红色，无明显肿大，胆囊多充满黑绿色胆汁，心外膜有小出血斑点，腺胃黏膜充血、水肿，肠道水肿、出血，尤以十二指肠为重，肾肿大、瘀血，有的有尿酸盐沉积。

（三）防制

1. 预防措施

马杜霉素和饲料混合时，采用粉料配药，逐级稀释法混合，使马杜霉素和饲料充分混匀；查明所用抗球虫药的主要成分，避免重复用药或与其他聚醚类药物同时使用，造成中毒；购买饲料时要查询饲料中是否加有马杜霉素；使用马杜霉素治疗球虫病时，严格按照说明书上的使用方法及用量来使用，不要随意加大使用剂量；在使用溶液剂饮水给药时，要注意热天鸡只的饮水量大，适当降低饮水中的药物浓度，以免造成摄入过量而引起中毒。

2. 治疗

立即停喂含马杜霉素的饲料，饮服含多种维生素（如苏威多维）的水溶性电解质，并按5％浓度加入葡萄糖及0.05％维生素粉，对排除毒物、减轻症状、提高鸡的抗病力有一定效果，用中药绿豆、甘草、金银花、车前草等煎水，供中毒家禽自由饮用。中毒严重的鸡只隔离饲养，在口服给药的同时，每只皮下注射含50毫克维生素C的5％葡萄糖生理盐水5～10毫升，每日2次。但中毒量大者仍不免死亡。

二十九、黄曲霉毒素中毒

黄曲霉毒素中毒是鸡的一种常见的中毒病，该病由发霉饲料中霉菌产生的毒素引起。病的主要特征是危害肝脏，影响肝功能，肝脏变性、出血和坏死，腹水，脾肿大及消化障碍等，并有致癌作用。

（一）病因

黄曲霉菌是一种真菌，广泛存在于自然界，在温暖潮湿的环境中最易生长繁殖，其中有些毒株可产生毒力很强的黄曲霉毒素。当各种饲料成分（谷物、饼类等）或混合好的饲料污染这种霉菌后，便可引起发霉变质，并含有大量黄曲霉毒素。家鸡食入这种饲料可引起中毒，其中以幼龄的鸡、鸭和火鸡，特别是2～6周龄的雏鸡最为敏感，饲料中只要含有微量毒素，即可引起中毒，且发病后较为严重。

（二）临床症状和病理变化

2～6 周龄雏鸡敏感，表现沉郁，嗜眠，食欲不振，消瘦，贫血，鸡冠苍白，虚弱，尖叫，拉淡绿色稀粪，有时带血，腿软不能站立，翅下垂。成鸡耐受性稍高，多为慢性中毒，症状与雏鸡相似，但病程较长，病情和缓，产蛋减少或开产推迟，个别可发生肝癌，呈极度消瘦的恶病质而死亡。

急性中毒，剖检可见肝充血、肿大、出血及坏死，色淡呈苍白色，胆囊充盈。肾苍白肿大。胸部皮下、肌肉有时出血。慢性中毒时，常见肝硬变，体积缩小，颜色发黄，并有白色点状或结节状病灶。个别可见肝癌结节，伴有腹水。心肌色淡，心包积水。胃和嗉囊有溃疡，肠道充血、出血。

（三）防制

平时搞好饲料保管，注意通风，防止发霉。不用霉变饲料喂鸡。为防止发霉，可用福尔马林对饲料进行熏蒸消毒。

目前对本病还无特效解毒药，发病后应立即停喂霉变饲料，更换新料，饮服 5％葡萄糖水。用 2％次氯酸钠对鸡舍内外进行彻底消毒。中毒死鸡要销毁或深埋，不能食用。鸡粪便中也含有毒素，应集中处理，防止污染饲料、饮水和环境。

三十、棉籽饼中毒

棉籽经处理提取棉籽油后，剩下的棉籽饼是一种低廉的蛋白质饲料，如果棉籽蒸炒不充分，加工调制不好，棉酚不能完全被破坏，吃过多这种棉籽饼可引起中毒。棉酚系一种血液毒和原浆毒，对神经、血管均有毒性作用，可引起胃及肾脏严重损坏。

（一）临床症状和病理变化

病鸡食欲消失，消瘦，四肢无力，抽搐。冠和髯发绀，最后呼吸困难，衰竭而死。剖检有明显的肠炎，肝、肾退行性变化。肺水肿，心外膜出血，胸腹腔积液。

（二）防制

用棉籽饼喂鸡时，应先脱毒再用，雏鸡最好不超过 2％～3％，成鸡不超过 5%～7%。鸡群中毒时，应立即停喂棉籽饼，并对症治疗。

三十一、中暑

中暑是日射病和热射病的总称。鸡在烈日下暴晒，使头部血管扩张而引起脑及脑膜急性充血，导致中枢神经系统机能障碍称为日射病。鸡在闷热环境中因机体散热困难而造成体内过热，引起中枢神经系统、循环系统和呼吸系统机能障碍称为热射病，又称热衰竭。本病多见于酷暑炎热季节，特别是大规模密集型笼养鸡容易发生。

（一）病因

由于禽类皮肤缺乏汗腺，体表覆盖厚厚的羽毛，主要靠蒸发进行散热，散热途径单一。因此，当家禽在烈日下暴晒，或在高温高湿环境中长时间闷热、拥挤、通风不良并得不到足够饮水，或装在密闭、拥挤的车辆内长途运输时，鸡体散热困难，产热不能及时散失，引起本病发生。

（二）临床症状和病理变化

本病常突然发生，急性经过。日射病的患鸡表现体温升高，烦躁不安，然后精神迟钝，足部麻木，体躯、颈部肌肉痉挛，常在几分钟内死亡。剖检可见脑膜充血、出血，大脑充血、水肿及出血。热射病患鸡除可见体温升高外，还表现呼吸困难、加快，张口喘气，翅膀张开下垂，很快眩晕，步态不稳或不能站立，大量饮水，虚脱，易引起惊厥而死亡。剖检可见尸僵缓慢，血液呈紫黑色，凝固不良，全身淤血，心外膜、脑部出血。

（三）防制

1. 预防措施

夏季应在鸡舍及运动场上，搭置凉棚，供鸡只活动或栖息，避免鸡特别是雏鸡长时间受到烈日暴晒，高温潮湿时更应注意；舍内饲养特别是笼养，加强夏季防暑降温，避免舍内温度过高。做好遮阳、通风工作，必要时进行强制通风，安装湿帘通风系统；降低饲养密度；保证供足饮水等。

2. 治疗

发生日射病时迅速将鸡只转移到无日光处，但禁止冷浴；热射病时使鸡只很快处于阴凉的环境中，以利于降温散热，同时给予清凉饮水，也可将鸡只放入凉水中稍做冷浴。

三十二、恶食癖

恶食癖又叫啄癖、异食癖或同类残食症，是指啄肛、啄趾、啄蛋、啄羽等恶癖，大小鸡都可发生，以群养鸡多见。啄肛癖危害最大，常将被啄者致死。

（一）病因

恶食癖发生的原因很复杂，主要有四方面：①饲养管理不善。如鸡群密度过大，由于拥挤使其形成烦躁、好斗性格；成年母鸡因产蛋箱、窝太少、简陋或光线太强，产蛋后不能较好休息使子宫难以复位或鸡过肥胖子宫复位时间太久，红色的子宫在外边裸露引起啄癖发生。②饲料营养不足。如食盐缺乏，鸡就寻求咸味食物，引起啄肛、啄肉。缺乏蛋氨酸、胱氨酸时，鸡就啄毛、啄蛋，特别是高产鸡群。某些矿物质和维生素缺乏、饲料粗纤维含量太低或限饲时，处于饥饿状态下等，都易发生本病。③一些体外寄生虫病。如虱、螨等因局部发痒，而致使鸡只不断啄叨患部，甚至啄叨破溃出血，引起恶食癖。④遗传因素。白壳蛋鸡啄癖的发生率较高，特别是刚开产的新母鸡，啄肛引起病残和死亡的较多，而褐壳蛋鸡较少。

（二）防制

1. 预防措施

雏鸡在 7～10 日龄进行断喙。育成阶段再补充断喙一次。上喙断 1/2，下喙断 1/3，雏鸡上下喙一齐切，断喙后的成年鸡喙呈浑圆形，短而弯曲；保持适宜环境。平养鸡舍产蛋前要将产蛋箱或窝准备好，每 4～5 只母鸡设置一个产蛋箱，样式要一致。产蛋箱宽敞，使鸡伏卧其内不露头尾，并放置于较安静处；饲养密度不宜过大，光照不要太强；饲料营养全面。饲料中的蛋白质、维生素和微量元素要充足，各种营养素之间要平衡。

2. 发生时措施

① 可将蔬菜、瓜果或青草吊于鸡群头顶，以转移其注意力。

啄肛严重时，可将鸡群关在舍内暂时不放，换上红灯泡，糊上红窗纸，使鸡看不出肛门的红色，这样可制止啄肛，待过几天啄癖消失后，再恢复正常饲养管理。

② 可在饲料中添加羽毛粉、蛋氨酸、啄肛灵、硫酸亚铁、核黄素和生石膏等。其中以生石膏效果较好，按 2%～3% 加入饲料喂半月左右即可。

③ 为防止啄肛，可将饲料中食盐含量提高到 2%，连喂 2 天，并保证足够的饮水。切不可将食盐加入饮水，因为鸡的饮水量比采食量大，易引起中毒，而且越饮越渴，越渴越饮。

④ 近年来研制出一种鸡鼻环，适用于成鸡，发生恶食癖时，给全部鸡戴上，便可防止啄肛发生。

无公害食品蛋鸡饲养允许使用的兽药（规范性附录）

表1-1 幼雏/中雏期、育成期用药治疗用药（必须在兽医指导下使用）

类别	药品名称	剂型	用法与用量（以有效成分计）	休药期/天	用途	注意事项
抗寄生虫药	盐酸氨丙啉	可溶性粉	混饮：48克/升水，连用5～10天	1	预防球虫病	饲料中维生素 B_1 含量在10毫克/千克以上时明显拮抗
	盐酸氨丙啉＋磺胺喹噁啉钠	可溶性粉	混饮：0.5克/升水 治疗：连用3天，停2～3天，再用2～3天	7	球虫病	
	越霉素	预混剂	混饲：5～10克/吨饲料，连用8周	3	蛔虫病	
	二硝托胺	预混剂	混饲：125克/吨饲料	3	球虫病	
	芬苯哒唑	粉剂	口服：10～50毫克/千克体重		线虫和绦虫病	
	氟苯咪唑	预混剂	混饲：30克/吨饲料，连用4～7天	14	驱胃肠道线虫绦虫	

类别	药品名称	剂型	用法与用量（以有效成分计）	休药期/天	用途	注意事项
抗寄生虫药	潮霉素B	预混剂	混饲：8～12克/吨饲料，连用8周	3	蛔虫病	
	甲基盐霉素＋尼卡巴嗪	预混剂	混饲：(24.8＋24.8)～(44.8＋44.8)克/吨饲料	5	球虫病	禁与泰妙菌素、竹桃霉素并用；高温季节慎用
	盐酸氯苯胍	片剂 预混剂	口服：10～15毫克/千克体重，混饲：3～6克/吨饲料	5	球虫病	影响肉质品质
	磺胺喹噁啉＋二甲氧苄啶	预混剂	混饲：(100＋20)克/吨饲料	10	球虫病	
	磺胺喹噁啉钠	可溶性粉	混饮：300～500毫克/升水，连续饮用不超过5天	10	球虫病	
	妥曲珠利	溶液	混饮：7毫克/千克体重，连用2天	21	球虫病	
抗菌药	硫酸安普霉素	可溶性粉	混饮：0.25～0.5克/升水，连用5天	7	大肠杆菌、沙门菌及部分支原体感染	
	亚甲基水杨酸杆菌肽	可溶性粉	混饮：50～100毫克/升水，连用5～7天（治疗）	0	治疗慢性呼吸道病；提高产蛋量，提高产蛋期饲料效率	每日新配
	甲磺酸达氟沙星	溶液	混饮：20～50毫克/升，一日一次，连用3天		细菌和支原体感染	
	盐酸二氟沙星	粉剂 溶液	内服：5～10毫克/千克体重，一日2次，连用3～5天	1	细菌和支原体感染	

类别	药品名称	剂型	用法与用量（以有效成分计）	休药期/天	用途	注意事项
抗菌药	恩诺沙星	可溶性粉溶液	混饮：25～75毫克/升水，连用3～5天	2	细菌性疾病和支原体感染	避免与四环素、氯霉素、大环内酯类抗生素合用；避免与含铁、镁、铝药物
	硫氰酸红霉素	可溶性粉	混饮：125毫克/升水，连用3～5天	3	革兰阳性菌及支原体感染	
	氟苯尼考	粉剂	内服：20～30毫克/千克体重，连用3～5天	30	敏感细菌所致细菌性疾病	
	氟甲喹	可溶性粉	内服：3～6毫克/千克体重，首次量加倍，2次/日，连用3～4天		革兰阴性菌引起的急性胃肠道及呼吸道感染	
	吉他霉素	预混剂	混饲：100～300克/吨饲料，连用5～7天（防治疾病）	7	革兰阳性菌及支原体感染，促生长	
	酒石酸吉他霉素	可溶性粉	混饮：250～500毫克/升水，连用3～5天	7	革兰阴性菌及支原体等感染	
	硫酸新霉素	可溶性粉预混剂	混饮：50～75毫克/升水，连用3～5天；混饲：77～154克/吨饲料，连用3～5天	5	革兰阴性菌所致胃肠道感染	

类别	药品名称	剂型	用法与用量（以有效成分计）	休药期/天	用途	注意事项
抗菌药	牛至油	预混剂	混饲:22.5克/吨饲料,连用7天（治疗）	0	大肠杆菌、沙门菌所致下痢	
	盐酸土霉素	可溶性粉	混饮:53～211毫克/升,用药7～14天	5	鸡霍乱、白痢、肠炎、球虫、鸡伤寒	
	盐酸沙拉沙星	可溶性粉溶液	混饮:(25+50)毫克/千克体重,连用3～5天		细菌及支原体感染	
	磺胺喹噁啉钠+甲氧苄啶	预混剂混悬液	混饲:(25+30)毫克/千克体重,连用10天 混饮:（80+16)～(160+32)毫克/升水,连用5～7天	1	大肠杆菌、沙门菌感染	
	复方磺胺嘧啶	预混剂	混饲:0.17～0.2克/千克体重,连用10天	1	革兰阳性菌及阴性菌感染	
	延胡索酸泰妙菌素	可溶性粉	混饮:125～250毫克/升水,连用3天	7	慢性呼吸道病	禁与莫能菌素、盐霉素等聚醚类抗生素混合使用
	酒石酸泰乐菌素	可溶性粉	混饮:500毫克/升,连用3～5天	1	革兰阳性菌及支原体感染	

表 1-2　幼雏/中雏期、育成期预防用药

种类	药品名称	剂型	用法与用量（以有效成分计）	休药期/天	用途	注意事项
抗寄生虫药	盐酸氨丙啉＋乙氧酰胺苯甲酯	预混剂	混饲：(125＋8)克/吨	3	球虫病	
	盐酸氨丙啉＋磺胺喹噁啉钠	可溶性粉	混饮：0.5 克/升水，连用 2～4 天	7	球虫病	
	盐酸氨丙啉＋乙氧酰胺苯甲酯＋磺胺喹噁啉	预混剂	混饲：(100＋5＋60)克/吨饲料	7	球虫病	
	氯羟吡啶	预混剂	混饲：125 克/吨饲料	5	球虫病	
	地克珠利	预混剂溶液	混饲：1 克/吨饲料 混饮：0.5～1 毫克/升水		球虫病	
	二硝托胺	预混剂	混饲：125 克/吨饲料	3	球虫病	
	氢溴酸常山酮	预混剂	混饲：3 克/吨饲料	5	球虫病	
	拉沙洛西钠	预混剂	混饲：75～125 克/吨饲料	3	球虫病	
	马杜霉素铵	预混剂	混饲：5 克/吨饲料	5	球虫病	
	莫能菌素钠	预混剂	混饲：90～110 克/吨饲料	5	球虫病	禁与泰妙菌素、竹桃霉素并用
	甲基盐霉素	预混剂	混饲：6～8 克/吨饲料	5	球虫病	禁与泰妙菌素、竹桃霉素及其他抗球虫药伍用

种类	药品名称	剂型	用法与用量（以有效成分计）	休药期/天	用途	注意事项
抗寄生虫药	甲基盐霉素＋尼卡巴嗪	预混剂	混饲：(24.8＋24.8)～(44.8＋44.8)克/吨饲料	5	球虫病	禁与泰妙菌素、竹桃霉素并用；高温季节慎用
	尼卡巴嗪	预混剂	混饲：20～25克/吨饲料	4	球虫病	
	尼卡巴嗪＋乙氧酰胺苯甲酯	预混剂	混饲：(125＋8)克/吨饲料	9	球虫病	种鸡禁用
	盐霉素钠	预混剂	混饲：50～70克/吨饲料	5	球虫病及促生长	禁与泰妙菌素、竹桃霉素并用
	赛杜霉素钠	预混剂	混饲：25克/吨饲料	5	球虫病	
	磺胺氯吡嗪钠	可溶性粉	混饮：0.3克/升水，混饲：0.6克/吨饲料，连用5～10天	1	球虫病、鸡霍乱及伤寒病	不得作饲料添加长期使用；凭兽医处方购买
	磺胺喹噁啉＋二甲氧苄啶	预混剂	混饲：(100＋20)克/吨饲料	10	球虫病	凭兽医处方购买
抗菌药	亚甲基水杨酸杆菌肽	可溶性粉	混饮：25毫克/升水（预防量）	0	治疗慢性呼吸道疾病；提高产蛋量和饲料效率	每日新配
	杆菌肽锌	预混剂	混饲：4～40克/吨饲料	7	促进畜禽生长	16周龄以下用
	杆菌肽锌＋硫酸黏杆菌素	预混剂	混饲：2～20克/吨饲料	7	革兰阳性菌和阴性菌感染	
	金霉素（饲料级）	预混剂	混饲：20～50克/吨饲料（10周龄以内）	7	促生长	
	硫酸黏杆菌素	可溶性粉预混剂	混饮：20～60毫克/升水混饲：2～20克/吨饲料	7	革兰阴性杆菌引起的肠道疾病；促生长	避免连续用药一周以上

种类	药品名称	剂型	用法与用量（以有效成分计）	休药期/天	用途	注意事项
抗菌药	恩拉霉素	预混剂	混饲：1～10 克/吨饲料	7	促生长	
	黄霉素	预混剂	混饲：5 克/吨饲料	0	促生长	
	吉他霉素	预混剂	混饲：5～11 克/吨饲料（促生长）	7	革兰阳性菌、支原体感染	
	那西肽	预混剂	混饲：2.5 克/吨饲料	3	促生长	
	牛至油	预混剂	混饲：促生长：1.25～12.5 克/吨饲料；预防：11.25 克/吨饲料	0	大肠杆菌、沙门菌的下痢	
	土霉素钙	粉剂	混饲：10～50 克/吨饲料（10 周龄以内）	5	促生长	添加于含钙量 0.18%～0.55% 时，连续用药不超过 5 天
	酒石酸泰乐菌素	可溶性粉	混饮：500 毫克/升，连用 3～5 天	1	革兰阳性菌及支原体感染	
	维吉尼亚霉素	预混剂	混饲：5～20 克/吨饲料	1	革兰阳性菌及支原体感染	

表 1-3　产蛋期用药（必须在兽医指导下使用）

药品名称	剂型	用法与用量（以有效成分计）	弃蛋期/天	用途
氟苯咪唑	预混剂	混饲：30 克/吨饲料，连用 4～7 天	7	驱除胃肠道线虫及绦虫
土霉素	可溶性粉	混饮：60～250 毫克/升水	1	抗革兰阳性菌和阴性菌
杆菌肽锌	预混剂	混饲：15～100 克/吨饲料	0	促进畜禽生长
牛至油	预混剂	混饲：22.5 克/吨饲料，连用 7 天（治疗）	0	大肠杆菌、沙门菌所致下痢

药品名称	剂型	用法与用量 （以有效成分计）	弃蛋期/天	用途
复方磺胺氯达嗪钠（磺胺氯达嗪钠＋甲氧苄啶）	粉剂	内服：20毫克/千克体重，连用3～6天	6	大肠杆菌和巴氏杆菌感染
妥曲珠利	溶液	混饮：7毫克/千克体重，连用2天	14	球虫病
维吉尼亚霉素	预混剂	混饲：20克/吨饲料	0	抑菌，促生长

附录二

无公害食品肉鸡饲养中允许使用的药物（规范性附录）

表 2-1　无公害食品肉鸡饲养中允许使用的药物饲料添加剂

类别	药品名称	用量(以有效成分计)	休药期/天
抗菌药	阿美拉霉素	5～10克/吨	0
	杆菌肽锌	以杆菌肽计4～40克/吨,16周龄以下使用	0
	杆菌肽锌＋硫酸黏杆菌素	2～20＋0.4～4克/吨	7
	盐酸金霉素	20～50克/吨	7
	硫酸黏杆菌素	2～50克/吨	7
	恩拉霉素	1～5克/吨	7
	黄霉素	5克/吨	0
	吉他霉素	促生长,5～10克/吨	7
	那西肽	2.5克/吨	3
	牛至油	促生长,1.25～12.5克/吨预防,11.25克/吨	0
	土霉素钙	混饲10～50克/吨,10周龄以下使用	
	维吉尼亚霉素	5～20克/吨	
抗球虫药	盐酸氨丙啉＋乙氧酰胺苯甲酯	(125＋8)克/吨	3
	盐酸氨丙啉＋乙氧酰胺苯甲酯＋磺胺喹噁啉	(100＋5＋60)克/吨	7
	氯羟吡啶	125克/吨	5

附录二 287

类别	药品名称	用量（以有效成分计）	休药期/天
抗球虫药	复方氯羟吡啶粉（氯羟吡啶＋苄氧喹甲酯）	（102＋8.4）克/吨	7
	地克珠利	1 克/吨	
	二硝托胺	125 克/吨	3
	氢溴酸常山酮	3 克/吨	5
	拉沙洛西钠	75～125 克/吨	3
	马杜霉素铵	5 克/吨	5
	莫能菌素	90～110 克/吨	5
	甲基盐霉素	60～80 克/吨	5
	甲基盐霉素＋尼卡巴嗪	30～50＋30～50 克/吨	5
	尼卡巴嗪	20～25 克/吨	4
	尼卡巴嗪＋乙氧酰胺苯甲酯	（125＋8）克/吨	9
	盐酸氯苯胍	30～60 克/吨	5
	盐霉素钠	60 克/吨	5
	赛杜霉素钠	25 克/吨	5

表 2-2　无公害食品肉鸡饲养中允许使用的治疗药

类别	药品名称	剂型	用法与用量（以有效成分计）	休药期/天
抗菌药	硫酸安普霉素	可溶性粉	混饮,0.25～0.5 克/升,连饮 5 天	7
	亚甲基水杨酸杆菌肽	可溶性粉	混饮,预防 25 毫克/升;治疗,50～100 毫克/升,连用 5～7 天	1
	硫酸黏杆菌素	可溶性粉	混饮,20～60 毫克/升	7
	甲磺酸达氟沙星	溶液	20～50 毫克/升 1 次/天,连用 3 天	
	盐酸二氟沙星	粉剂、溶液	内服、混饮,5～10 毫克/千克体重,2 次/天,连用 3～5 天	1
	恩诺沙星	溶液	混饮,25～75 毫克/升,2 次/天,连用 3～5 天	2

类别	药品名称	剂型	用法与用量(以有效成分计)	休药期/天
抗菌药	氟苯尼考	粉剂	内服,20～30毫克/千克体重,2次/天,连用3～5天	30暂定
	氟甲喹	可溶性粉	内服,3～6毫克/千克体重,2次/天,连用3～4天,首次量加倍	
	吉他霉素	预混剂	100～300克/吨,连用5～7天,不得超过7天	7
	酒石酸吉他霉素	可溶性粉	混饮,250～500毫克/升,连用3～5天	7
	牛至油	预混剂	22.5克/吨连用7天	
	金荞麦散	粉剂	治疗:混饲2克/千克预防:混饲1克/千克	0
	盐酸沙拉沙星	溶液	20～50毫克/升连用3～5天	
	复方磺胺氯哒嗪钠(磺胺氯哒嗪钠＋甲氧苄啶)	粉剂	内服,(20＋4)毫克/(千克体重·天)连用3～6天	1
	延胡索酸泰妙菌素	可溶性粉	混饮,125～250毫克/升连用3天	
	磷酸泰乐菌素	预混料	混饲,26～53克/吨	5
	酒石酸泰乐菌素	可溶性粉	混饮,500毫克/升,连用3～5天	1
抗寄生虫药	盐酸氨丙啉	可溶性粉	混饮,48毫克/升,连用5～7天	7
	地克珠利	溶液	混饮,0.5～1毫克/升	
	磺胺氯吡嗪呐	可溶性粉	混饮,300毫克/升混饲,600克/吨,连用3天	1
	越霉素A	预混剂	混饲,10～20克/吨	3
	芬苯哒唑	粉剂	内服,10～50毫克/千克体重	
	氟苯咪唑	预混剂	混饲,30克/吨,连用4～7天	14
	潮霉素B	预混剂	混饲,8～12克/吨,连用8周	3
	妥曲珠利	溶液	混饮,25毫克/升,连用2天	

参 考 文 献

[1] 魏刚才主编. 土鸡高效养殖技术. 北京：化学工业出版社，2010.

[2] 张敬，江乐泽主编. 无公害散养蛋鸡. 北京：中国农业出版社，2009.

[3] 刘益平主编. 果园林地生态养鸡技术. 北京：金盾出版社，2005.

[4] 李英，谷子林主编. 规模化生态放养鸡. 北京：中国农业出版社，2010.

[5] 魏刚才主编. 养殖场消毒技术. 北京：化学工业出版社，2007.

[6] 魏刚才主编. 鸡场疾病控制技术. 北京：化学工业出版社，2006

[7] 黄朝学. 夏季放养鸡的管理技术. 农村养殖技术，2003.

欢迎订阅畜牧兽医专业科技图书

● **专业书目**

书　号	书　　　名	定　价
07271	土鸡高效健康养殖技术	19.8
04492	蛋鸡高效健康养殖关键技术	18.5
05148	新编羊场疾病控制技术	29.8
09804	中国乡村兽医手册	60
09720	猪病诊疗与处理手册（第2版）	25
07981	土法良方治猪病	19.8
06945	四季识猪病及猪病防控	23
06988	土法良方治鸡病	19.8
06990	新编鸡场疾病控制技术	19.8
05148	新编羊场疾病控制技术	29.8
05374	畜禽中毒急救技术	25
04433	新编中兽医验方与妙用	49
04152	简明猪病诊断与防治原色图谱	22
04111	简明鸡病诊断与防治原色图谱	28
04230	简明牛病诊断与防治原色图谱	27
04119	新编猪场疾病控制技术	29
03525	新编鸭场疾病控制技术	22
03970	家畜针灸技法手册	25
02246	猪病防治问答	19.8
08822	科学自配猪饲料	25
08230	肉鸡高效健康养殖关键技术	25
08355	肉牛高效健康养殖关键技术	20
08193	现代实用养猪技术大全	38

书 号	书 名	定 价
08059	新编肉鸡饲料配方 600 例	22
07295	四季识鸡病及鸡病防控	19.9
07339	现代实用养鸡技术大全	38
07004	猪场消毒、免疫接种和药物保健技术	23
05458	怎样科学办好中小型鸡场	29.8
04992	蛋鸡高效健康养殖关键技术	18.5
04553	新编牛场疾病控制技术	28
03990	高效健康养猪关键技术	25
04111	新编蛋鸡饲料配方 600 例	19.8
03809	快速养猪出栏法	19.8
04134	新编母猪饲料配方 600 例	15
04284	新编仔猪饲料配方 600 例	18
03823	肉鸡快速饲养法	19.8
03526	提高蛋鸡产蛋量关键技术	18
05303	怎样科学办好中小型猪场	29.8
08355	肉牛高效健康养殖关键技术	20
07295	四季识鸡病及鸡病防控	19.9
04155	新编羊饲料配方 600 例	27
08821	科学自配肉鸡饲料	25
08818	科学自配牛饲料	18
08820	科学自配鸭饲料	22
08819	科学自配鹅饲料	22
04230	简明牛病诊断与防治原色图谱	27
03075	兽药问答	49.8
02868	猪传染性疾病快速检测技术	35
01558	禽疾诊疗与处方手册	18
05148	新编羊场疾病控制技术	29.8

土鸡高效健康养殖技术
魏刚才　主编

　　本书共分为八章，分别是土鸡的生产特点及生物学特性、土鸡的品种与繁育、土鸡的营养与饲料、土鸡场的建设及设施、种用土鸡的饲养管理技术、商品土鸡的饲养管理技术、土鸡的疾病防治、土鸡养殖的经营管理以及附录。

　　本书紧扣生产实际，注重系统性、科学性、实用性和先进性，内容全面新颖，重点突出，通俗易懂，不仅适宜于土鸡场饲养管理人员和广大土鸡养殖户阅读，也可以作为大专院校和农村函授及培训班的辅助教材和参考书。

土法良方治鸡病
孙卫东　主编

　　本书收集、归纳和总结了在鸡疾病治疗和生产过程中应用的数百个土法良方。这些土法良方具有疗效显著、节省药品、操作简单、易学易用等优点，其方剂具有扶正祛邪、低毒、副作用小的特点和优势，能够满足人们追求无害、安全、绿色鸡产品的愿望。全书既注意科学性、实用性、系统性、中西兽医结合的现代性及古为今用，又着重突出通俗实用、操作简便、易学易懂、疗效确实，力求让广大养鸡者一看就懂，一学就会，用后见效。

　　本书可供鸡场饲养者、鸡场兽医使用，亦可作为兽医等专业教学、科研人员的参考资料。

　　如需以上图书的内容简介、详细目录以及更多的科技图书信息，请登录www.cip.com.cn。

　　邮购地址：(100011) 北京市东城区青年湖南街 13 号　化学工业出版社
　　服务电话：010-64518888，64518800（销售中心）
　　如要出版新著，请与编辑联系。联系方法：010-64519352
　　sgl@cip.com.cn（邵桂林）